非计算机专业计算机公共课系列教材

Access数据库应用基础

主编 何 宁 滕 冲
参编 杨先娣 莫子军 彭红梅 谭明新 何 毅
主审 汪同庆

武汉大学出版社

图书在版编目(CIP)数据

Access 数据库应用基础/何宁,滕冲主编;汪同庆主审. —武汉:武汉大学出版社,2010.2(2014.1 重印)
非计算机专业计算机公共课系列教材
ISBN 978-7-307-07612-9

Ⅰ.A… Ⅱ.①何… ②滕… ③汪… Ⅲ.关系数据库—数据库管理系统,Access—高等学校—教材 Ⅳ.TP311.138

中国版本图书馆 CIP 数据核字(2010)第 019324 号

责任编辑:林 莉　　责任校对:王 建　　版式设计:支 笛

出版发行:武汉大学出版社　　(430072　武昌　珞珈山)
（电子邮件:cbs22@whu.edu.cn　网址:www.wdp.com.cn）
印刷:湖北睿智印务有限公司
开本:787×1092　1/16　印张:20.75　字数:523 千字　插页:1
版次:2010 年 2 月第 1 版　　2014 年 1 月第 4 次印刷
ISBN 978-7-307-07612-9/TP·355　　定价:32.00 元

版权所有,不得翻印;凡购买我社的图书,如有质量问题,请与当地图书销售部门联系调换。

非计算机专业计算机公共课
系列教材编委会

主　任：刘　国

副主任：汪同庆

委　员：何　宁　关焕梅　张　华

前言

数据库技术是计算机科学中发展最快的技术之一,已经成为现代计算机信息处理系统的重要基础与技术核心,数据库技术课程正逐步成为普通高校各专业本、专科生的必修课程。学习和掌握数据库的基本知识和基本技能,利用数据库技术进行数据处理是大学生必须具备的能力之一。

本书重点介绍了数据库系统的基础知识、数据模型、关系数据库的理论、Access 数据库的创建与管理、创建数据表、查询及 SQL 语言、窗体的创建与控件的应用、报表与数据访问页、宏与模块、VBA 程序设计、DAO 及 ADO 数据访问技术。本书章节内容安排循序渐进,始终围绕着成绩管理这个典型的事例进行详细的讲解,实例要求明确,分析简明扼要,操作步骤具体翔实。

本书基于 Access 2003 系统讨论数据库的原理和应用方法,全书共分为 9 章。

- 第 1 章由数据库系统概述开始,介绍数据模型、关系数据库、规范化理论和数据库系统设计的一般步骤。
- 第 2 章介绍 Access 2003 基础知识,详细介绍了创建数据库和表、表的编辑操作、建立表之间的关系。
- 第 3 章介绍选择查询、参数查询、交叉表查询、操作查询、SQL 查询和 SQL 语言。
- 第 4 章介绍窗体的功能与构造、创建自动窗体的方法和步骤、使用窗体向导创建窗体的方法和步骤、使用窗体设计器创建窗体的方法和步骤,以及一些重要的窗体设计技巧。
- 第 5 章介绍 Access2003 中报表的创建和编辑等功能。
- 第 6 章介绍页实例,页与窗体、报表的差别,以及如何创建和使用页。
- 第 7 章介绍宏的创建与使用、模块的创建与调试方法。
- 第 8 章较为详细地介绍 VBA 的编程环境、数据类型、基本语句、函数和过程、程序设计中常用的算法及如何用 VBA 代码在控件对象上进行属性设置和编写事件过程。
- 第 9 章介绍了如何利用 DAO 中定义的数据访问对象,实现对数据库的基本操作,如何在程序中创建 ADO 对象变量,设置对象属性,调用对象方法来实现数据库的各项访问。

本书第 1 章由谭明新编写,第 2 章和第 4 章由滕冲编写,第 3 章由杨先娣编写,第 5 章和第 6 章由莫子军编写,第 7 章由彭红梅编写,第 8 章由何宁编写,第 9 章由何毅编写;全书由何宁、滕冲统稿并担任主编,汪同庆担任主审。本书的编写得到了武汉大学珞珈学院和武汉大学出版社领导的大力支持,许多老师对本书的编写给予了帮助,在此表示衷心的感谢。

本书既可作为普通高等院校本、专科非计算机专业"数据库技术"课程的教学用书,也可作为参加二级 Access 数据库程序设计应试者的教材。

为了便于教学,我们将为选用本教材的任课教师免费提供电子教案、提供本书教材和实验部分涉及的数据库和相关电子文档。

由于编者水平所限，教材中难免有疏漏和欠缺之处，敬请广大读者提出宝贵意见，编者的 E-mail 为：he_ning@whu.edu.cn。

作　者

2010 年 1 月

目 录

第1章 数据库基础知识 ... 1
1.1 数据库基础知识 ... 1
1.1.1 数据库技术的发展 ... 1
1.1.2 数据库系统的基本组成 ... 3
1.1.3 数据库系统的基本特点 ... 5
1.1.4 数据库系统的内部结构体系 ... 6
1.2 数据模型 ... 7
1.2.1 数据模型的基本概念 ... 7
1.2.2 E-R 模型 ... 8
1.2.3 层次模型 ... 11
1.2.4 网状模型 ... 11
1.2.5 关系模型 ... 12
1.2.6 面向对象模型 ... 13
1.3 关系模型理论 ... 13
1.3.1 关系数据库概述 ... 13
1.3.2 关系数据库的操作 ... 15
1.3.3 关系数据库的完整性 ... 20
1.3.4 关系数据库规范化理论 ... 21
1.4 数据库设计基础 ... 25
1.4.1 数据库设计步骤 ... 25
1.4.2 需求分析 ... 26
1.4.3 概念结构设计 ... 26
1.4.4 逻辑结构设计 ... 27
1.4.5 物理设计 ... 27
1.4.6 数据库的实施 ... 28
1.4.7 数据库的维护 ... 28
本章小结 ... 28
上机实验 ... 29
习题 ... 31

第2章 数据库及表的基本操作 ... 34
2.1 Access 概述 ... 34

2.1.1 Access 的启动和退出 ·· 34
2.1.2 Access 的窗口组成 ·· 34
2.1.3 Access 的系统结构 ·· 35
2.1.4 Access 的特点 ·· 37
2.2 数据库的创建 ·· 37
2.2.1 使用"数据库向导"创建数据库 ·· 38
2.2.2 使用模板创建数据库 ·· 38
2.2.3 不使用数据库向导创建数据库 ·· 38
2.2.4 数据库的基本操作 ·· 39
2.3 创建数据表 ·· 39
2.3.1 通过输入数据创建表 ·· 40
2.3.2 使用设计器创建表 ·· 41
2.3.3 修改表结构 ·· 45
2.3.4 输入和修改表记录 ·· 46
2.3.5 字段的属性设置 ·· 48
2.4 表的基本操作 ·· 53
2.4.1 表的外观定制 ·· 53
2.4.2 表的复制、删除和重命名 ·· 54
2.4.3 数据的导入和导出 ·· 55
2.5 表中数据的操作 ·· 57
2.5.1 数据的查找与替换 ·· 57
2.5.2 记录排序 ·· 59
2.5.3 记录筛选 ·· 60
2.6 建立索引和表间关系 ·· 62
2.6.1 索引 ·· 62
2.6.2 建立表间关系 ·· 65
本章小结 ·· 69
上机实验 ·· 69
习题 ·· 71

第3章 查询 ·· 76
3.1 查询概述 ·· 76
3.1.1 查询的定义与功能 ·· 76
3.1.2 查询的分类 ·· 77
3.1.3 查询视图 ·· 78
3.2 选择查询 ·· 79
3.2.1 创建查询 ·· 80
3.2.2 运行查询 ·· 84
3.2.3 设置查询准则和进行条件查询 ·· 84

3.2.4　修改查询	89
3.2.5　查找重复项和不匹配项查询	91
3.3　在查询中计算	94
3.3.1　数据统计	94
3.3.2　添加计算字段	96
3.3.3　创建自定义查询	97
3.4　交叉表查询	98
3.4.1　使用"交叉表查询向导"建立查询	98
3.4.2　使用"设计"视图建立交叉表查询	99
3.5　参数查询	101
3.5.1　单参数查询	101
3.5.2　多参数查询	102
3.6　操作查询	103
3.6.1　生成表查询	103
3.6.2　删除查询	104
3.6.3　更新查询	106
3.6.4　追加查询	107
3.7　SQL 查询	108
3.7.1　查询与 SQL 视图	109
3.7.2　SQL 语言简介	110
3.7.3　创建 SQL 查询	110
本章小结	118
上机实验	118
习题	122

第4章　窗体 128

4.1　窗体概述	128
4.1.1　窗体的视图	129
4.1.2　窗体的结构	129
4.1.3　窗体的类型	130
4.2　使用向导快速创建窗体	130
4.2.1　使用"自动创建窗体"创建窗体	130
4.2.2　使用"窗体向导"创建窗体	132
4.2.3　使用"自动窗体"创建数据透视表/图	133
4.3　使用"设计视图"创建窗体	136
4.3.1　用设计视图创建窗体的一般过程	136
4.3.2　窗体设计视图中的对象	137
4.3.3　对象的属性	141
4.4　常用控件的创建及属性设置	143

- 4.4.1 标签控件 143
- 4.4.2 文本框控件 144
- 4.4.3 组合框和列表框控件 146
- 4.4.4 命令按钮控件 148
- 4.4.5 选项组控件 149
- 4.4.6 选项卡控件 150
- 4.4.7 图像、未绑定对象框和绑定对象框控件 151
- 4.4.8 直线、矩形控件 152
- 4.5 使用窗体处理数据 153
  - 4.5.1 浏览记录 153
  - 4.5.2 编辑记录 153
  - 4.5.3 查找和替换数据 154
  - 4.5.4 排序记录 155
  - 4.5.5 筛选记录 155
- 4.6 主-子窗体和切换面板 155
  - 4.6.1 创建主-子窗体 155
  - 4.6.2 切换面板窗体 158
- 4.7 综合示例 161
- 本章小结 164
- 上机实验 164
- 习题 166

第5章 报表 172

- 5.1 报表概述 172
  - 5.1.1 报表类型 172
  - 5.1.2 报表的视图 173
  - 5.1.3 报表的组成 174
  - 5.1.4 报表与窗体的区别 175
- 5.2 创建报表 175
  - 5.2.1 自动创建报表 176
  - 5.2.2 使用"报表向导"创建报表 177
  - 5.2.3 使用设计视图创建报表 179
- 5.3 编辑报表 180
  - 5.3.1 修饰报表 181
  - 5.3.2 报表的排序和分组 183
  - 5.3.3 使用计算控件 186
  - 5.3.4 预览、打印报表 187
- 5.4 创建高级报表 188
  - 5.4.1 在已有的报表中创建子报表 188

5.4.2 将已有报表添加到其他已有报表中建立子报表 190
5.4.3 创建多列报表 190
本章小结 191
上机实验 191
习题 192

第6章 数据访问页 195

6.1 数据访问页的基本概念 195
6.1.1 页视图 195
6.1.2 设计视图 195
6.1.3 数据访问页与窗体、报表的差别 197

6.2 创建数据访问页 197
6.2.1 自动创建数据访问页 197
6.2.2 使用向导创建数据访问页 198
6.2.3 使用设计视图创建数据访问页 199

6.3 编辑数据访问页 200
6.3.1 记录导航控件的相关操作 200
6.3.2 应用、修改或删除主题 202
6.3.3 添加滚动文字 202
6.3.4 设置背景 204

本章小结 204
上机实验 205
习题 206

第7章 宏与模块 208

7.1 宏的功能 208
7.1.1 宏的基本概念 208
7.1.2 设置宏操作 209

7.2 宏的创建 210
7.2.1 创建操作序列宏 211
7.2.2 创建宏组 212
7.2.3 创建条件操作宏 213
7.2.4 设置宏的操作参数 215
7.2.5 调试和运行宏 216

7.3 通过事件触发宏 217
7.3.1 事件的概念 217
7.3.2 通过事件触发宏 218

7.4 模块 222
7.4.1 类模块 222

7.4.2 标准模块 222
  7.4.3 创建模块 223
  7.4.4 宏与模块之间的转换 225
 本章小结 227
 上机实验 227
 习题 230

第 8 章 VBA 程序设计 234
 8.1 VBA 程序设计基础 234
  8.1.1 VBA 编程环境 234
  8.1.2 数据类型 237
  8.1.3 常量与变量 239
  8.1.4 运算符和表达式 242
  8.1.5 VBA 常用的内部函数 242
  8.1.6 域聚合函数 247
 8.2 VBA 的基本控制结构 249
  8.2.1 顺序结构 249
  8.2.2 选择结构 250
  8.2.3 循环结构 253
  8.2.4 常用算法 257
 8.3 过程调用和参数传递 262
  8.3.1 Sub 过程的定义和调用 262
  8.3.2 函数过程的定义和调用 264
  8.3.3 参数传递 265
  8.3.4 变量、过程的作用域 267
  8.3.5 递归 269
 8.4 面向对象程序设计 270
  8.4.1 面向对象程序设计的基本概念 270
  8.4.2 对象模型 271
  8.4.3 DoCmd 对象 275
 8.5 综合示例 277
 本章小结 280
 上机实验 280
 习题 285

第 9 章 VBA 数据库编程 290
 9.1 数据访问对象 DAO 290
  9.1.1 DAO 访问数据库的过程 291
  9.1.2 DAO 对象 292

9.2 ADO 数据对象···302
   9.2.1 ADO 访问数据库的过程··303
   9.2.2 ADO 对象···305
本章小结···308
上机实验···309
习题···311

习题参考答案···314

参考文献··317

第1章　数据库基础知识

数据库技术是计算机应用技术的一个重要组成部分。随着计算机科学的发展和计算机应用领域的深入与拓展，数据库技术已经渗透到我们日常生活的方方面面，比如用信用卡购物，飞机、火车订票系统，图书馆对书籍的管理等，无一不使用了数据库技术，因此，掌握数据库系统的知识变得尤为重要。

本章首先介绍数据库的基础知识，然后讨论关系数据模型及关系代数，之后再介绍数据库的设计过程，最后对 Access 的运行环境和基本对象进行概要性地描述。

1.1　数据库基础知识

数据库技术产生于 20 世纪 60 年代末，是数据管理的最新技术，是计算机科学的重要分支。数据库技术是信息系统的核心和基础，它的出现极大地促进了计算机的应用向各行各业渗透，数据库的建设规模、数据库信息量的大小和使用频度已成为衡量一个国家信息化程度的重要标志。

数据库技术是一门综合性技术，它涉及操作系统、数据结构、算法和程序设计等知识。在计算机科学中，数据库技术作为专门的学科来研究和学习。

1.1.1　数据库技术的发展

计算机在数据管理方面经历了由低级到高级的发展过程。计算机数据管理随着计算机硬件、软件技术和计算机应用范围的发展而发展，多年来经历了人工管理、文件系统、数据库系统、分布式数据库系统和面向对象数据库系统这几个阶段。

1. 人工管理

20 世纪 50 年代中期以前，计算机主要用于数值计算。在硬件方面，计算机使用的存储器存储信息的容量小，存取速度慢；在软件方面，没有系统软件和管理数据的软件，数据由计算或处理它的程序自行携带，数据的管理任务，包括存储结构、存取方法、输入/输出方式等完全由程序设计人员负责。

这一时期计算机数据管理的特点是：程序复杂，在程序中必须定义数据存储结构，需要编写数据存取方法和输入/输出方式等程序；数据与程序不具有独立性，一组数据对应一个程序，一个程序不能使用另一个程序中的数据，数据冗余；数据量小且无法长期保存，程序运行时，人工进行数据输入，输入数据和运行结果都保存在内存中，随着程序运行结束，这些数据自动消失，很难实现大数据量处理任务。

2. 文件系统

20 世纪 50 年代后期到 60 年代中期，计算机软件和硬件都有了很大的发展，硬件方面存储器的存储信息容量和存取速度得到很大改进；软件方面有了操作系统和文件系统，程序通过文件系统访问数据文件。

这一时期计算机数据管理的特点是：程序代码有所简化；数据存储结构、存取方法等都由文件系统负责处理，程序和数据有了一定的独立性；程序和数据分开存储，有了程序文件和数据文件的区别；数据文件可以长期保存在外存储器上被多次存取；只需要用文件名就可以访问数据文件，程序员不必关心记录在存储器上的地址和内、外存交换数据的过程。

但是，文件系统中的文件基本上对应着某个应用程序，当应用程序所需要的数据有部分相同时，仍然必须建立各自的文件，导致数据冗余度大，数据的修改和维护容易造成数据的不一致。数据是由应用程序定义的，当数据的逻辑结构改变时，必须随之修改应用程序；而应用程序的改变，如应用程序所使用的高级语言的变化等，也将影响文件的数据结构的改变，数据和程序缺乏独立性。

文件系统存在的问题阻碍了数据处理技术的发展，不能满足日益增长的信息需求，这是数据库技术产生的原动力。

3. 数据库系统

20 世纪 60 年代后期以来，计算机用于管理的规模更为庞大，应用越来越广泛，需要计算机管理的数据量急剧增长，多种应用、多种语言互相覆盖地共享数据集合的要求越来越强烈。这时硬件方面有了大容量磁盘，硬件价格下降，软件价格上升，为编制和维护系统软件及应用程序所需的成本相对增加。在处理方式上，联机实时处理的要求更多，并开始提出分布处理。在这种背景下，文件系统作为数据管理手段已经不能满足应用的需求，于是为解决多用户、多应用共享数据的需求，使数据尽可能多地被应用，出现了数据库技术和统一管理数据的专门软件系统——数据库管理系统（Data Base Management System，DBMS）。

在数据库系统中，数据已经成为多个用户或应用程序共享的资源，已经从应用程序中完全独立出来，由 DBMA 统一管理。数据库系统中数据与应用程序的关系如图 1.1 所示。

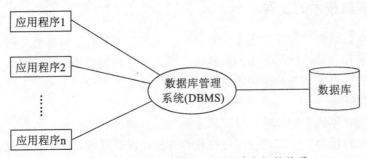

图 1.1　数据库系统中数据与应用程序之间的关系

数据库系统和文件系统的区别是：数据库对数据的存储是按照同一结构进行的，不同的应用程序都可以直接操作这些数据（即应用程序的高度独立性）；数据库系统对数据的完整性、唯一性和安全性都提供一套有效的管理（即数据的充分共享性）；数据库系统还提供管理和控制数据的各种简单操作命令使用户编写程序时更容易掌握（即操作方便性）。

4. 分布式数据库系统

随着计算机科学技术的发展，数据库技术与通信技术、面向对象技术、人工智能技术、面向程序设计技术、并行计算技术等相互渗透、相互结合，使数据库技术产生了新的发展。

数据库技术和网络通信技术的结合产生了分布式数据库系统。20 世纪 70 年代之前，数据库系统多是集中式的。网络技术的发展为数据库提供了分布式运行的环境，从主机/终端体系结构发展到客户机/服务器（Client/Server，C/S）系统结构。

目前使用较多的是基于客户机/服务器系统结构的运行环境。C/S结构将应用程序根据应用情况分布在服务器和客户的计算机上，将数据库管理系统和数据库放置到服务器上，客户端的程序使用开放数据库连接（Open Data Base Connectivity，ODBC）标准协议通过网络访问远端的数据库。

Access为创建功能强大的客户机/服务器应用程序提供了专用工具，客户机/服务器应用程序具有本地（客户）用户界面，但访问的是远程服务器上的数据。

5. 面向对象数据库系统

数据库技术与面向对象程序设计技术结合产生了面向对象数据库系统。面向对象的数据库系统吸收了面向对象程序设计方法的核心概念和基本思想，采用面向对象的观点来显示世界实体（对象）的逻辑组织、对象之间的限制和联系等；它克服了传统数据库系统的局限性，能够自然地存储复杂的数据对象以及这些对象之间的复杂关系，从而大幅度地提高了数据库系统的管理效率，降低了用户使用的复杂性。

从本质上说，Access仍然是传统的关系型数据库系统，但它在用户界面、程序设计等方面进行了很好的扩充，提供了面向对象程序设计的强大功能。

1.1.2　数据库系统的基本组成

数据库系统通常由软件、数据库和数据库管理员组成，其软件主要包括操作系统、各种宿主语言、实用程序以及数据库管理系统。

数据库系统由五个基本要素组成：硬件系统，相关软件（包括操作系统，编译系统等），数据库，数据库管理系统，人员（包括数据库管理员，系统分析员，应用程序员和用户）。其核心是数据库管理系统。

1. 数据库（Database，DB）

数据库是存储在一起的相关数据的集合，这些数据是结构化的，没有不必要或有害的冗余，并为多种应用服务；数据的存储独立于使用它的程序；对数据库插入新数据、修改和检索原有数据均能按一种公用的和可控制的方式进行。

在Access数据库中，可以将这个"数据仓库"以若干相关的表的形式表现出来。

2. 数据库管理系统（DataBase Management System，DBMS）

数据库管理系统是一种操纵和管理数据库的系统软件，用于建立、使用和维护数据库，它对数据库进行统一的管理和控制，以保证数据库的安全性和完整性。

用户通过DBMS访问数据库中的数据，数据库管理员也通过DBMS进行数据库的维护工作，它提供多种功能，可使多个应用程序和用户用不同的方法在相同或不同时刻建立、修改和查询数据库中的数据。其主要功能可概括如下：

（1）数据定义

数据定义包括定义构成数据库结构的外模式、模式和内模式，定义各个外模式与模式之间的映射，外模式与内模式之间的映射，定义有关的约束条件。例如，为保证数据库中数据具有正确语义而定义的完整性规则，为保证数据库安全而定义的用户口令和存取权限等。

（2）数据操作

数据操作包括对数据的检索、插入、修改和删除等基本操作。

（3）数据库运行管理

对数据库的运行进行管理是 DBMS 运行时的核心部分，包括对数据库进行并发控制、安全性检查、完整性约束条件的检查和执行、数据库的内部维护等。所有访问数据库的操作都要在这些控制程序的统一管理下进行，以保证数据的安全性、完整性、一致性以及多用户对数据库的并发使用。

（4）数据的组织、存储和管理

数据库中需要存放多种数据，如数据字典、用户数据、存取路径等，DBMS 负责分门别类地组织、存储和管理这些数据，确定以何种文件结构和存取方式物理地组织这些数据，如何实现数据之间的联系，以便提高存储空间利用率以及提高随机查找、顺序查找、增、删、改等操作的时间效率。

（5）数据库的建立和维护

建立数据库包括数据库初始数据的输入与数据转换等步骤。维护数据库包括数据库的转储与恢复、数据库的重组织与重构造、性能的监视与分析等。

（6）数据通信接口

DBMS 需要提供与其他软件系统进行通信的功能。例如，提供与其他 DBMS 或文件系统的接口，从而能够将数据转换为另一个 DBMS 或文件系统能够接收的格式，或者接收其他 DBMS 文件系统的数据。

3. 数据库系统（DataBase System，DBS）

数据库系统是指采用了数据库技术的完整的计算机系统，是实现有组织、动态地存储大量相关数据，提供数据处理和信息资源共享的便利手段。数据库系统由 5 部分组成：硬件系统、数据库、数据库管理系统及相关软件、数据库管理员和用户。图 1.2 所示的是数据库系统的层次结构。

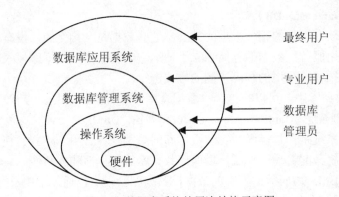

图 1.2　数据库系统的层次结构示意图

4. 数据库管理员（Data Base Administrator，DBA）

使用 DBMS 的一个主要原因是可以对数据和访问这些数据的程序进行集中控制。对数据库系统进行集中控制的人称作数据库管理员。数据库管理员的作用包括：模式定义、存储结构及存取方式定义、数据访问授权、完整性约束定义等。

1.1.3 数据库系统的基本特点

数据库技术是在文件系统基础上发展产生的，两者都以数据文件的形式组织数据，但由于数据库系统在文件系统的基础上加入 DBMS 对数据进行管理，从而使得数据库系统具有以下特点：

1. 数据的高集成性

数据库系统的数据高集成性主要表现在如下几个方面：

①在数据库系统中使用统一的数据结构方式，如在数据库中使用二维表作为统一结构方式。

②在数据库系统中按照多个应用的需要组织全局统一的数据结构（即数据模式），数据模式不仅可以建立全局的数据结构，还可以建立数据间的语义联系，从而构成一个内在紧密联系的数据整体。

③数据库系统中的数据模式是多个应用共同的、全局的数据结构，而每个应用的数据则是全局结构中的一部分，称为局部结构或视图，这种全局与局部结构的模式构成了数据库系统数据集成性的主要特征。

2. 数据的高共享性和低冗余性

数据的继承性使数据可以被多个应用所共享，数据共享的使用大大减少了数据冗余，节约了存储空间。数据共享可以避免数据之间的不相容与不一致。所谓数据的一致性是指在系统中同一数据的不同出现应保持相同的值，因此，减少数据的冗余以避免数据的不同出现是保证系统一致性的基础。

3. 数据的高独立性

数据独立性是指数据与程序间不互相依赖，包括数据的物理独立性和逻辑独立性。

（1）物理独立性

在数据库系统中，数据库管理系统（DBMS）提供映象功能，实现了应用程序对数据的逻辑结构、物理存储结构的独立性。用户的应用程序与存储在存储介质上的数据是相互独立的，也就是说数据存放的方式由 DBMS 处理，用户应用程序无须了解。当数据的存储结构改变时，其逻辑结构可以不变，因此，基于逻辑结构的应用程序也不用修改。

（2）逻辑独立性

用户的应用程序与数据库的逻辑结构是相互独立的，也就是说，数据的逻辑结构改变了，用户的应用程序也可以不变。

4. 数据统一管理和控制

数据库可以被多个用户或应用程序共享，数据的存取往往是并发的，即多个用户同时使用同一个数据库，数据库系统必须提供必要的保护措施，主要包含以下几个方面：

①数据的完整性检查。检查数据库中数据的正确性。

②数据的安全性保护。检查数据库访问者以防不合法的访问。

③并发控制。控制多个应用程序的并发访问所产生的相互干扰以保证其正确性。

④数据库恢复。数据库出错时，将错误恢复到某一已知的正确状态。

5. 采用特定的数据模型

数据库的数据是有结构的，这种结构由数据库管理系统所支持的数据模型表现出来。数据库系统不仅可以表示事物内部数据项之间的联系，而且可以表示事物与事物之间的联系，从而反映出现实世界事物之间的联系。因此，任何数据库管理系统都支持一种抽象的数据模型。数据模型将在 1.2 节中具体介绍。

1.1.4 数据库系统的内部结构体系

数据库系统在其内部具有三级模式和二级映射。数据模式是数据库的框架，是数据模型用数据描述语言给出的精确描述。数据库系统的结构一般划分为 3 个层次，分别是概念模式、外模式和内模式。二级映射分别是概念模式—内模式和外模式—概念模式映射。这种三级模式与二级映射构成了数据库系统内部的抽象结构体系，数据库的系统结构如图 1.3 所示。

1. 数据库的三级模式

（1）概念模式

概念模式（Conceptual Schema）又称模式，是数据库的总框架。概念模式描述数据库中关于目标存储的逻辑结构和特性，基本操作和目标与目标及目标与操作的关系和依赖性，以及对数据的安全性、完整性等方面的定义，所有数据都按这一模式进行装配。概念模式由概念描述语言 DDL 来进行描述。

概念模式的一个具体值称为模式的一个实例（Instance），同一个模式可以有很多实例。模式是相对稳定的，而实例是相对变动的。概念模式是全体用户和应用程序的公共数据视图，一个数据库只有一个概念模式。模式反映的是数据的结构及其关系，而实例反映的是数据库某一时刻的状态。

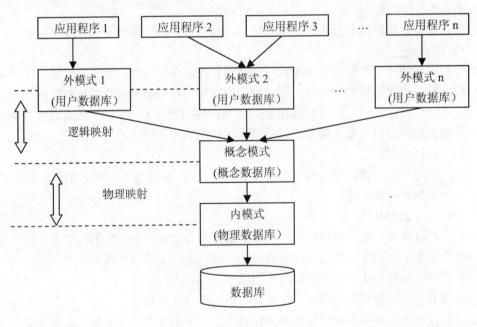

图 1.3　数据库的系统结构

（2）外模式

外模式（External Schema）又称子模式（SubSchema）或用户模式（User's Schema），是数据库用户的数据视图，描述用户数据的结构、类型、长度等，所有的应用程序都是根据外模式中对数据的描述而不是概念模式中对数据的描述而编写的。一个数据库可以有多个外模式。外模式是保障数据库安全性的一个有力措施。

（3）内模式

内模式（Internal Schema）又称物理模式（Physical Schema），它是数据物理结构和存储方式的描述，是数据在数据库内部的表示方式。它规定数据在存储介质上的物理组织方式、记录寻址技术、定义物理存储块的大小和溢出处理方法等。

模式的三个层次反映了模式的三个不同环境以及它们的不同要求，其中内模式处于最底层，它反映了数据库在计算机物理结构中的实际存储形式；概念模式处于中层，它反映了设计者的数据全局逻辑要求；外模式处于最上层，它反映了用户对数据的要求。

数据库系统的三级模式是对数据三个级别的抽象，它把数据的具体物理实现留给物理模式，使用户能逻辑地、抽象地处理数据，而不必关心数据在计算机内的具体表示方式和存储方式。为了能够在内部实现这三个抽象层次间的联系和转换，数据库管理系统在这三级模式之间提供了两层映射。

2. 数据库系统的二级映射

（1）逻辑映射

逻辑映射又称外模式—概念模式映射。对于每一个外模式，数据库系统都有一个逻辑映射，它定义了外模式与模式之间的对应关系，这些映射定义通常包含在各自外模式的描述中。当模式改变时，由数据库管理员对各个外模式—模式的映射作响应改变，可以使外模式保持不变，从而不必修改应用程序，保证了数据的逻辑独立性。如在模式中增加新的记录类型而不破坏原有记录类型之间的联系，在原有记录类型之间增加新的联系，在某些记录类型中增加新的数据项等。

（2）物理映射

物理映射又称模式—内模式映射。数据库中只有一个模式，也只有一个内模式，所以物理映射是唯一的，它定义了数据的全局逻辑结构与存储结构之间的对应关系，该映射定义通常包含在模式描述中。当数据库的存储结构改变时，由数据库管理员对物理映射作相应改变，可以使模式保持不变，从而保证了数据的物理独立性。如改变存储设备或引进新的存储设备，改变数据的存储位置，改变存储记录的体积，改变数据组织方式。

1.2 数据模型

数据库是某个单位、企业、组织所涉及的数据的综合，它不仅要反映数据本身的内容，而且要反映数据之间的联系。计算机不能直接处理现实世界中的具体事物，所以需要事先将具体事物转换成计算机能够处理的数据。

1.2.1 数据模型的基本概念

数据是现实世界符号的抽象，而模型是现实世界特征的模拟和抽象，如一门课程、一位学生、一个部门等都是具体的模型。数据模型（Data Model）也是一种模型，它是现实世界数据特征的抽象。数据模型应该能够比较真实地模拟现实世界，容易被人们理解，便于在计算机上实现。

1. 数据模型的组成

数据模型通常由数据结构、数据操作和数据的约束条件三部分组成。

（1）数据结构

数据结构是所研究的对象类型的集合，这些对象是数据库的组成成分，它们包括两类：一类是与数据类型和数据内容有关的对象；另一类是与数据之间的联系有关的对象。数据结构是对系统静态特征的描述。

数据结构是刻画一个数据模型性质最重要的方面，在数据库系统中通常按照数据结构的类型来命名数据模型。例如，采用层次数据结构、网状数据结构、关系数据结构的数据模型分别称为层次模型、网状模型和关系模型。

（2）数据操作

数据操作是指对数据库中各种对象（型）的实例（值）允许执行的操作的集合，包括操作及有关的操作规则。数据库主要有检索和更新（包括插入、删除和修改）两大类操作，数据模型要给出这个操作的确切含义、操作规则和事先操作的语言。数据操作是对系统动态特征的描述。

（3）数据的约束条件

数据的约束条件是一组完整规则的集合。完整性规则是给顶层的数据模型中数据与机器联系中所具有的制约和依存规则，用以限定符合数据模型的数据库的状态以及状态的变化，以保证数据正确、有效、相容。

2. 数据结构模型

数据模型按不同的应用层次分成三种类型，分别是概念数据模型（Conceptual Data Model）、逻辑数据模型（Logic Data Model）和物理数据模型（Physical Data Model）。

（1）概念数据模型

概念数据模型简称概念模型，它是一种面向客观世界、面向用户的模型，它与具体的数据库管理系统无关，与具体的计算机平台无关。概念模型是整个数据模型的基础。目前，较为有名的概念模型有E-R模型、扩充的E-R模型、面向对象模型和谓词模型等。

（2）逻辑数据模型

逻辑数据模型又称数据模型，它是一种面向数据库系统的模型，该模型着重于在数据库系统一级的实现，概念模型只有在转换成数据模型后才能在数据库中得以表示。目前，数据库领域中最常用的逻辑数据模型有四种，分别为层次模型、网状模型、关系模型和面向对象模型。其中，层次模型和网状模型是早期的数据模型，统称非关系模型。

（3）物理数据模型

物理数据模型又称物理模型，它是一种面向计算机物理表示的模型，此模型给出了数据模型在计算机上物理结构的表示。

1.2.2 E-R模型

E-R模型（Entity-Relationship Model）又称为实体—联系模型，它是概念模型的著名表示之一。概念模型的出发点是有效和自然地模拟现实世界，给出数据的概念化结构，是面向现实世界的。E-R模型将现实世界的要求转化成实体、属性、码等几个基本概念及实体集间的联系，并可以用实体—联系图非常直观地表示出来。

1. E-R 模型的基本概念

（1）实体

实体是客观存在并可以相互区别的事物。实体可以是具体的人、事、物，也可以是抽象的概念或联系。例如，一个学生、学生的一次选课、一门课程等都是实体，学生与课程的关系也是实体。

（2）属性

属性是实体所具有的某一特性，一个实体可以由若干个属性来描述。例如，学生实体可以由学号、姓名、性别、年龄、院系等属性组成。

（3）码

码是能够唯一标识实体的属性集，例如学号是学生实体的码。

（4）域

属性的取值范围称为域。例如，姓名的域为字符串集合，性别的域为（男，女）。

（5）实体型

用实体名及其属性名的集合来抽象和描述同类实体，称为实体型。例如，学生（学号，姓名，性别，年龄，系别）就是一个实体型。

（6）实体集

同型实体的集合称为实体集。例如，全体学生就是一个实体集。

（7）联系

在现实世界中，事物内部以及事物之间是普遍有联系的。在 E-R 模型中，这些联系反映为实体内部的联系和实体之间的联系。实体内部的联系通常是指组成实体的各属性之间的联系，实体之间的联系通常是指不同实体之间的联系。

2. 两个实体之间的联系

两个实体集之间的联系可以分为三类：一对一联系（1∶1），一对多联系（1∶n），多对多联系（m∶n）。

（1）一对一联系（1∶1）

如果对于实体集 A 中的每一个实体，实体集 B 中至多有一个实体与之联系，反之亦然，则称实体集 A 与实体集 B 具有一对一联系，记为 1∶1。例如，一个班级只有一个班长，而一个班长只在一个班级中，则班级与班长之间具有一对一联系。

（2）一对多联系（1∶n）或多对一联系

如果对于实体集 A 中的每一个实体，实体集 B 中有 n 个实体（n≥0）与之联系，反之，对于实体集 B 中的每一个实体，实体集 A 中至多只有一个实体与之联系，则称实体集 A 与实体集 B 有一对多联系，记为 1∶n，反之，则称为多对一联系，记为 n∶1。例如，一个班级中有若干学生，而每个学生只在一个班级中，则班级和学生之间具有一对多联系。

（3）多对多联系（m∶n）

如果对于实体集 A 中的每一个实体，实体集 B 中有 n 个实体（n≥0）与之联系；反之，对于实体集 B 中的每一个实体，实体集 A 中也有 m 个实体（m≥0）与之联系，则称实体集 A 与实体集 B 具有多对多联系，记为 m∶n。例如，一个学生选修多门课程，而一门课程有多个学生选修,则学生和课程之间具有多对多联系。

两个实体集之间的三类联系,如图1.4所示。

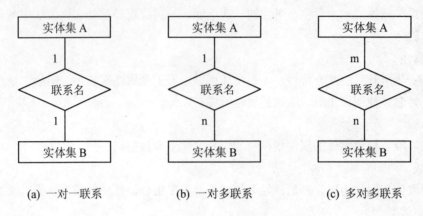

(a) 一对一联系　　　　(b) 一对多联系　　　　(c) 多对多联系

图1.4　两个实体之间的三类联系

3. E–R模型的图示法

E-R模型可以用一种常见的图的形式表示,这种图称为 E-R 图(Entity-Relationship Diagram)。E-R图提供了表示实体集、属性和联系的方法。

(1)实体型

用矩形表示,矩形框内写明实体名。

(2)属性

用椭圆形表示,并用无向边将其与相应的实体连接起来。

例如,学生实体具有学号、姓名、性别、年龄、系别等属性,用 E-R 图表示则如图 1.5 所示。

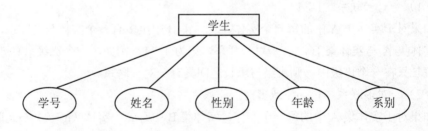

图1.5　学生实体及其属性的E-R图表示

(3)联系

用菱形表示,菱形框内部写明联系名,用无向边将其与有关实体连接起来,在无向边旁标上联系的类型(1∶1,1∶n或m∶n)。

例如,教师与学生和课程之间的联系如图1.6 所示。

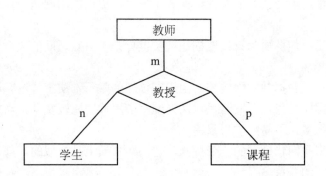

图 1.6　教师与学生和课程之间的联系图

1.2.3　层次模型

用树型（层次）结构表示实体类型及实体间联系的数据模型称为层次模型（Hierarchical Model）。层次模型的限制条件是：有且仅有一个节点无父节点，此节点为树的根；其他节点有且仅有一个父节点。

在层次模型中，每个节点表示一个记录类型，记录（类型）之间的联系用节点之间的连线（有向连线）表示，这种联系是父子之间的一对多联系，这就使得层次数据库系统只能处理一对多的实体联系。

每个记录类型可以包含若干个字段，这里记录类型描述的是实体，字段描述的是实体的属性。各个记录类型及其字段都必须命名，各个字段类型、同一记录类型中各个字段不能同名。每个记录类型可以定义一个排序字段，也称为码字段，如果定义该排序字段的值是唯一的，则它能唯一地标识一个记录值。在层次模型中，同一个双亲的子女节点称为兄弟节点，没有子女节点的节点称为叶节点。

现实世界中许多实体之间的联系就呈现出一种自然的层次关系。以学校的组织机构为例，最上层为学校，其下层有若干学院、研究所等，每个学院的下层有若干系，系的下层有若干班级，如此形成了一个庞大的层次型数据库。

层次模型的优点是：结构本身比较简单，层次清晰，易于实现；向下寻找数据容易，与日常生活的数据类型相当。

层次模型的缺点是：只适合处理 1∶1 和 1∶n 的关系，因而难以实现复杂数据关系的描述；寻找非直系的节点非常麻烦，必须先通过父节点由下而上，再由上往下寻找，搜寻的效率很低。

1.2.4　网状模型

网状数据模型是一种比层次模型更具普遍性的结构，它去掉了层次模型的两个限制，允许多个节点没有双亲节点，允许节点有多个双亲节点，此外它还允许两个节点之间有多种联系（称为复合联系）。

网状数据模型用有向图结构表示实体和实体之间的联系。以学生的成绩管理系统为例，有很多学生和多门课程，每个学生可选修不同的课程，每门课程可被多个学生选修，这种学生和课程之间的关系就不能用树型的层次结构表示出来，但可以用网状模型表示它们之间的这种多对多的联系。

网状模型的优点是：能够更为直接地描述现实世界；子节点之间的关系较接近，具有良好的性能，存取效率较高。

网状模型的缺点是：数据独立性较差。由于实体间的联系本质上通过存取路径指示，因此应用程序在访问数据时要指定存取路径，这样编写应用程序比较复杂，当加入或删除数据时，牵动的相关数据很多，不易维护与重建。

事实上，层次模型是网状模型的一个特例，它们在本质上是类似的，都是用节点表示实体，用连线表示实体间的联系。

1.2.5 关系模型

关系模型是最重要的一种数据模型，也是目前主要采用的数据模型。关系模型由 IBM 公司 San Jose 研究实验室的研究员 E.F.Codd 于 1970 年提出。

关系数据模型是以集合论中的关系概念为基础发展起来的。关系模型中无论是实体还是实体间的联系均由单一的结构类型——关系来表示。在用户观点下，关系模型中数据的逻辑结构是一张二维表，它由行和列组成，一个关系数据库由若干个数据表组成。数据表与数据库之间存在相应的关联，这些关联将用来查询相关的数据，关系模型的示意图如图 1.7 所示。

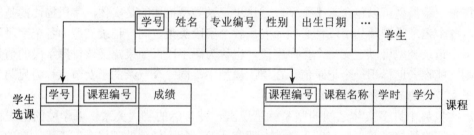

图 1.7 关系模型示意图

在二维表中，每一行称为一条记录，用来描述一个对象的信息，每一列称为一个字段，用来描述对象的一个属性。

关系模型有如下特点：

（1）关系模型的数据结构简单，无论是实体还是实体之间的联系都用关系表来表示，不同的关系表之间通过相同的数据项或关键字构成联系，正是这种表示方式可直接处理两实体间 m∶n 的联系。

（2）关系模型中的所有的关系都必须是规范化的。

（3）关系模型的数据操作是从原有的二维表得到新的二维表，这说明：①无论原始数据还是结果数据都是同一种数据结构——二维表；②其数据操作是集合操作，即操作对象和结果是若干元组的集合，而不像层次和网状模型中是单记录的操作方式；③关系模型把存取路径向户隐蔽起来，用户只需要指出要做什么，而不必详细地指出如何做，大大提高了数据的独立性和系统效率。

由此可见，关系模型的特点也是它的优点，它有坚实的理论基础，建立在严格的数学概念基础之上，因而关系模型从诞生以后发展迅速，深受用户欢迎，目前得到广泛的应用。

1.2.6 面向对象模型

面对大型工程复杂数据的管理，单纯依靠传统的数据库系统难以胜任。面向对象技术与数据库技术结合成为了数据库技术的新方向。20 世纪 80 年代中后期以来，面向对象数据库管理系统（Object-Oriented Data Base Management System，OODBMS）和对象—关系型数据库管理系统（Object Relational Data Base Management System，ORDBMS）的研究十分活跃。通常，人们将初期的层次和网状模型作为数据库系统发展中的第一代，将关系模型作为第二代。1990 年，在 DBMS 功能委员会发表的"第三代数据库系统宣言"中提出了第三代数据库系统的三条原则：支持更加丰富的对象结构和原则，包含第二代 DBMS，对其他子系统开放。根据这三条原则，OODBMS 将关系模型与面向对象程序设计语言中的核心概念加以综合。这些概念包括将数据和程序封装到对象、对象标识、多重继承、任意数据类型、嵌套对象等。典型的对象—关系型数据库管理系统有：DB2 UDB、ORACLE、Microsoft SQL Server 等。

1.3 关系模型理论

关系模型有严格的数学基础，抽象级别比较高，而且简单清晰，便于理解和使用。关系数据库是现代数据库产品的主流，因此了解并掌握关系模型理论是非常必要的。

关系数据库使用关系数据模型组织数据，关系模型由关系数据结构、关系操作集合和关系完整性约束三部分组成。

1.3.1 关系数据库概述

1. 关系模型数据结构

关系数据模型源于数学，它用二维表来组织数据，而这个二维表在关系数据库中就称为关系。关系数据库就是表或者说是关系的集合。

在关系系统中，用户感觉数据库就是一张张表。表由行和列组成，图 1.8 所示的是记录学生信息的二维表。

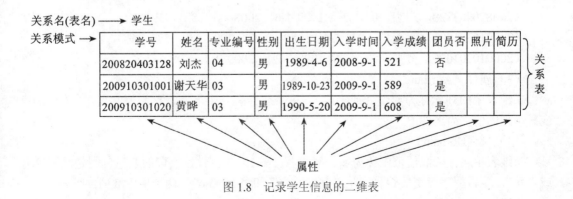

图 1.8 记录学生信息的二维表

二维表表头的那一行称为关系模式,又称表的框架或记录类型。关系模式的特点如下:
① 记录类型,决定二维表的内容;
② 数据库的关系数据模型是若干关系模式的集合;
③ 每一个关系模式都必须命名,且同一关系数据模型中的关系模式名不允许相同;
④ 每一个关系模式都由一些属性组成,关系模式的属性名通常取自相关实体类型的属性名;
⑤ 关系模式可表示为关系模式名(属性名1,属性名2,…,属性名n)的形式,如:学生(学号,姓名,专业编号,性别,出生日期,入学成绩,团员否,照片,简历)。
在关系数据库中,可以将"学生"看做一个实体集,每一位学生的信息为一个实体,如图1.9所示。

	学号	姓名	专业编号	性别	出生日期	入学时间	入学成绩	团员否	照片	简历	
实体集	200820403128	刘杰	04	男	1989-4-6	2008-9-1	521	否			← 实体
	200910301001	谢天华	03	男	1989-10-23	2009-9-1	589	是			← 实体
	200910301020	黄晔	03	男	1990-5-20	2009-9-1	608	是			← 实体

图1.9 实体集

对于数据库来说,该数据表有许多记录内容。因此,一个实体也可以看做数据库中的一条记录。

2. 关系数据库基本术语

(1)关系(Relation)

对应于关系模式的一个具体的表称为关系。其格式为:

关系名(属性名1,属性名2,…,属性名n)

在数据库中,关系模式对应着二维表的表结构:

表名(字段名1,字段名2,…,字段名n)

二维表的名字就是关系的名字,图1.8中的关系名就是"学生"。

(2)元组(Tuple)

二维表中的行称为元组(记录值),一个关系就是若干个元组的集合。在图1.8的"学生"关系中,元组有:

(200820403128,刘杰,04,男,1989-4-6,2008-9-1,521,否)

(200910301001,谢天华,03,男,1989-10-23,2009-9-1,589,是)

(200910301020,黄晔,03,男,1990-5-20,2009-9-1,608,是)

(3)属性(Attribute)

二维表中的列就称为属性(或字段),每个属性有一个名字,称为属性名。二维表中对应某一列的值称为属性值。

(4)域(Domain)

二维表中属性的取值范围称为域。例如,在图1.8中,性别字段的取值范围是汉字"男"或"女",逻辑型字段团员否只能从"是(yes)"和"否(no)"两个值中取值。

(5)元

二维表中列的个数称为关系的元数，又称为关系的目，或称为关系的度（degree）。如果一个二维表有 n 列，则称为 n 元关系。图 1.8 所示的"学生"关系有学号、姓名、专业编号、性别、出生日期、入学时间、入学成绩、团员否、照片、简历这 10 个属性，是一个 10 元关系学生表。

（6）键（Key）

键在关系中用来标识行的一列或者多列。键可以是唯一（Unique）的，也可以不唯一（NonUnique）。

表 1.1 中描述了关系数据库中一些关于键的内容。

表 1.1 关系模式中的键

键 名	英 文	解 释
键码	Key	关系模型中的一个重要概念，在关系中用来标识行的一列或多列
候选关键字	Candidate Key	唯一地标识表中的一行而又不含多余属性的一个属性集
主关键字	Primary Key	被挑选出来作为表行的唯一标识的候选关键字。一个表只有一个主关键字，主关键字又称为主键
公共关键字	Common Key	在关系数据库中，关系之间的联系是通过相容或相同的属性或属性组来表示的。如果两个关系中有相容或相同的属性或属性组，那么这个属性或属性组被称为这两个关系的公共关键字
外关键字	Foregn Key	如果公共关键字在一个关系中是主要关键字，那么这个公共关键字被称为另一个关系的外关键字。外关键字表示了两个关系之间的联系，外关键字又称为外键或外码

例如，在图 1.7 给出的三个关系中，学生选课表的主关键字是属性集（学号，课程编号），学号或课程编号中的任何一个都不能唯一地确定学生选课成绩表中的记录，但它们分别是学生表和课程表的关键字，因此，对于学生选课表而言，学号或课程编号都是外关键字。

通过外关键字，可以实现关系之间的动态连接，否则就成了孤立的关系，只能查找本关系的内容。在进行关系模式设计时应特别注意这方面的问题。

（7）关系类型

在关系模型中，实体和实体间的联系都是用关系表示的。也就是说，二维表中既存放着实体本身的数据，又存放着实体间的联系。关系不但可以表示实体间一对多的联系（可以将一对一联系看做是多对多联系的特殊情况），通过建立关系间的关联，也可以表示多对多的联系。

1.3.2 关系数据库的操作

关系代数类似于一种抽象的查询语言，是关系数据操作语言的一种传统表达方式，它不同于关系运算及表达式查询。

1. 传统的集合运算

传统的集合运算包括并、交、差和笛卡儿积等运算。其中，进行并、交、差集合运算的两个关系必须是同质的，即具有相同的关系模式。

设关系 R 和关系 S 具有相同的元数 n（即两个关系都有 n 个属性），且相应的属性的取值来自同一个域。

（1）并（Union）

R 和 S 的并是由属于 R 或 S 的元组构成的集合，表示为 R∪S，其运算结果仍为 n 元关系。

例如，给出两个同质的学生关系 R1 和 R2 如表 1.2 和表 1.3 所示。

表 1.2　　关系 R1

学号	姓名	专业编号	性别	出生日期
200820403128	刘杰	04	男	1989-4-6
200910301001	谢天华	03	男	1989-10-23
200910301020	黄晔	03	男	1990-5-20

表 1.3　　关系 R2

学号	姓名	专业编号	性别	出生日期
200910301020	黄晔	03	男	1990-5-20
200910401032	单金格	04	女	1990-7-30
200910401081	夏旭平	04	男	1990-9-20

则 R1∪R2 的结果如表 1.4 所示。

表 1.4　　R1∪R2

学号	姓名	专业编号	性别	出生日期
200820403128	刘杰	04	男	1989-4-6
200910301001	谢天华	03	男	1989-10-23
200910301020	黄晔	03	男	1990-5-20
200910401032	单金格	04	女	1990-7-30
200910401081	夏旭平	04	男	1990-9-20

在并运算中，重复的元组取且仅取一次。

（2）交（Intersection）

关系 R 和 S 的交是由属于 R 又属于 S 的元组构成的集合,记为 R∩S,其运算结果仍为 n 元关系。

在上例中,R1∩R2 的结果如表 1.5 所示。

表 1.5　　　　　　　　　　　　　　　R1∩R2

学号	姓名	专业编号	性别	出生日期
200910301020	黄晔	03	男	1990-5-20

（3）差（Difference）

R 和 S 的差是由属于 R 但不属于 S 的元组构成的集合,表示为 R-S,其运算结果为 n 元关系。

差运算 R1-R2 的结果如表 1.6 所示。

表 1.6　　　　　　　　　　　　　　　R1-R2

学号	姓名	专业编号	性别	出生日期
200820403128	刘杰	04	男	1989-4-6
200910301001	谢天华	03	男	1989-10-23

需要注意的是:在差运算中,运算对象的次序不同,运算结果也不同。该例中,R1-R2 和 R2-R1 的结果是不相同的。

（4）笛卡儿积（Cartesian Product）

进行笛卡儿积运算的两个关系不必具有相同的元数。

两个分别为 r 目和 s 目的关系 R 和 S 的广义笛卡儿积记为 R×S,它是一个（r+s）目的关系。关系中每个元组的前 r 个分量（属性值）来自 R 的一个元组,后 s 个分量来自 S 的一个元组。

如果 R 有 i 个元组,S 有 j 个元组,则 R×S 有（i×j）个元组。

给出课程关系 R3 如表 1.7 所示。

表 1.7　　　　　　　　　　　　　　　关系 R3

课程编号	课程名称	学分
cc01	C 语言程序设计	3
cc02	Access 数据库应用基础	2

则笛卡儿积 R1×R3 的结果如表 1.8 所示。

表 1.8 R1×R3

学号	姓名	专业编号	性别	出生日期	课程编号	课程名称	学分
200820403128	刘杰	04	男	1989-4-6	cc01	C 语言程序设计	3
200820403128	刘杰	04	男	1989-4-6	cc02	Access 数据库应用基础	2
200910301001	谢天华	03	男	1989-10-23	cc01	C 语言程序设计	3
200910301001	谢天华	03	男	1989-10-23	cc02	Access 数据库应用基础	2
200910301020	黄晔	03	男	1990-5-20	cc01	C 语言程序设计	3
200910301020	黄晔	03	男	1990-5-20	cc02	Access 数据库应用基础	2

进行笛卡儿积运算的两个关系可以是一元关系，相当于两个属性域之间的运算。事实上，笛卡儿积的严格数学定义正是多个域（集合）之间的运算，而关系则是多个域进行笛卡儿积运算后所得结果的一个子集。

2. 专门的关系运算

专门的关系运算可以从关系的水平方向进行运算，也可以从关系的垂直方向运算。下面介绍常见的三种方法。

（1）选择运算

选择是从关系中查找符合指定条件行的操作，以逻辑表达式为选择条件筛选满足表达式的所有记录。选择操作的结构构成关系的一个子集，是关系中的部分行，其关系模式不变。选择操作是从二维表中选择若干行的操作。

例如，在 Access 中，查找"学生"表中专业编号为"03"的记录，结果如图 1.10 所示。

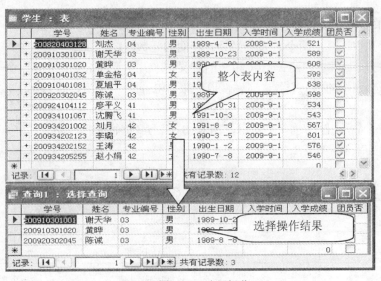

图 1.10 选择操作

（2）投影运算

投影是从关系数据表中选取若干个属性的操作，所选择的若干属性将形成一个新的关系数据表，其关系模式中属性的个数由用户来确定，或者排列顺序不同，同时也可能减少某些元组。因为排除了一些属性后，特别是排除了关系中关键字属性后，所选属性可能有相同的值，出现了相同的元组，而关系中必须排除相同元组，从而有可能减少某些元组。

例如，在"学生"表中查看学号、姓名、性别和入学成绩等字段的内容，结果如图 1.11 所示。

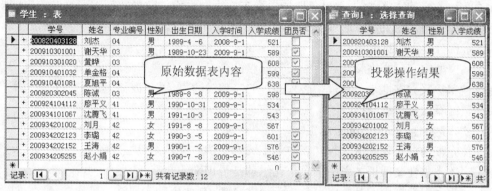

图 1.11　投影操作

（3）连接运算

连接是将两个或者两个以上的关系数据表的若干属性拼接成一个新的关系模式的操作。对应的新关系中包含满足连接条件的所有行，连接过程是通过连接条件来控制的，连接条件中将出现两个关系数据表中的公共属性名，或者具有相同语义和可比的属性。

例如，将"学生"表中的学号和姓名字段、"课程"表中的课程名称字段、"学生选课"表中的平时成绩和考试成绩字段拼合成一个实体集，结果如图 1.12 所示。

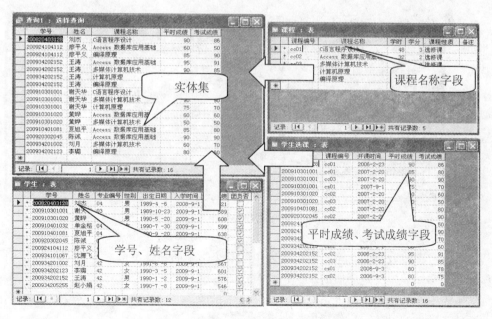

图 1.12　连接操作

1.3.3 关系数据库的完整性

数据库中的数据是从外界输入的，而在输入数据时会发生意外，如输入无效或错误信息等。保证输入的数据符合规定，是多用户的关系数据库系统首要关注的问题，也是数据完整性的重要特性。

关系数据库完整性（Database Integrity）是指数据库中数据的正确性和相容性。数据库完整性由各种各样的完整性约束来保证，所以数据库完整性设计就是数据库完整性约束的设计。

数据库完整性约束可以通过 DBMS 或应用程序来实现，基于 DBMS 的完整性约束作为模式的一部分存入数据库中。

关系模型中有三类完整性约束：实体完整性、参照完整性和用户定义的完整性。其中实体完整性和参照完整性是关系模型必须满足的完整性约束条件，被称为是关系的两个不变性，由关系数据库系统自动支持。

1. 实体完整性（Entity Integrity）

实体完整性规定表的每一行在表中是唯一的实体。实体完整性规则如下：

①实体完整性要保证关系中的每个元组都是可识别的和唯一的。

②实体完整性规则的具体内容是：若属性 A 是关系 R 的主属性，则属性 A 不可以为空值。

③实体完整性是关系模型必须满足的完整性约束条件。

④关系数据库管理系统可以用主关键字实现实体完整性，这是由关系数据库默认支持的。

实体完整性规则是针对关系而言的，而关系则对应一个现实世界中的实体集。现实世界中的实体是可区分的，它们具有某种标识特征，相应地，关系中的元组也是可区分的，在关系中用主关键字做唯一性标识。例如，在学生表中，主关键字为学号字段，那么“学号”字段的取值不能为空或重复值，如图 1.13 所示。

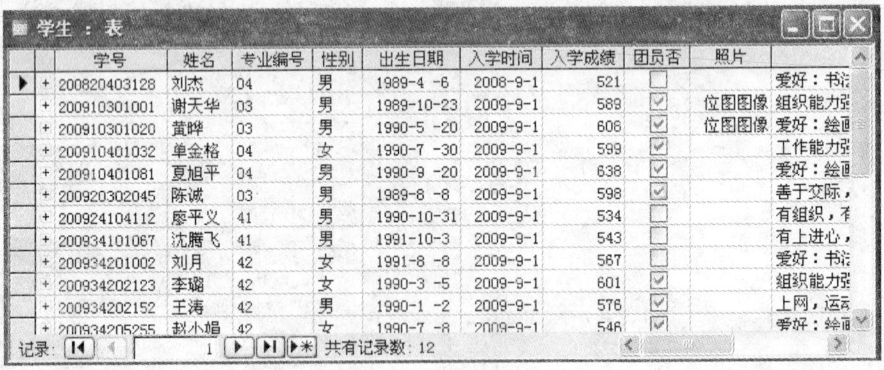

学号	姓名	专业编号	性别	出生日期	入学时间	入学成绩	团员否	照片	
200820403128	刘杰	04	男	1989-4 -6	2008-9-1	521	☐		爱好：书法
200910301001	谢天华	03	男	1989-10-23	2009-9-1	589	☑	位图图像	组织能力强
200910301020	黄晔	03	男	1990-5 -20	2009-9-1	606	☑	位图图像	爱好：绘画
200910401032	单金格	04	女	1990-7 -30	2009-9-1	599	☑		工作能力强
200910401081	夏旭平	04	男	1990-9 -20	2009-9-1	638	☑		爱好：绘画
200920302045	陈诚	03	男	1989-8 -8	2009-9-1	598	☑		善于交际，
200924104112	廖平义	41	男	1990-10-31	2009-9-1	534	☐		有组织，有
200934101067	沈腾飞	41	男	1991-10-3	2009-9-1	543	☐		有上进心，
200934201002	刘月	42	女	1991-8 -8	2009-9-1	567	☐		爱好：书法
200934202123	李璐	42	女	1990-3 -5	2009-9-1	601	☑		组织能力强
200934202152	王涛	42	男	1990-1 -2	2009-9-1	576	☑		上网，运动
200934205255	赵小娟	42	女	1990-7 -8	2009-9-1	546	☑		爱好：绘画

图 1.13　实体完整性

如果学号字段取空值，意味着学生表中的某个学生的记录不可标识，即存在不可区分的实体，这与实体的定义是矛盾的。

学生表中的其他属性可以是空值，如“出生日期”字段或“性别”字段如果为空，则表明不清楚该学生的这些特征值。

2. 参照完整性（Referential Integrity）

参照完整性规则通过定义外部关键字和主关键字之间的引用规则来约定两个关系之间的联系。也就是说，表的主关键字和外关键字的数据应对应一致，它确保了有主关键字的表中对应其他表的外关键字的行存在，即保证了表之间的数据的一致性，防止数据丢失或无意义的数据在数据库中扩散。参照完整性是建立在外关键字和主关键字之间或外关键字和唯一性关键字之间的关系上的。

例如，有学生表和专业表两个关系，如图1.14所示。其中，专业编号字段是专业表的主关键字，是学生表的外部关键字。在专业表中，专业编号字段与学生表的专业编号字段中的实体相对应，所以，学生表为参照关系，专业表为被参照关系。

图 1.14 参照完整性

显然，学生表中专业编号字段的取值必须是确实存在的专业编号，即在专业表中有该专业的记录。那么，在学生表中，专业编号字段的值要么为空，表示学生暂时还没有确定专业；要么为专业表中的某个记录的主关键字值（学生已经确定了专业，且该专业存在），而不可能取其他的值。

3. 用户定义的完整性（User-defined Integrity）

用户定义的完整性即是针对某个特定关系数据库的约束条件，它反映某一具体应用所涉及的数据必须满足的语义要求。

在用户定义完整性中最常见的是限定属性的取值范围，即对值域的约束。例如，在学生表的设计视图中选择性别字段名称，并在"常规"选项卡中设置有效性规则为"男"或者"女"，在有效性文本中输入提示信息：性别只能取"男"或"女"，如图1.15所示。

以后，再对学生表中数据进行编辑或修改时，性别字段的值必须满足用户定义的语义要求。

1.3.4 关系数据库规范化理论

实际问题的数据关系一般是比较复杂的，并非就是一个关系模型所要求的二维表。如果一个关系设计得不好，会出现数据冗余、操作异常、不一致等问题。

为了有效地组织和管理数据，需要把这些复杂的数据关系结构简化为逻辑严密、结构更简单的二维表形式，也就是要把一组给定的关系转换成等价的、结构更简单的、逻辑严密的一组或多组关系，这一过程称为关系规范化。

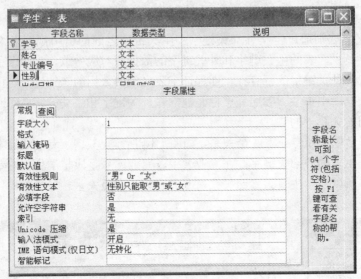

图 1.15 用户定义完整性

数据库的设计范式是符合某一种规范的关系模式的集合。在关系数据库中,这种规范就是范式。目前关系数据库有6种范式:第一范式(1NF)、第二范式(2NF)、第三范式(3NF)、第四范式(4NF)、第五范式(5NF)和第六范式(6NF)。满足最低要求的范式是第一范式(1NF),在第一范式的基础上,进一步满足更多要求的称为第二范式(2NF),其余范式依次类推。下面介绍第一范式(1NF)、第二范式(2NF)和第三范式(3NF)。

1. 第一范式(1NF)

在任何一个关系数据库中,第一范式(1NF)都是对关系模式的基本要求,不满足第一范式(1NF)的数据库就不是关系数据库。

所谓第一范式(1NF)是指数据库中表的每一列都是不可分割的基本数据项,同一列中不能有多个值,即实体的某个属性不能有多个值或者不能有重复的属性。如果出现重复的属性,就可能需要定义一个新的实体,新的实体由重复的属性构成,新实体与原实体之间为一对多关系。

例如,对于图1.16中的"教师"表来说,不能将教师的联系方式信息都放在一列中显示。正确的"教师"表,表中任意字段的值必须是不可分的,即每个记录的每个字段只能包含一个数据,图1.17为修改后的"教师"表。

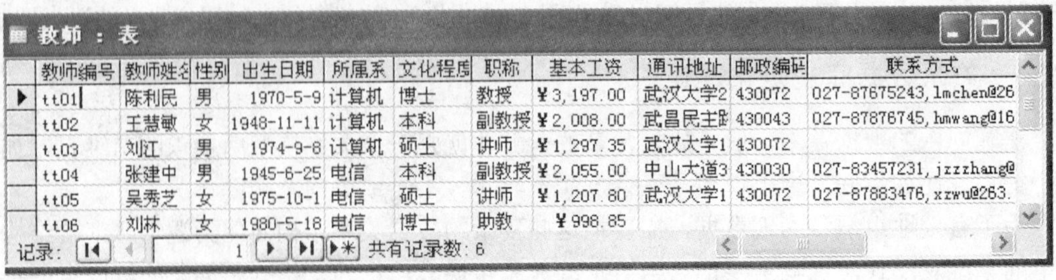

图 1.16 有错误的"教师"表

教师编号	教师姓名	性别	出生日期	所属系	文化程	职称	基本工资	通讯地址	邮政编码	电话	电子信箱
tt01	陈利民	男	1970-5-9	计算机	博士	教授	3,197.00	武汉大学2	430072	027-87675243	lmchen@263.net
tt02	王慧敏	女	1948-11-11	计算机	本科	副教授	2,008.00	武昌民主路	430043	027-87876745	hmwang@163.net
tt03	刘江	男	1974-9-8	计算机	硕士	讲师	1,297.35	武汉大学1	430072		
tt04	张建中	男	1945-6-25	电信	本科	副教授	2,055.00	中山大道3	430030	027-83457231	jzzhang@263.r
tt05	吴秀芝	女	1975-10-1	电信	硕士	讲师	1,207.80	武汉大学1	430072	027-87883476	xzwu@263.net
tt06	刘林	女	1980-5-18	电信	博士	助教	¥998.85				

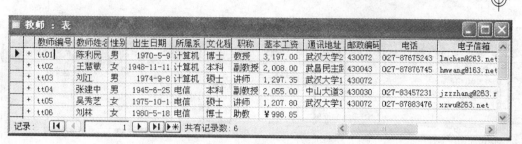

图 1.17　修改后的“教师”表

在第一范式（1NF）中表的每一行只包含一个实体信息。对于“教师”表来说，不能将每一位教师的信息都放在一列中显示，也不能将其中的两列或多列放在一列中显示；每一行只表示一位教师的信息，一个教师的信息在表中只出现一次。简而言之，第一范式就是无重复的列。

2. 第二范式（2NF）

在满足第一范式（1NF）的前提下，表中所有非主键字段完全依赖于主关键字段。因此，通常需要为表添加一个列，以存储各个实体的唯一标识，如图 1.17“教师”表中的“教师编号”字段列。因为每位教师的编号是唯一的，所以每位教师可以被唯一区分。这个唯一属性列被称为主关键字。有些情况下，表中的一个列并不能存储实体的唯一标识，如图 1.18 所示的“学生选课”表，其中唯一能标识一个实体的是“学号”和“课程编号”，因此，“学生选课”表的主关键字是“学号”和“课程编号”两个字段。

学号	课程编号	平时成绩	考试成绩	课程名称	学时	学分	课程性质
200820403128	cc01	90	86	C语言程序设计	48	3	选修课
200910301001	cc01	85	80	C语言程序设计	48	3	选修课
200910301001	cc03	90	90	多媒体计算机技术	32	2	选修课
200910301001	cs01	75	70	计算机原理	48	3	必修课
200910301020	cc02	60	60	Access 数据库应用基础	32	2	选修课
200910301020	cc03	50	50	多媒体计算机技术	32	2	选修课
200910401081	cc02	85	80	Access 数据库应用基础	32	2	选修课
200920302045	cc02	90	90	Access 数据库应用基础	32	2	选修课
200924104112	cc02	60	50	Access 数据库应用基础	32	2	选修课
200924104112	cs02	85	90	编译原理	48	3	指定选修课

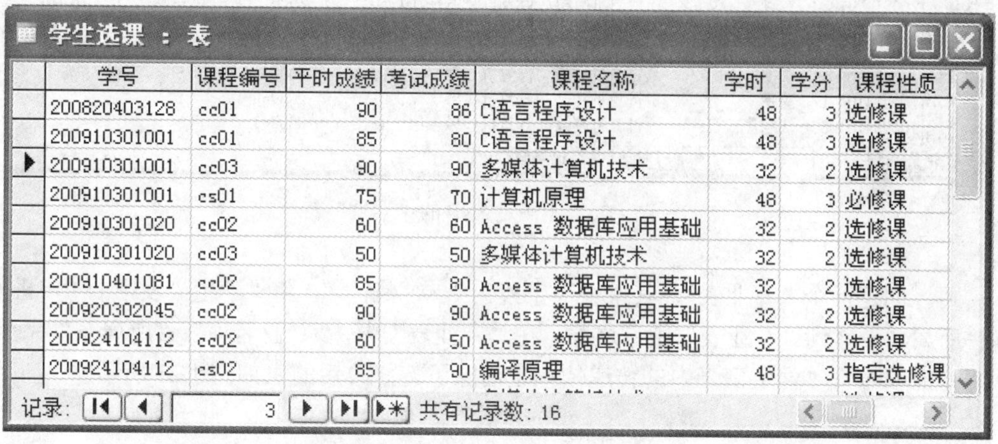

图 1.18　不满足 2NF 的“学生选课”表

但是，图 1.18 所示的“学生选课”表仍然不满足第二范式的条件，因为表中的“课程名称”、“学时”、“学分”等字段不依赖于主关键字。解决的办法是创建一个主关键字为“课程编号”的“课程”表，将“学生选课”表中的“课程名称”、“学时”、“学分”等字段移到“课程”表中，这样，“学生选课”表中的所有非主关键字完全依赖于主关键字“学号”和“课程编号”，“课程”表中的“课程名称”、“学时”、“学分”等非主关键字也完全依赖于“课程”表中的主关键字“课程编号”，如图 1.19 所示。

学生选课 ：表

学号	课程编号	平时成绩	考试成绩
200820403128	cc01	90	86
200910301001	cc01	85	80
200910301001	cc03	90	90
200910301001	cs01	75	70
200910301020	cc02	60	60
200910301020	cc03	50	50
200910401081	cc02	85	80
200920302045	cc02	90	90

课程 ：表

课程编号	课程名称	学时	学分	课程性质	备注
cc01	C语言程序设计	48	3	选修课	
cc02	Access 数据库应用基础	32	2	选修课	
cc03	多媒体计算机技术	32	2	选修课	
cs01	计算机原理	48	3	必修课	
cs02	编译原理	48	3	指定选修课	
		0	0		

记录：1 共有记录数：5

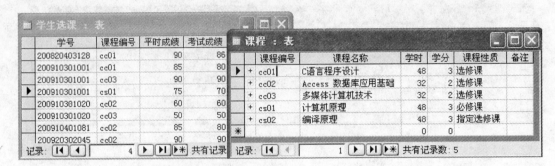

图 1.19　修改后的“学生选课”表和“课程”表

3. 第三范式（3NF）

在满足第二范式的前提下，一个表的所有非主键字段均不传递依赖于主键。

传递依赖：设表中有 A（主关键字段）、B、C 三个字段，若 B 依赖于 A，而 C 依赖于 B，则字段 C 传递依赖于主关键字段 A。

如图 1.20 所示的“学生”表中，“学号”是主关键字段，“姓名”、“专业编号”、“性别”等依赖于“学号”，而“专业名称”依赖于“专业编号”，存在传递依赖。

学生 ：表

学号	姓名	专业编号	专业名称	所属系	性别	出生日期	入学时间	入学成绩	团员否	照片
200820403128	刘杰	04	电子信息	电信	男	1989-4-6	2008-9-1	521	☐	
200910301001	谢天华	03	计算机应用	计算机	男	1989-10-23	2009-9-1	589	☑	图图
200910301020	黄晔	03	计算机应用	计算机	男	1990-5-20	2009-9-1	608	☑	图图
200910401032	单金格	04	电子信息	电信	女	1990-7-30	2009-9-1	599	☑	
200910401081	夏旭平	04	电子信息	电信	男	1990-9-20	2009-9-1	638	☑	
200920302045	陈诚	03	计算机应用	计算机	男	1989-8-8	2009-9-1	598	☑	
200924104112	廖平义	41	计算机硬件	计算机	男	1990-10-31	2009-9-1	534	☐	
200934101067	沈腾飞	41	计算机硬件	计算机	男	1991-10-3	2009-9-1	543	☐	

记录：1 共有记录数：12

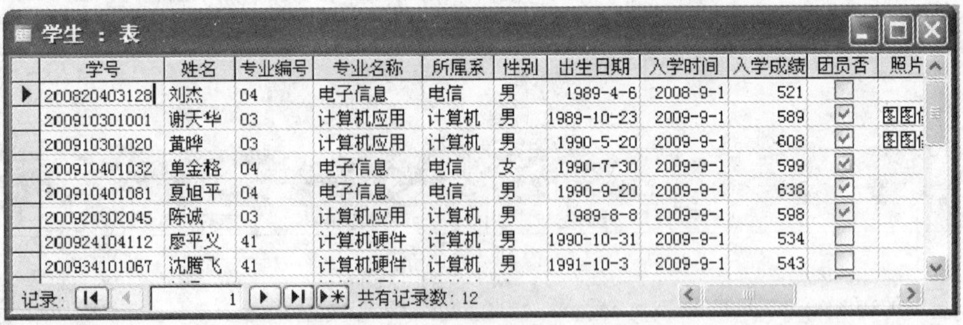

图 1.20　不满足 3NF 的“学生”表

可以创建一个“专业表”，其主关键字段为“专业编号”，将“学生”表中的“专业名称”和“所属系”移到“专业表”中。这样，在“专业表”中，“专业名称”、“所属系”完全依赖于“专业编号”，“学生”表中的传递依赖也消除了，修改后的表如图 1.21 所示。

学生 ：表

学号	姓名	专业编号	性别	出生日期	入学时间
200820403128	刘杰	04	男	1989-4-6	2008-9-
200910301001	谢天华	03	男	1989-10-23	2009-9-
200910301020	黄晔	03	男	1990-5-20	2009-9-
200910401032	单金格	04	女	1990-7-30	2009-9-
200910401081	夏旭平	04	男	1990-9-20	2009-9-
200920302045	陈诚	03	男	1989-8-8	2009-9-
200924104112	廖平义	41	男	1990-10-31	2009-9-

记录：5 共有记录数：12

专业表 ：表

专业编号	专业名称	所属系	备注
03	计算机应用	计算机	本科
04	电子信息	电信	本科
11	法学	法学	本科
12	新闻	新闻	本科
41	计算机硬件	计算机	专科
42	计算机理论	计算机	本科

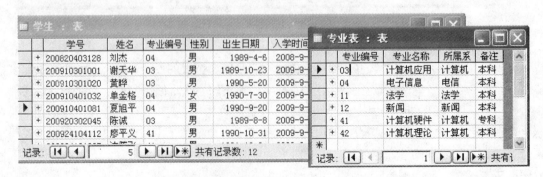

图 1.21　修改后的“学生”表和“专业表”

不满足 3NF 的表，通常存在如下几个问题：

① 冗余度高。如果某系有 300 个学生，"所属系"属性的值就要重复 300 次，这种重复将浪费大量的存储空间。

② 插入异常。如果要插入一个新成立的系，该系还没有招收新学生，因为插入时主关键字"学号"的值不能为空，所以无法插入。

③ 删除异常。假如在图 1.18 的"学生选课"表中，有一门课程只有一个学生选修，而现在要删除这个学生的信息，那么该生选修的课程也一并删除了，这门课在数据库中就不存在了，因此产生了删除异常。

④ 修改麻烦。要将某一门课的学时修改，如果该门课有 100 个学生选修，在表中就要修改 100 处，容易出现数据不一致的现象。

将一个 2NF 关系分解为多个 3NF 的关系后，在一定程度上解决了上述四个问题，虽然并不能完全消除关系模式中的各种异常情况和数据冗余。不过，一般说来，数据库只需满足第三范式（3NF）就行了。

1.4 数据库设计基础

数据库设计是指对于一个给定的应用环境提供一个确定最优秀的数据模型与处理模式的逻辑结构设计，以及一个确定数据库存储结构与存取方法的物理结构设计，建立起既能反映现实世界实体及实体间的联系，满足用户数据处理要求，又能被某个数据库管理系统所接受，同时能实现系统目标，并能有效存取数据的数据库。

1.4.1 数据库设计步骤

目前设计数据库系统主要采用的是以逻辑数据库设计和物理数据库设计为核心的规范设计方法。各种规范设计方法在设计步骤上存在差别，各有千秋。通过分析、比较与综合各种常用的数据库规范设计方法，一般将数据库设计分为以下几个阶段：

（1）需求分析

从数据库设计的角度出发，对现实世界要处理的对象（包括组织、部门、企业等）进行详细的调查，在了解原系统的概况，确定新系统功能的过程中，收集支持系统目标的基础数据及其处理。在分析用户要求时，要确保用户目标的一致性。需求分析是整个设计过程的基础，是最困难、最花费时间的一步。因此，需求分析是否做得充分准确，决定了在需求分析的基础上构造数据库的速度与质量。需求分析做得不好，甚至会导致整个数据库设计返工。

（2）概念结构设计

概念结构设计是整个数据库设计的关键，它通过对用户需求进行综合、归纳与抽象，形成一个独立于具体 DBMS 软、硬件系统的概念模型。

（3）逻辑结构设计

逻辑结构设计的任务是把概念结构设计阶段设计好的基本 E-R 换为与选用的具体机器上的 DBMS 数据模型相符合的逻辑结构。

（4）物理结构设计

物理结构设计是为逻辑数据模型选取一个最适合于应用环境的物理结构，包括确定数据的存储结构，设计数据的存取路径，确定数据的存放位置以及确定系统配置。

(5) 数据库的实施

完成数据库的物理设计之后，设计人员就要用 DBMS 提供的数据定义语言和宿主语言将数据库逻辑设计和物理设计的结果严格描述出来，成为 DBMS 可以接受的源代码，再经过调试产生目标模式，然后就可以组织数据入库并进行试运行了。

(6) 数据库运行与维护

数据库应用系统经过试运行后，可能要对数据库结构进行修改或扩充，以便提高数据库系统的性能；投入正式运行后，也应不断地对其进行评价、调整与修改。

1.4.2 需求分析

需求分析的任务是通过详细的调查现实世界要处理的对象（组织、部门、企业等），充分了解原系统（手工系统或计算机系统）的工作概况，明确用户的各种需求，然后在此基础上确定新系统的功能。

进行需求分析首先要调查清楚用户的实际要求，与用户达成共识，然后分析并表达这些需求。需求分析的基本方法是收集和分析用户要求，从各个用户的需求中提炼出反映用户活动的数据流图，通过确定系统边界归纳出系统数据，这是数据库设计的关键。收集和分析用户要求一般可按以下四步进行：

(1) 分析用户活动

分析从要求的处理着手，弄清处理流程。如果一个处理比较复杂，就把处理分解成若干子处理，使每个处理的功能明确，界面清楚。分析之后画出用户活动图。

(2) 确定系统范围

不是所有的业务活动内容都适合计算机处理，有些工作即使在计算机环境下仍需人工完成。因此画出用户活动图后，还要确定属于系统的处理范围，可以在图上标明系统边界。

(3) 分析用户活动所涉及的数据

按照用户活动图所包含的每一种应用，弄清所涉及数据的性质、流向和所需的处理，并用数据流图表示出来。

数据流图是一种从数据和对数据的加工两方面表达系统工作过程的图形表示法，数据流图中有以下四种基本成分：

① →（箭头），表示数据流；
② ○（圆或椭圆），表示加工；
③ —（单杠），表示数据文件；
④ □（方框），表示数据的源点或终点。

(4) 分析系统数据

所谓分析系统数据就是对数据流图中的每个数据流名、文件名、加工名都要给出具体的定义，都需要用一个条目进行描述，描述后的产物就是数据字典。DBMS 有自己的数据字典，其中保存了逻辑设计阶段定义的模式、子模式的有关信息，保存了物理设计阶段定义的存储模式、文件存储位置、有关索引及存取方法的信息，还保存了用户名、文件存取权限、完整性约束、安全性要求的信息，所以 DBMS 数据字典是一个关于数据库信息的特殊数据库。

1.4.3 概念结构设计

在概念设计阶段中，设计人员从用户的角度看待数据及处理要求和约束条件，抽取人们关心的共同特性，忽略非本质的细节，并把这些特性用各种概念精确地加以描述。

概念结构设计阶段的目标是产生整体数据库概念结构，即概念模式。概念模式是整个组织各个用户关心的信息结构。描述概念结构的有力工具是 E-R 模型。

设计概念结构的 E-R 模型可采用以下四种策略：

（1）自顶向下

首先定义全局概念结构 E-R 模型的框架，然后逐步细化。

（2）自底向上

首先定义各局部应用的概念结构 E-R 模型，然后将它们集成，得到全局概念结构 E-R 模型。

（3）由里向外

首先定义最重要的核心概念 E-R 模型，然后向外扩充，生成其他概念结构 E-R 模型。

（4）混合策略

自顶向下和自底向上相结合的方法，用自顶向下的策略设计一个全局结构概念框架，以它为骨架集成自底向上策略中设计的各局部概念结构 E-R 图。

概念模型设计是成功地建立数据库的关键，决定数据库的总体逻辑结构，是未来建成的管理信息系统的基石。如果设计不好，就不能充分发挥数据库的效能，无法满足用户的处理要求。因此，设计人员必须和用户一起，对这一模型进行反复认真的讨论，只有在用户确认模型已完整无误地反映了他们的要求之后，才能进入下一阶段的设计工作。

1.4.4　逻辑结构设计

概念结构设计是各种数据模型的共同基础，它比数据模型更独立于计算机的软件和硬件环境，更抽象也更易于理解，从而也更加稳定。但为了能够用某一种具体的 DBMS 实现用户需求，还必须将概念结构模型进一步转化为相应的数据模型，这就是数据库逻辑结构设计的根本任务所在。

逻辑设计的主要任务是把概念设计的结果——基本 E-R 图转换成具体 DBMS 支持的数据模式。从当前数据库技术应用的实际情况来看，主要是转换成某一具体的关系型 DBMS 能处理的关系模式。所以设计逻辑结构时一般要分以下三步进行：

①将概念结构转化为一般的关系模式。

②将转化来的关系模式向特定的 DBMS 支持下的数据模型转换。

③对数据模型进行优化。

1.4.5　物理设计

逻辑设计完成后，下一步的任务就是进行系统的物理设计。物理设计是在计算机的物理设备上确定应采取的数据存储结构和存取方法，以及如何分配存储空间等问题。当确定这些问题之后，使用系统所选用的 DBMS 提供的数据定义语言把逻辑设计的结果（数据库结构）描述出来，并将源模式变成目标模式。由于目前使用的 DBMS 基本上是关系型的，物理设计的主要工作是由系统自动完成的，用户只要关心索引文件的创建即可。尤其是对微机关系数据库用户来说，用户可做的事情很少，用户只需用 DBMS 提供的数据定义语句建立数据库结构。

1.4.6 数据库的实施

该阶段的主要工作有以下几方面：

（1）应用程序设计与编写

数据库应用系统的程序设计属于一般的程序设计范畴，但数据库应用程序有自己的一些特点，例如大量使用屏幕显示控制语句，通过屏幕进行复杂的输入输出，形式多样的输出报表，重视数据的有效性和完整性检查以及灵活的交互功能等。此阶段要进行人机过程设计、建表、输入和输出设计、代码设计、对话设计、网络和安全保护等程序模块设计及编写调试。

为了加快应用系统的开发速度，应选择良好的第4代语言开发环境，利用自动生成技术和复用已有的模块技术。在程序设计编写中往往采用工具（CASE）软件来帮助编写程序和文档，如目前使用的 Access、PowerBuilder 和 Delphi 等。为满足用户的这种需要，每种数据库系统都或多或少地提供了一些工具帮助用户编写程序，例如 Access 提供了表设计器、查询设计器、窗体设计器、报表设计器、页设计器等，使用户编写美观实用的程序变得简单。

（2）组织数据入库

定义好数据库之后，就可以向数据库文件中输入数据，包括录入过程中的数据校验、代码转换、数据的完整性及安全性控制。

（3）应用程序的调试与试运行

程序编写完成后，应按照系统支持的各种应用分别试验它们在数据库上的操作情况，弄清它们在实际运行中能否完成预定的功能。在试运行中要尽可能多地发现和解决程序中存在的问题，把试运行的过程当做进一步调试程序的过程。

试运行中应实际测量系统的性能指标，如果测试的结果不符合设计目标，应返回到设计阶段，重新调整设计和编写程序。

1.4.7 数据库的维护

数据库系统投入正式运行，标志着开发任务的基本完成和维护工作的开始，但并不意味着设计过程已经结束。在运行和维护数据库的过程中，调整与修改数据库及其应用程序是常有的事。当应用环境发生变化时，数据库结构及应用程序的修改、扩充等维护工作也是必须的，只要数据库存在一天，对系统的调整和修改就会继续一天。

在数据库的运行过程中要继续做好运行记录，并按规定做好数据库的转储和重新组织工作。

本 章 小 结

本章主要介绍了数据库的基础知识，包括数据模型、关系型数据库及其关系运算等，还介绍了数据库系统结构中的概念模式、外模式和内模式。

通过关系的规范化理论，介绍了如何有效地组织和管理数据，需要把复杂的数据关系结构简化为逻辑严密、结构更简单的二维表形式。

最后介绍了数据库系统设计的一般步骤。

上机实验

一、实验案例

某校的教务部门需要对相关的教学信息进行管理，包括以下信息

学生信息：学号，姓名，性别，出生日期，入学时间，入学成绩，团员否，照片，简历。

课程信息：课程编号，课程名称，开课时间，学时，学分，备注。

专业信息：专业编号，专业名称，所属系。

教师信息：教师编号，教师姓名，性别，出生日期，所属系，文化程度，职称，基本工资，通讯地址，邮政编码，电话，电子信箱。

设计一个"成绩管理"数据库，具体要求如下：

（1）概念结构设计：分别设计学生选课和教师任课两个局部信息的结构 E-R 图。

（2）逻辑结构设计：分析实体及联系，画出全局 E-R 图。

（3）E-R 图转换为关系模型。

二、步骤说明

（1）概念结构设计。

从案例分析我们知道，成绩管理数据库中，应该有"学生"实体，"课程"实体，"专业"实体和"教师"实体，实体中存在如下联系：

一个学生可选修多门课程，一门课程可被多个学生选修；

一个教师可讲授多门课程，一门课程可被多个教师讲授；

一个专业有多个学生学习，一个学生只就读于一个专业；

学生实体与课程实体之间，通过选课形成多对多联系；

教师实体与课程实体之间，通过教授形成多对多联系。

实体间的 E-R 关系如图 1.22 所示。

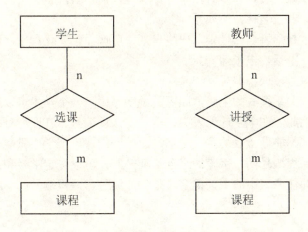

图 1.22 成绩管理数据库实体之间的局部 E-R 图

（2）逻辑结构设计。

多对多联系可以分解为一对多联系，即：

①学生学习时，学生与学生选课之间可以通过学号建立一对多联系；
②教学管理时，课程与学生选课之间可以通过课程编号建立一对多联系；
③教师授课时，教师与教师任课之间可以通过教师编号建立一对多联系；
④教学管理时，课程与教师任课之间可以通过课程编号建立一对多联系。

E-R 关系这样分解后，得到全局 E-R 图，如图 1.23 所示。

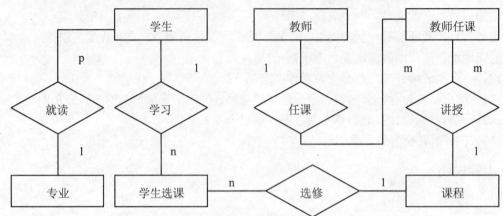

图 1.23　成绩管理数据库的全局 E-R 图

（3）E-R 图转换为关系模型。

根据图 1.23 所示的全局实体-联系图，图中有六个实体，分别为学生、学生选课、课程、专业、教师和教师任课，转换成关系模型如下：

学生（<u>学号</u>，姓名，专业编号，性别，出生日期，入学时间，入学成绩，团员否，照片，简历）

学生选课（<u>学号，课程编号</u>，开课时间，平时成绩，考试成绩）

课程（<u>课程编号</u>，课程名称，学时，学分，课程性质，备注）

专业（<u>专业编号</u>，专业名称，所属系）

教师（<u>教师编号</u>，教师姓名，性别，出生日期，所属系，文化程度，职称，基本工资，通讯地址，邮政编码，电话，电子信箱）

教师任课（教师编号，课程编号）

加下画线部分为该关系模式的主码，即主关键字。由于一个学生可以选多门课，一门课可以有多个学生选，因此，在学生选课表中，学号、课程编号、开课程时间、平时成绩、考试成绩等值都不唯一，不能做该表的主关键字，而同一门课一个学生只能选一次，所以在学生选课表中，学号和课程编号两个字段的组合是唯一的，可以选定学号和课程编号合起来做主关键字。同样，教师任课表中的主关键字段是教师编号和课程编号。

三、实验题目

（1）根据以上数据分析，在文字处理软件中绘制成绩管理数据库中的实体-属性图。

（2）利用电子表格软件创建学生、学生选课、课程、专业表、教师和教师任课这6个表格并输入数据，观察数据之间的联系。

习　题

一、单项选择题

1. 数据库系统与文件系统的主要区别是_____。
   A. 数据库系统复杂，而文件系统简单
   B. 文件系统不能解决数据冗余和数据独立性问题，而数据库系统可以解决
   C. 文件系统只能管理程序文件，而数据库系统能够管理各种类型的文件
   D. 文件系统管理的数据量较少，而数据库系统可以管理庞大的数据量

2. 通常所说的数据库系统（DBS）、数据库管理系统（DBMS）和数据库（DB）三者之间的关系是_____。
   A. DBMS 包含 DB 和 DBS　　　　　B. DB 包含 DBS 和 DBMS
   C. DBS 包含 DB 和 DBMS　　　　　D. 三者无关

3. 一般地，一个数据库系统的外模式_____。
   A. 只能有一个　　　　　　　　　　B. 最多只能有一个
   C. 至少两个　　　　　　　　　　　D. 可以有多个

4. 模式和内模式_____。
   A. 只能有一个　　　　　　　　　　B. 最多只能有一个
   C. 至少两个　　　　　　　　　　　D. 可以有多个

5. 下列三个模式之间存在的映象关系正确的是_____。
   A. 外模式/内模式　　　　　　　　　B. 外模式/模式
   C. 外模式/外模式　　　　　　　　　D. 模式/模式

6. 数据库系统的数据独立性是指_____。
   A. 不会因为数据的数值变化而影响应用程序
   B. 不会因为系统数据存储结构与数据逻辑结构的变化而影响应用程序
   C. 不会因为存储策略的变化而影响存储结构
   D. 不会因为某些存储结构的变化而影响其他的存储结构

7. 在数据库的体系结构中，数据库存储的改变会引起内模式的改变。为使数据库的模式保持不变，从而不必修改应用程序，必须通过改变模式与内模式之间的映象来实现，这样使数据库具有_____。
   A. 数据独立性　　　　　　　　　　B. 逻辑独立性
   C. 物理独立性　　　　　　　　　　D. 操作独立性

8. 在 E-R 模型中，通常实体、属性、联系分别用_____表示。
   A. 矩形框、椭圆形框、菱形框　　　B. 椭圆形框、矩形框、菱形框
   C. 矩形框、菱形框、椭圆形框　　　D. 菱形框、椭圆形框、矩形框

9. 数据库类型是根据_____划分的。
   A. 文件形式　　　　　　　　　　　B. 记录形式
   C. 数据模型　　　　　　　　　　　D. 存取数据的方法

10. 层次模型必须满足的一个条件是_____。

A. 每个节点均可以有一个以上的父节点
B. 有且仅有一个节点无父节点
C. 不能有节点无父节点
D. 可以有一个以上的节点无父节点

11. 关系模型是_____。
    A. 用关系表示实体   B. 用关系表示联系
    C. 用关系表示实体及其联系 D. 用关系表示属性

12. 把关系看成二维表，则下列说法中不正确的是_____。
    A. 表中允许出现相同的行   B. 表中不允许出现相同的列
    C. 行的次序可以交换   D. 列的次序可以交换

13. 有两个关系 R 和 S，分别包含 15 个和 10 个元组，则在 R∪S、R-S、R∩S 中不可能出现的元组数目情况是_____。
    A. 15，5，10   B. 18，7，7
    C. 21，11，4   D. 25，15，0

14. 关系数据库规范化是为解决关系数据库中_____问题而引入的。
    A. 插入、删除和数据冗余   B. 提高查询速度
    C. 减少数据操作的复杂性   D. 保证数据的安全性和完整性

15. 根据关系数据库规范化理论，关系数据库中的关系要满足第一范式。下面的"部门"关系中，因_____属性而使它不满足 1NF：部门（部门号，部门名，部门成员，部门总经理）。
    A. 部门总经理   B. 部门成员
    C. 部门名   D. 部门号

16. 设有关系 W（工号，姓名，工种，定额），将其规范化到第三范式正确的答案是_____。
    A. W1（工号，姓名）   W2（工种，定额）
    B. W1（工号，工种，定额）   W2（工号，姓名）
    C. W1（工号，姓名，工种）   W2（工号，定额）
    D. 以上都不对

17. 概念模型独立于_____。
    A. E-R 模型   B. 硬件设备和 DBMS
    C. 操作系统和 DBMS   D. DBMS

18. 在数据库的概念设计中，最常用的数据模型是_____。
    A. 形象模型   B. 物理模型
    C. 逻辑模型   D. 实体联系模型

19. 关系数据库管理系统能实现的专门关系运算包括_____。
    A. 排序、索引、统计   B. 选择、投影、连接
    C. 关联、更新、排序   D. 显示、打印、制表

20. 数据库、数据库系统和数据库管理系统之间的关系是
    A. 数据库包括数据库系统和数据库管理系统
    B. 数据库系统包括数据库和数据库管理系统

C. 数据库管理系统包括数据库和数据库系统
D. 三者没有明显的包含关系

二、填空题

1. 在数据库的三级模式结构中，描述数据库全局逻辑结构和特性的是【1】（外模式/内模式/模式）。
2. 数据库三级模式体系结构的划分，有利于保持数据库的【2】。
3. E-R 模型是数据库设计的工具之一，它一般适用于建立数据库的【3】模型。
4. 数据模型是【4】的集合。
5. 数据模型的三要素是数据结构、数据操作和【5】。
6. 在关系数据库系统中，一个关系相当于【6】。
7. 在数据库设计中，用 E-R 图来描述信息结构但不涉及信息在计算机中的表示，它属于数据库设计的【7】阶段。
8. 在关系数据模型中，域是指【8】。
9. 在关系数据库设计中，设计关系模式是【9】阶段的任务。
10. Access 是一个【10】系统。

三、简答题

1. 文件系统中的文件与数据库系统中的文件有何本质上的不同？
2. 什么是数据独立性？数据库系统是如何实现数据独立性的？
3. 什么是数据库设计？
4. 假定一个部门的数据库包括以下信息：

职工的信息：职工号、姓名、地址和所在部门。
部门的信息：部门所有职工、部门名、经理和销售的产品。
产品的信息：产品名、制造商、价格、型号及产品内部编号。
制造商的信息：制造商名称、地址、生产的产品名和价格。
试画出这个数据库的 E-R 图。

第 2 章　数据库及表的基本操作

Access 是微软推出的 Office 办公系列软件的主要组件之一，是一个基于关系数据模型且功能强大的数据库管理系统，在许多企事业单位的日常数据管理中得到广泛的应用。本章介绍 Access 的基本知识和基本操作，主要介绍数据库和表的建立与编辑等操作。

本书以 Access 2003 中文版为介绍背景，在不作特殊说明的情况下，本书中 Access 指的都是 Access 2003 中文版。

2.1　Access 概述

2.1.1　Access 的启动和退出

在使用 Access 数据库时，首先需要打开 Access 窗口，再打开需要使用的数据库，然后执行其他的各种操作，如浏览表中的数据，创建新的窗体、报表等。

1. Access 的启动

① 如果桌面上有 Access 的快捷方式图标，双击该图标，即可启动 Access 应用程序。

② 单击任务栏上的"开始"菜单，在"程序"子菜单中找到"Microsoft Office 2003"，单击子菜单中的"Microsoft Office Access 2003"即可。

③ 在磁盘上，找到 Access 应用程序的安装路径，双击应用程序的图标即可启动 Access。

2. Access 的退出

当用户工作完成之后，需要及时关闭打开的数据库，退出 Access 系统，以避免意外事故的发生而丢失数据。通常情况下，可以使用 4 种方法退出 Access。

① 选择 Access "文件"菜单中的"退出"命令。

② 单击窗口标题栏右上角的"关闭"按钮。

③ 双击标题栏左上角的控制选单图标即可关闭 Access。或者单击此图标，在弹出的菜单上执行"关闭"命令。

④ 使用组合键 Alt+F4。

2.1.2　Access 的窗口组成

启动 Access 应用程序后，打开 Microsoft Access 窗口，如图 2.1 所示。Access 的窗口组成与 Office 系列中的其他应用程序十分相似，主要包括标题栏、菜单栏、工具栏、工作区、状态栏和任务窗格。

第 2 章　数据库及表的基本操作

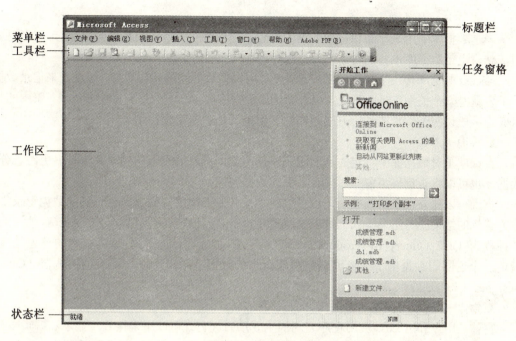

图 2.1　Access 窗口

2.1.3　Access 的系统结构

作为一个数据库管理系统，Access 通过各种数据库对象来管理信息。Access 有七种数据库对象，分别是表、查询、窗体、报表、页、宏、模块。在一个数据库系统中，除对象"页"之外，其他对象都存放在数据库文件中。

当打开一个数据库文件时，该数据库文件窗口左侧都会列举出这七种对象，如图 2.2 所示。单击某个对象，在窗口右侧将列表显示用户在该数据库下创建的对象名称，这七种数据库对象是学习 Access 的核心内容。

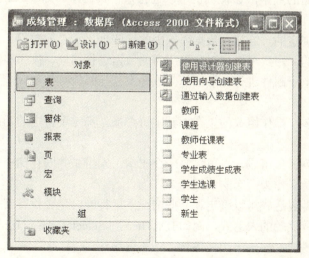

图 2.2　数据库下的七种对象和组

1. 表

表是数据库中用来存储和管理数据的对象，是一种有关特定实体的数据集合，是数据库的基础，也是数据库中其他对象的数据来源。

Access 数据库使用了关系数据库理论，利用每条数据间的相似之处，通过表来记录数据。一个表就是一个关系，即每一个二维表都是由数据字段（表中的列）和数据记录（表中的行）组成。字段说明了信息在某一方面的属性，记录就是一条完整的信息。

2. 查询

查询就是对数据库中特定数据的查找。使用查询可以按照不同的方式查看、更改、分析数据，也可以将查询作为窗体、报表、页的数据源。

查询可以建立在表的基础上，也可以建立在其他查询的基础上。查询到的数据记录集合称为查询的结果集，结果集以二维表的形式显示出来，但它们不是基本表。Access 使用的是一种称为 QBE（Query by Example，通过例子查询）的查询技术，这种技术的意思是通过指定一个返回的数据例子来告诉用户需要查询的数据，用户可以使用查询构造器（Query Designer）来构造查询。

3. 窗体

窗体是用户和 Access 应用程序之间的主要接口，它既可以用来接收、显示和编辑数据，还可以作为开关面板来控制程序的执行流程。窗体的数据源可以是表或查询，对于一个完善的数据库应用系统，用户常常是通过窗体对数据库中的数据进行各种操作，而不是直接对表、查询等进行操作。总之，窗体是数据库与用户进行交互操作的良好界面。

4. 报表

Access 中使用报表对象来显示和打印格式数据，它将数据库中的表、查询的数据进行组合，形成报表。用户还可以在报表中增加多级汇总、统计比较以及添加图片和图形。利用报表不仅可以创建计算字段，而且可以对记录进行分组，计算各组的汇总及计算平均值或者其他的统计，甚至还可以用图表来显示数据。

5. 页

Access 发布的 Web 页包含与数据库的连接。在数据访问页中，可以查看、添加、编辑以及操作数据库中存储的数据，这种页也可以包含来自其他源（如 Excel）的数据。数据访问页与显示报表相比具有下列优点：

①由于与数据绑定的页连接到数据库，因此这些页显示当前数据。

②页是交互式的，用户可以只对自己所需的数据进行筛选、排序和查看。

③页可以通过电子邮件进行分发，每个收件人打开邮件时都可以看到当前数据。

6. 宏

宏是由一个或多个操作组成的集合，其中每个操作都实现特定的功能，例如打开某个窗体或打印某个报表。

宏可以由一系列操作组成，也可以是一个宏组。宏组是共同存储在一个宏名下的相关宏的集合，该集合通常只作为一个宏引用。

另外，使用条件表达式可以确定在某些情况下运行宏时是否执行某个操作。条件表达式是指计算并与值进行比较的表达式，例如 If…Then 和 Select Case 语句。如果条件得到满足，则执行一项或多项操作；如果未满足条件，则跳过操作。

7. 模块

模块是 Access 数据库的一个重要对象，由声明和过程组成，它是将 VBA 声明和过程作为一个单元进行保存的集合。Microsoft Access 有两种类型的模块。

（1）标准模块

可以像创建新的数据库一样创建包括 VBA 代码的 Access 模块。

（2）窗体模块

包含了类模块代码，以响应由窗体和窗体控件所触发的事件。当向窗体对象中增加代码时，将在数据库中创建新类，为窗体所创建的事件处理过程是这个类的新方法。因此，代码模块中类模块与特定的窗体相关联。

2.1.4 Access 的特点

Access 数据库系统既是一个关系数据库系统，又是 Windows 图形用户界面的应用程序。Access 历经多次升级改版，其功能越来越强大，操作越来越简单。尤其是中文版 Access 和 Office 中的 Word、Excel、PowerPoint 具有相似的操作界面，熟悉且风格统一的工作环境使得许多初学者很容易掌握。其主要特点如下：

①Access 使用与 Windows 完全一致的界面风格，使用面向对象的概念，易学易用，简化了用户的使用及开发工作。

②Access 是 Office 办公软件中的关系数据库管理系统软件，具有与 Word、Excel、PowerPoint 等应用程序统一的操作界面。

③能够处理多种数据类型，还可以对诸如 DBASE、FoxBASE、FoxPro 和 Excel 等格式的数据进行访问。

④增强了与 Web 的集成，增强了与 XML 之间的转换能力，可以更方便地共享跨越平台和不同用户级别的数据，还可以作为企业级后端数据库的前台客户端。

⑤采用 OLE 技术，能够方便地创建和编辑多媒体数据库，包括声音、图片、视频等多媒体对象。

⑥设计过程自动化，大大提高了工作效率，用户只要按照向导就可以自动生成数据库、数据表、窗体、报表等对象。

⑦内置大量的函数，提供许多宏操作，一般用户不必编写代码就可以解决许多问题。如果加上简短的 VBA 代码，开发出的程序可以与专业程序员开发的程序媲美。

⑧可以将数据库应用程序的建立移进用户环境，从而淡化最终用户和应用程序开发者之间的关系。

2.2 数据库的创建

在设计 Access 数据库应用系统时，首先创建一个数据库，然后根据实际情况向数据库中加入数据表，并建立表间关系，在此基础上，逐步创建查询、窗体、报表等其他对象，最终形成完备的数据库应用系统。Access 数据库文件的扩展名为.mdb，创建的方法有下列三种：

- 使用"数据库向导"创建
- 使用模板创建
- 不使用"数据库向导"创建

2.2.1 使用"数据库向导"创建数据库

使用"数据库向导"创建数据库,是最简单的一种方式。该向导提供了一些选项供用户自定义数据库。具体步骤如下:
① 执行菜单"文件"下的"新建"命令,或单击工具栏上"新建"按钮。
② 在"新建文件"任务窗格中,在"模板"下,单击"本机上的模板"。
③ 选择"数据库"选项卡,单击要创建的数据库类型的图标,然后单击"确定"。
④ 在"文件新建数据库"对话框中,指定数据库的名称和位置,然后单击"创建"。
在出现的"数据库向导"对话框中,按照向导流程进行操作。这样不仅建立了数据库,而且为所选的数据库类型创建了必需的表、窗体和报表等。

2.2.2 使用模板创建数据库

使用模板创建数据库是最快的一种方式,如果能找到并使用与您的要求最接近的模板,此方法的效果最佳。具体步骤如下:
① 执行菜单"文件"下的"新建"命令,或单击工具栏上"新建"按钮。
② 在"新建文件"任务窗格中,在"模板"下搜索特定的模板,或单击"模板主页"找到合适的模板。
③ 单击需要的模板,然后单击"下载"。

2.2.3 不使用数据库向导创建数据库

我们也可以先创建一个空数据库,然后再添加表、窗体、报表及其他对象,这是最灵活的方法,但需要分别定义每一个数据库元素。不使用数据库向导创建数据库的步骤如下:
① 启动 Access,执行菜单"文件"下的"新建"命令,或单击工具栏上"新建"按钮。
② 在"新建文件"任务窗格中的"新建"命令下,单击"空数据库";或在"新建文件"任务窗格中的"模板"菜单下的"本机上的模板"命令,弹出的"模板"对话框中,选择"常用"选项卡下的"空数据库"选项,单击"确定"按钮。
③ 在"文件新建数据库"对话框中,指定数据库的"保存位置",输入"文件名"后,单击"创建"按钮。
④ 创建完毕,同时系统打开数据库窗口。如图 2.3 所示为新建立的"成绩管理"数据库窗口。用户可以在此数据库中接着创建所需的对象。无论哪一种方法,在数据库创建之后,都可以随时修改或扩展数据库。

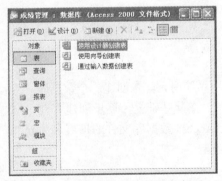

图 2.3 "成绩管理"数据库窗口

2.2.4 数据库的基本操作

数据库创建好后，需要使用数据库并且维护数据库。下面介绍几个数据库的基本操作。

1. 打开数据库

启动 Access，在 Access 窗口的"开始工作"任务窗格中（参见图 2.1）的"打开"栏内列举出了最近使用过的文件，直接单击数据库文件名，可以打开该数据库。

如果"打开"栏下没有列举出要打开的数据库文件名，则单击"打开"栏下的"其他"选项，或者单击工具栏上的"打开"按钮，或者执行菜单"文件"下的"打开"命令，都可以弹出"打开"对话框。在"查找范围"列表框中，选择数据库所保存的位置，在文件列表区，选择要打开的数据库文件名，单击"打开"按钮，就可以打开数据库。

2. 关闭数据库

数据库操作结束后，要及时关闭数据库。在数据库窗口下，执行菜单"文件"下的"关闭"命令，或者单击数据库窗口右上角的"关闭"按钮，都可关闭当前打开的数据库。用户要注意的是，它们与菜单"文件"下的"退出"命令有区别，后者表示的是退出 Access 系统。

3. 备份数据库

如果要备份数据库，需首先关闭数据库。如果在多用户（共享）数据库环境中，要确认所有的用户都关闭了数据库，然后在"资源管理器"和"我的电脑"等窗口，将数据库文件复制到所指定的磁盘位置。

在 Access 中也可以实现数据库的备份，操作方法是：打开要备份的数据库，执行菜单"文件"下的"备份数据库"命令，在弹出的"备份数据库另存为"对话框中，将数据库备份到指定的位置。

4. 数据库版本转换

在 Access 中可以使用和修改 Access 2000 文件，而不用转换文件格式，这样便于与其他 Access 用户共享不同版本的数据库文件。但是 Access 不能直接使用 Access 97 文件，因此 Access 提供了数据库版本转换功能，可以实现 1997 版本、2000 版本和 2003 版本的 Access 数据库之间的转换，使数据库可以在各种版本 Access 环境中使用。数据库版本转换的操作步骤如下：

①以"打开"或"以独占方式打开"数据库。
②执行菜单"工具"下的"数据库实用工具"下的"转换数据库"命令。
③在子菜单中选择要转换的 Access 版本相应的文件格式，如"转为 Access 2002-2003 文件格式"等。

2.3 创建数据表

表（table）又称数据表，是存储数据的基本单位，是整个数据库系统的基础，也是数据库中其他对象的数据来源。建立数据库后，就可以在库中创建和设计数据表对象。

表是一组相关的数据按行和列排列的二维表格，如图 2.4 所示的是"学生"数据表。表中的每一列都是一个字段（Field），除了第一行的字段名称外，其余每一行称为记录（Record）。如图 2.4 所示的"学生"数据表中包含有 10 个字段和 12 条记录。表由表结构（表中包含的字段）和表记录（数据）两部分组成。创建数据表的时候，通常分别设计表结构和输入表记录。Access 2003 提供了以下五种创建表的方法：

- 通过“表向导”创建，从各种预先定义好的表中为创建的新表选择相应的字段。
- 通过输入数据创建，在数据表视图下创建表。
- 使用表设计器创建，即在设计视图下创建表。
- 通过“导入表”创建。从文本文件、电子表格或另一个数据库表中检索数据，并将数据复制到 Access 表中。使用导入的数据既可以创建一个新表，也可以将其添加到现有表中，但要求导入数据与现有表有相匹配的字段。

学生 : 表

学号	姓名	专业编号	性别	出生日期	入学时间	入学成绩	团员否	照片	简历
200820403128	刘杰	04	男	1989-4-6	2008-9-1	521	☐		爱好：书法
200910301001	谢天华	03	男	1989-10-23	2009-9-1	589	☑	位图图像	組织能力强，善于交际，
200910301020	黄晔	03	男	1990-5-20	2009-9-1	608	☑	位图图像	爱好：绘画，摄影，运动
200910401032	单金格	04	女	1990-7-30	2009-9-1	599	☑		工作能力强，爱好绘画，
200910401081	夏旭平	04	男	1990-9-20	2009-9-1	638	☑		爱好：绘画，摄影，运动
200920302045	陈诚	03	男	1989-10-23	2009-9-1	598	☑		善于交际，工作能力强
200924104112	廖平义	41	男	1990-10-31	2009-9-1	534	☐		有組织，有纪律，爱好：
200934101067	沈腾飞	41	男	1991-10-3	2009-9-1	543	☐		有上进心，学习努力
200934201002	刘月	42	女	1991-8-8	2009-9-1	567	☐		爱好：书法，舞蹈
200934202123	李璐	42	女	1990-3-5	2009-9-1	601	☑		組织能力强，善于交际，
200934202152	王涛	42	男	1990-1-2	2009-9-1	576	☑		上网，运动，计算机软件
200934205255	赵小娟	42	女	1990-7-8	2009-9-1	546	☑		爱好：绘画，篮球，有上
						0	☐		

记录: 12 共有记录数: 12

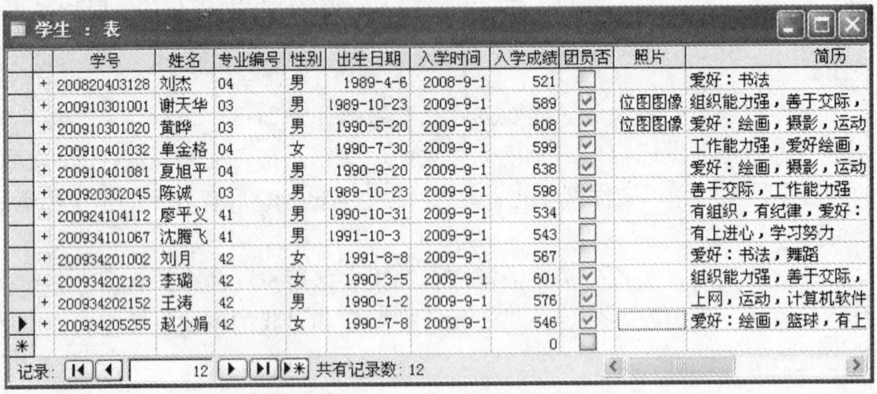

图 2.4 “学生”数据表

- 通过“链接表”创建。链接是用适当的方法，在 Access 数据库与外部数据源之间建立链接，使用户可以直接使用外部数据源的数据，但这些数据并没有存储在 Access 数据库中。

下面介绍两种常用的方法：通过输入数据创建表和使用表设计器创建表。

2.3.1 通过输入数据创建表

通过输入数据创建表是建表最简单的一种方法，用户先输入一组数据，Access 系统会根据输入的数据内容，设置字段的数据类型，从而建立新表。

【例 2.1】 通过输入数据方式，在“成绩管理”数据库下新建“课程”表，该表包含字段课程编号、课程名称、学时、学分、课程性质、备注，如图 2.5 所示，具体步骤如下：

课程 : 表

课程编号	课程名称	学时	学分	课程性质	备注
cc01	C语言程序设计	48	3	选修课	
cc02	Access 数据库应用基础	32	2	选修课	
cc03	多媒体计算机技术	32	2	选修课	
cs01	计算机原理	48	3	必修课	
cs02	编译原理	48	3	指定选修课	
		0	0		

记录: 1 共有记录数: 5

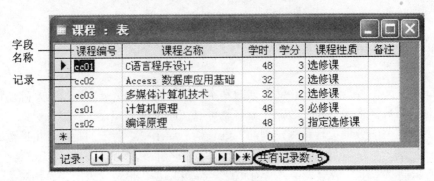

图 2.5 “课程”表

①打开"成绩管理"数据库,参见图2.3。

②在左边对象列表中选择"表",双击"通过输入数据创建表"选项;或者单击该数据库窗口的工具栏中"新建"按钮,在弹出的"新建表"对话框中选择"数据表视图"选项,单击"确定"按钮,打开一个空白的数据表视图,如图2.6所示。

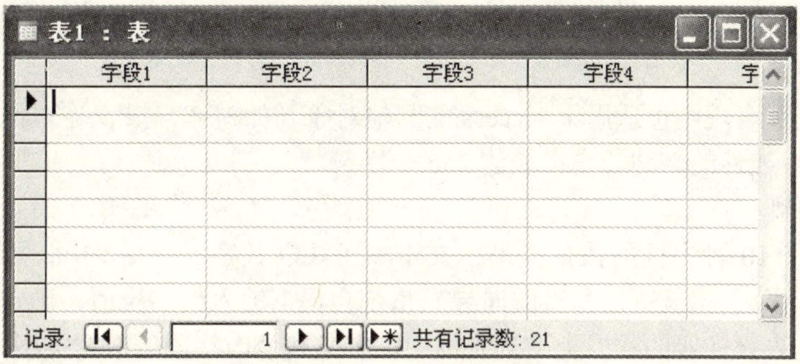

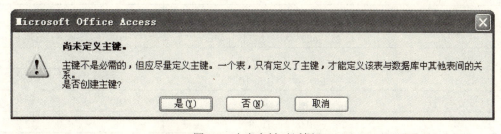

图2.6　空白的数据表视图

③在数据表视图窗口,双击"字段1"、"字段2"等,依次更改字段名为"课程编号"、"课程名称"、"学时"、"学分"、"课程性质"和"备注"。

④对照图2.5,依次输入5条记录。

⑤执行菜单"文件"下的"保存"命令,或者单击工具栏上的"保存"按钮,弹出"另存为"对话框,输入表名"课程",单击"确定"按钮。

⑥系统弹出定义主键对话框,如图2.7所示。如果选择"是",系统将自动添加一个"自动编号"字段作为主关键字。关于主键将在下一节详细介绍。这里选择"否"按钮,退出数据表视图,结束创建。

图2.7　定义主键对话框

通过这种方式创建的数据表,系统会根据数据内容自动定义表结构,例如定义"课程编号"字段类型为文本型,"学时"字段类型为数字型。用户也可以在表设计器下对表的结构作进一步的编辑。

2.3.2　使用设计器创建表

表设计器也是表设计视图,是Access中设计数据表的主要工具,使用它既能创建新表,还能对现有的表进行修改。在表设计器下,用户按照自己的需要设计或修改表的结构。表结构由字段名称、数据类型和字段的属性等构成。

1. 字段的命名规则

①字段名称最长可达 64 个字符，一个汉字计为一个字符。

②字段名称可以包含汉字、字母、数字、空格和特殊字符，但不能以空格开头，也不能包含句点（.）、感叹号（!）、撇号（'）方括号（[ ]）和控制字符（ASCII 码值为 0~31 的字符）。

③同一表中的字段名称不能相同，也不要与 Access 内置函数或者属性名称（如 Name 属性）相冲突。

字段名的命名规则也适用于 Access 的其他对象（如窗体、报表等）和控件（如文本框、命令按钮等），控件的名称长度可长达 255 个字符。

2. 字段类型

Access 有 10 种不同的数据类型：文本、备注、数字、日期/时间、货币、自动编号、是/否、OLE 对象、超级链接和查阅向导。系统会根据输入的字段值，确定字段的数据类型，用户也可以在表设计器的数据类型列表框中，定义和修改字段的数据类型。每一个字段在某个时刻只能定义唯一的数据类型。下面分别说明这 10 种数据类型：

文本 存储文本、数字或文本和数字的组合，最多为 255 个字符，默认字符个数为 50，文本类型的数字（如电话号码等）不能用于计算。

备注 存储较长的文本或文本和数字的组合，如个人简历、注释等，最多为 65535 个字符。

数字 存储数值数据，长度为 1、2、4、8 等字节，具体的数字类型可由"字段大小"属性进一步定义，数字型字段大小如表 2.1 所示。

表 2.1　　　　　　　　　数字型字段大小

数字类型	数值范围	小数位	字节数
字节	0~255	0	1
整型	-32768~32767	0	2
长整型	-2147483648~2147483647	0	4
单精度	$-3.4 \times 10^{38} \sim 3.4 \times 10^{38}$	7	4
双精度	$-1.8 \times 10^{308} \sim 1.8 \times 10^{308}$	15	8
同步复制 ID	全局唯一标识符	0	16
小数	-1028-1~1028-1	28	12

日期/时间 存储日期和时间数据，如出生日期，入学时间等。允许范围从 100 到 9999 年的日期与时间值。日期/时间可用于计算，长度为 8 个字节。

货币 存储货币值，如单价，工资等。Access 会自动加上千位分隔符和货币符号（如￥、$），长度为 8 个字节。

自动编号 内容为数字的流水号（初始默认为1），长度为 4 个字节。当向表中添加一条新记录时，Access 会自动给该类型的字段设置一个唯一的连续数值（增量为1）或随机数值。

是/否 存储逻辑型数据，如团员否、婚否等。只有两个取值"是"或"否"、"真"或"假"、"开"或"关"，长度为 1 位。

OLE 对象　OLE（Object Linking and Embedding，对象链接与嵌入技术），OLE 对象是指在其他应用程序中创建的、可链接或嵌入到 Access 数据库中的对象，该字段的最大长度为 1GB（受可用磁盘空间的限制）。

超链接　保存超链接地址，可以是某个文件的路径或 URL，如电子邮件、网页等，该数据类型三个部分（显示的文本、地址、子地址）的每一部分最多只能包含 2048 个字符。

查阅向导　选择该字段类型后，将启动"查阅向导"来创建一个"查阅"字段，允许用户使用列表框或组合框从另一个表或值列表中选择值，长度为 4 个字节。严格说来，查阅向导不是字段类型，而是帮助用户设计查阅列的辅助工具。

字段的大小决定了一个字段所占用的存储空间。在 Access 数据表中，文本、数字和自动编号类型的字段可由用户根据实际需要设置大小，其他类型的字段由系统确定。

3. 设计器中创建表的一般过程

①启动设计视图。在数据库窗口，选择"表"对象，双击"使用设计器创建表"选项，或者单击工具栏中的"新建"按钮，在弹出的"新建表"对话框中选择"设计视图"选项，单击"确定"按钮，打开表的设计视图，如图 2.8 所示。

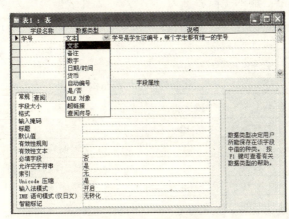

图 2.8　表的设计视图

②定义表的各个字段。在设计视图中定义表的各个字段，包括字段名称、字段类型和说明。字段名称是字段的标识，必须输入；数据类型默认为"文本"型，用户可以从数据类型列表框中选择其他的数据类型；说明信息是对字段含义的简单注释，用户可以不输入任何文字。

③设置字段属性。设计视图的下方是"字段属性"栏，包含两个选项卡，其中的"常规"选项卡用来设置字段属性，如字段大小、标题、默认值等，"查阅"选项卡显示相关窗体中该字段所用的控件。

④定义主关键字。具有唯一标识表中每条记录值的一个或多个字段称为主关键字（Primary Key）简称主键，其值能够唯一地标识表中的一条记录。主键有两个主要特点：

● 一个数据表中只能有一个主键，如果在其他字段上建立主键，则原来的主键就会取消。

● 主键的值不能重复，也不可为空（Null）。例如，将"课程"表中的"课程编号"定义为主键，意味着课程表中不允许有两条记录的课程编号相同，也不允许其值为空。

表只有定义了主键，才能在该表与数据库中其他表之间建立关系，同时也可以提高查询和排序的速度。主键不是表结构必需的属性，但应尽量定义主键。

定义主键的方法是：选择要设置为主关键的字段，单击"表设计"工具栏上的"主键"按钮，或者右击鼠标，在弹出的快捷菜单中选择"主键"命令，这时字段行左侧会出现一个钥匙状的图标，表示该字段已经被设置为"主键"。如果主键是多个字段的组合，需要按住 **Ctrl** 键，依次单击各个字段后，再设置为主键。这时，选择的各个字段行左侧将同时出现钥匙状的图标，这与"一个数据表中只能有一个主键"是两码事。

⑤修改表结构。在表创建的同时经常需要作表结构的修改，如删除字段、增加字段、删除主键等。

⑥保存表文件。执行菜单"文件"下的"保存"或"另存为"命令，在弹出的"另存为"对话框中为表取名，保存表文件。

【例 2.2】 在表的设计视图下为成绩管理库添加"学生"表，结构参照表 2-2 中的"学生"表栏中提供的字段名称、数据类型和字段大小。具体步骤如下：

①打开成绩管理库，选择"表"对象，双击"使用设计器创建表"选项，或者单击工具栏中的"新建"按钮，在弹出的"新建表"对话框中选择"设计视图"选项，单击"确定"按钮，打开表的设计视图，参见图 2.8。

②在表的设计视图下，输入字段名称为"学号"，选择数据类型为"文本"，设置字段大小为"12"。按照表 2.2 中的"学生"表结构，依次输入"姓名"等字段的字段名称、字段类型和字段大小。

表 2.2　　成绩管理库下的表结构

表名	字段名称	数据类型	字段大小	表名	字段名称	数据类型	字段大小
学生	学号	文本	12	学生选课	学号	文本	12
	姓名	文本	4		课程编号	文本	4
	专业编号	文本	2		开课时间	日期/时间	
	性别	文本	1		平时成绩	数字	整型
	出生日期	日期/时间			考试成绩	数字	整型
	入学时间	日期/时间		教师	教师编号	文本	4
	入学成绩	数字	整型		教师姓名	文本	4
	团员否	是否			性别	文本	1
	照片	OLE 对象			出生日期	日期/时间	
	简历	备注			所属系	文本	10
课程	课程编号	文本	4		文化程度	文本	8
	课程名称	文本	20		职称	文本	8
	学时	数字	整型		基本工资	货币	
	学分	数字	整型		通讯地址	文本	40
	课程性质	文本	8		邮政编码	文本	6
	备注	备注			电话	文本	12
专业表	专业编号	文本	2		电子信箱	文本	40
	专业名称	文本	10	教师任课表	教师编号	文本	4
	所属系	文本	10		课程编号	文本	4
	备注	备注					

③选择"学号"字段,单击"表设计"工具栏上的"主键"按钮,或者右击鼠标,在弹出的快捷菜单中选择"主键"命令,设置字段"学号"为主键。

④执行菜单"文件"下的"保存"命令,在弹出的"另存为"对话框中将表文件取名为"学生",然后单击"确定"按钮。

重复步骤②~④,依次创建"专业表"、"学生选课"、"教师"和"教师任课表"的表结构,这些表的字段名称、数据类型和字段大小参见表2.2。同时,为各表设置主键,每个表对应的主键字段分别是学生(学号)、课程(课程编号)、专业表(专业编号)、学生选课(学号+课程编号)、教师(教师编号)、教师任课表(教师编号+课程编号)。

至此,成绩管理库下创建有"学生"、"课程"、"专业表"、"学生选课"、"教师"和"教师任课表"六个表结构并定义了主键。本书将主要以这个"成绩管理"库和其中的数据表作为讲解示例。

2.3.3 修改表结构

修改表结构可以在创建表结构的同时进行,也可以在表结构创建结束之后进行。无论是哪种情况,修改表结构都在表的设计视图中完成。

(1)修改字段

修改字段包括修改字段名称、字段类型、字段属性等。如果要修改字段名称,双击该字段名称,会出现黑色文本框,在文本框中输入新的字段名称即可;如果要修改字段类型,直接在某字段的"数据类型"栏的下拉列表框中选择新的数据类型即可;如果要修改字段大小等其他属性,在表设计视图下方的"字段属性"窗格中修改。

如果字段中已经存储了数据,则修改字段类型或将字段大小的值改变,可能会造成数据丢失。

(2)增加字段

增加字段可以在所有字段后添加字段,也可以在某字段前插入新字段。如果是在末尾添加字段,则在末尾字段下面的空白行输入字段名称,选择字段类型等;如果是插入新字段,则将光标置于要插入新字段的位置上,执行菜单"插入"下的"行"命令,或者单击工具栏上的"插入行"按钮,则在当前位置会产生一个新的空白行(原有的字段向下移动),再输入新字段信息。

(3)删除字段

将光标置于要删除字段所在行的任意单元格上,执行菜单"编辑"下的"删除行"命令,或者单击工具栏上的"删除行"按钮可以将该字段删除。也可以将鼠标移到字段左边的行选定器上(可以选一行或多个相邻行),再执行上述的删除操作或者按 Delete 键。

(4)移动字段

选择要移动的字段上的行选定器,释放鼠标后,再按住鼠标左键拖至合适位置,被选择的字段的位置便会移动。要注意的是,不能选择字段后直接拖动鼠标,要分两步来完成。

(5)删除主键

删除主键时,需要确定与此主键相关的关系已经被删除。删除主键的方法是:选择主键字段(如果是多字段的主键,选择其中的一个字段),单击工具栏上的"主键"按钮,从而消除主键标志。这个操作与创建主键的方法类似。

2.3.4 输入和修改表记录

定义了表结构之后，紧接着要做的是在表中输入记录，或者对表中已有的记录作修改、删除和插入等操作。表记录的操作是在数据表视图中进行的，打开数据表视图有下列三种方法：

①在数据库窗口下，选择"表"对象，双击表名。

②在数据库窗口下，选择"表"对象下的某表名，单击工具栏上的"打开"按钮。

③在表的设计视图中，选择"表设计"工具栏最左边的"视图"按钮，单击右边的小三角符号，在打开的下拉列表中选择"数据表视图"。

数据表视图以二维表的形式，直观地显示表所记录的内容，同时在窗口下方显示当前表的记录总数和记录的导航按钮。

1. 输入记录

一条记录是由所有字段的字段值组成的。在数据表视图中，可以输入每条记录的各个字段值。有些特殊的字段，输入字段值的方法会有所不同，下面主要介绍这些字段值的输入方法。

（1）自动编号类型

其值由系统自动生成，用户不能修改。

（2）OLE 对象类型

在该类型的字段中可以插入图片、声音等对象。以在"学生"表中插入"照片"为例，介绍插入 OLE 对象的一般方法，具体步骤如下：

①在数据表视图中，光标定位于要插入对象的单元格，如学生表的第二条记录的"照片"字段值的空白处。

②执行菜单"插入"下的"对象"命令，或单击鼠标右键，在弹出的快捷菜单中选择"插入对象"命令，出现插入 OLE 对象的对话框，如图 2.9 所示。

③如果选择"新建"选项，则从"对象类型"列表框中选择要创建的对象类型，如"画笔图片"，打开画图程序绘制图形，关闭画图程序，返回数据表视图；如果选择"由文件创建"选项，则在"文件"框中输入或点击"浏览"按钮确定照片所在的位置，这里选择该选项，并指定一张 BMP 格式的照片文件所在的位置。

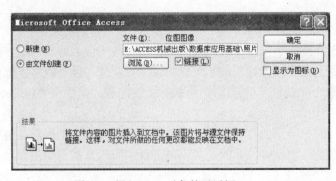

图 2.9 插入 OLE 对象的对话框

④选中"链接"复选框，则照片是以链接方式插入；如果不选择"链接"复选框，则照片是以嵌入方式插入。

链接和嵌入的区别为：当对象是以链接方式插入到表中时，对象的修改将会反映到对象的源文件中去，反之，对象源文件作的修改，也将会反映到数据表中，只是需要在数据表视图中右击对象，弹出快捷菜单中选择"链接"中"位图图像"中"对象"下的"打开"命令，重新建立链接。当对象是以嵌入方式插入到表中时，对象作的修改将不会反映到对象的源文件中去，反之，对象源文件作的修改，也将不会反映到数据表中。

⑤单击"确定"按钮，回到数据表视图，第一条记录的照片字段值处显示为"位图图像"字样。由于 OLE 对象字段的实际内容没有显示在数据表视图中，若要查看，可以双击字段值处，打开与该对象相关联的应用程序，显示插入对象的实际内容。若要删除，单击字段值处，执行菜单"编辑"下的"删除"命令即可。

（3）超链接类型

可以直接在超链接类型的字段值处输入地址或路径，也可以执行菜单"插入"下的"超链接"命令，或者右击鼠标，在快捷菜单中选择"超链接"下的"编辑超链接"命令，都将打开"插入超链接"对话框，输入地址或路径。此时，地址或路径的文字下方会显示表示链接的下画线，当鼠标移入时变为手形指针样式，单击此链接可打开它指向的对象。

2. 记录选定器和字段选定器

在数据表视图中，为方便用户选定待编辑的数据，系统提供了记录选定器和字段选定器。记录选定器是位于数据表中记录左侧的小框，其操作类似于行选定器，字段选定器则是数据表的列标题，其操作类似于列选定器。如果要选择一条记录，单击该记录的记录选定器；如果要选择多条记录，在开始行的记录选定器处按住鼠标左键，拖至最后一条记录即可。字段选定器是以字段为单位作选择，操作也很直观。

记录选定器还可用状态符来表示记录的状态，常见的状态符号有以下三种：

（1）当前记录指示符 ▶

数据表在每个时刻只能对一条记录进行操作，该记录称为当前记录，当显示该指示符时，以前编辑的记录数据已被保存，所指记录尚未开始编辑。

（2）正在编辑指示符 🖉

表示该记录正在编辑。一旦离开该记录，所做的更改即保存，该指示符也同时消失。

（3）新记录指示符 ✱

可在所指行输入新记录的数据。一旦鼠标移到该空记录行，记录选定器上就会显示出当前记录指示符，同时又在该行下方自动出现一个新行，以便输入下一条记录。

3. 定位记录

如果表中存储了大量的记录，使用数据表视图窗口底部的导航按钮（如图 2.10 所示），可以快速定位记录。

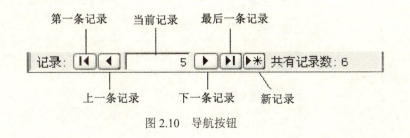

图 2.10　导航按钮

4. 添加记录

在数据表视图，表的最末端有一条空白的记录，记录选定器上显示为一个星号图标，表示可以从这里开始增加新的记录；或者执行菜单"插入"下的"新记录"命令，插入点光标即跳至最末端空白记录的第一个字段，等待用户输入。

5. 修改记录

数据表中自动编号类型的数据不能更改，OLE 对象类型的数据可以重新执行菜单"插入"下的"对象"命令选择一个新的 OLE 对象从而完成该字段的修改，其他类型的数据都可以修改，直接用鼠标点击（或按 Tab 键移到要修改的字段处）即可对表中的数据进行修改。当光标从上一条记录移到下一条记录时，系统会自动保存对上一条记录所作的修改。

6. 删除记录

删除记录的操作是：选择要删除的记录，按 Delete 键或执行菜单"编辑"下的"删除记录"命令可以删除所选记录。

如果选择一条记录，单击记录选定器，整条记录呈反白状态，表示该记录被选择；如果要选择多条记录，则按 Shift+（↓）键或直接用鼠标移到最后一条记录再同时按下鼠标左键和 Shift 键，被选择区字段呈反白色，再作删除记录的操作。删除时系统会弹出消息框，提示用户删除后的记录不能再恢复，是否确认删除，用户可以根据实际情况作出响应。

2.3.5 字段的属性设置

当使用表设计视图定义字段时，除了要在视图上方的窗格中定义"字段名称"、"字段类型"等基本属性之外，通常还需要在下方的字段属性窗格中设置其他属性，进一步完善表的设计，以保证正确、快速地输入数据。在 Access 数据表中，一个字段通常有多个属性选项，这些属性选项决定了该字段的工作方式和显示形式，系统为各种数据类型的各项属性设定了默认值。

若要设置一个字段的属性，首先需要在表的设计视图的上方窗格中选定该字段，然后在下方的"字段属性"窗格中对该字段的属性进行设置，如图 2.11 所示，字段属性主要包括：字段大小、格式、输入掩码、标题、有效性规则等。

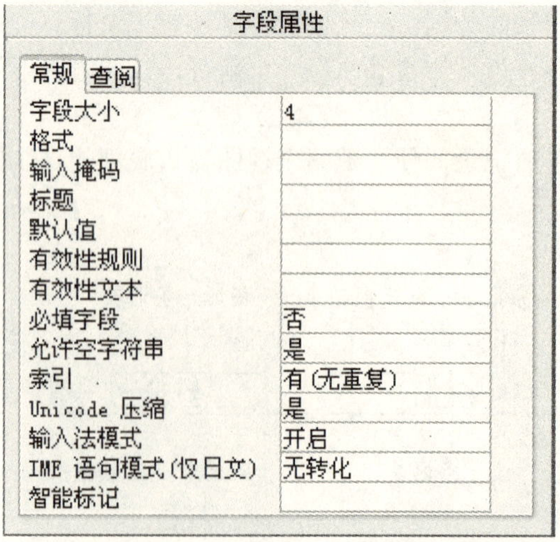

图 2.11 "字段属性"窗格

1. 字段大小

（1）"文本"类型的字段大小

表示字段的长度，系统默认长度为 50 个字符；

（2）"数字"类型的字段大小

表示数字的精度或范围，其取值在字段大小属性的下拉列表框中选择，系统默认为长整型；

（3）"自动编号"类型的字段大小

可设置为"长整型"或"同步复制 ID"，系统默认为长整型。

除了以上三种类型的字段之外，其他类型的字段大小是固定的。

2. 格式

格式属性用来决定数据的显示方式和打印方式，即改变数据输出的形式，但不会改变数据的存储格式。格式属性可分为标准格式与自定义格式两种，不同数据类型的字段有不同的格式属性。除了 OLE 对象以外，其余的数据类型都可以自定义格式。下面介绍几种常用类型的格式属性。

（1）文本和备注数据类型

文本和备注型数据类型的自定义格式如表 2.3 所示。

表 2.3　　　　　　　　　　文本和备注型字段的自定义格式

格式字符	作　用
@	显示任意文本字符（不足规定长度，自动在数据前补空格，右对齐）
&	不要求文本字符（不足规定长度，自动在数据后补空格，左对齐）
<	使所有字母变为小写显示
>	使所有字母变为大写显示

【例 2.3】参阅附录中的"教师"表，其中"电话"字段为文本型，字段大小为 12。如果在"电话"字段的格式属性框中输入 12 个"@"，即"@@@@@@@@@@@@"后，当输入内线电话"59100"时，则表中在该数字前显示为 7 个空格，所有记录的电话值右对齐，即"　　　　59100"。

又已知"电子信箱"字段为文本型，如果在该字段的格式属性框中输入"<；Nomail"。此格式包含有两个节，中间用分号作为分隔符。第一节"<"表示电子信箱均以小写形式显示，第二节"Nomail"表示如果该字段值为空字符串时显示 Nomail 字样。

（2）数字和货币数据类型

数字和货币数据类型的自定义格式如表 2.4 所示。

表 2.4　　　　　　　　　　数字和货币数据类型的自定义格式

格式字符	作　用
.	小数分隔符
,	千位分隔符
0	显示一个数字或 0
#	显示一个数字，无数字则不显示

续表

格式字符	作用
$	显示货币符号"$"
%	百分比,数字乘以100,并附加一个百分比符号
E-或e-	科学计数法,负数前有负号,正数前无符号,如0.00E-00或0.00E00
E+或e-	科学计数法,负数前有负号,正数前有正号,如0.00E+00

(3) 日期/时间型数据类型

日期/时间型字段有标准格式和自定义格式两种,系统提供的自定义格式为常规日期、长日期等,如图 2.12 所示。也可以自定义格式,例如"教师"表的"出生日期"字段设置格式属性"yyyy/mm/dd",则表中该字段值显示为如"1970/05/09"的样式。

常规日期	1994-6-19 下午 05:34:23
长日期	1994年6月19日
中日期	94-06-19
短日期	1994-6-19
长时间	下午 05:34:23
中时间	下午 05:34
短时间	17:34

图 2.12 日期/时间型字段的标准格式

(4) 是/否型数据类型

是/否型字段的"字段属性"窗格下的"查阅"选项卡(如图 2.13 所示)中的"显示控件"属性包含复选框、文本框或组合框三个选项,"复选框"是该字段的默认控件。"学生"表中的"团员否"字段之所以用复选框来表示逻辑值,就是因为该字段使用了默认选项。

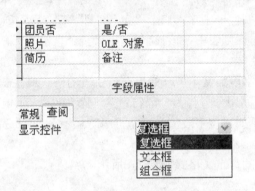

图 2.13 "是/否"型字段的"查阅"选项卡

当是/否型字段选用文本框或组合框时,将具有标准格式和自定义格式。设计器下方的"常规"选项卡下的"格式"属性框的列表中包含"真/假"、"是/否"、"开/关"三个标准格式,如图 2.14 所示,分别表示逻辑值 True/False、Yes/No、On/Off。其中 True、Yes、On 等效,表示逻辑真;False、No、Off 等效,表示逻辑假。

假如，将"学生"表中的是/否型字段"团员否"，定义属性为"文本框"，选择格式为"真/假"，则在数据表视图下，每条学生记录的该字段值处将显示为"True"或"False"字样。如果希望该字段值处显示为"团员"和"非团员"字样，也可以自定义格式，在"格式"属性中输入"；"团员";"非团员""即可。该自定义格式有三个节，第一节仅用一个分号作为占位符，第二节是逻辑真的显示文本，第三节则是逻辑假的显示文本。

图2.14 "是/否"型字段的"常规"选项卡

3. 输入掩码

"输入掩码"属性可以设置该字段输入数据时的格式。并不是所有的数据字段类型都有"输入掩码"属性，只有文本、数字、货币、日期/时间这四种数据类型拥有该属性，并只为文本和日期/时间型字段提供输入掩码向导。

如表 2.5 所示的是输入掩码属性使用的字符及意义。"输入掩码"属性由三部分组成，各部分用分号分隔。第一部分用来定义数据的格式字符。第二部分设定数据的存放方式，如果等于 0，则按显示的格式进行存放；如果等于 1，则只存放数据。第三部分定义一个用来标明输入位置的符号，默认情况下使用下画线。

表 2.5　　　　　　　　　输入掩码属性使用的字符及意义

格式字符	作　用
0	必须在该位置输入数字（0～9，不允许输入+或-）
9	只允许输入数字及空格（可选，不允许输入+或-）
#	只允许输入数字、+、-及空格，但在保存数据时，空白被删除
L	必须在该位置输入字母
A	必须在该位置输入字母或数字
&	必须在该位置输入字符或空格
?	只允许输入字母
a	只允许输入字母或数字
C	只允许输入字母或空格
!	字符从右向左填充
<	转化为小写字母
>	转化为大写字母
.	小数分隔符
,	千位分隔符
;:	日期时间分隔符
\	显示其后面所跟随的那个字符
"文本"	显示双引号括起来的文本

例如，设置"学生"表中的"出生日期"字段的"输入掩码"属性，在该字段的"输入掩码"属性框中输入"0000/99/99;0;_"。这里"0000"意味着此处只能输入四个数字，表示年份，而且必须要输入；"99"意味着此处只能输入数字，但不是必须要输入； "_"符号是年、月、日的间隔符。这样，当输入出生日期字段值时，用户可按照输入掩码提供的样式|__-_-__来输入数据，保证了格式的一致性，也可以避免发生输入错误。

如果为某字段定义了输入掩码，同时又设置了它的格式属性，则格式属性将在数据显示时优先于输入掩码的设置。这意味着即使已经保存了输入掩码，在数据设置格式显示时，将会忽略输入掩码，表中的数据本身并没有更改，格式属性只影响数据的显示方式。

4. 标题

字段的标题将作为数据表视图、窗体、报表等界面中各列的名称。如果没有为字段指定标题，系统默认用字段名作为各列的标题。例如，可以将"学生"表的"学号"字段的标题属性设置为"学生证编号"，则数据表视图中"学号"列的标题就显示为"学生证编号"。注意的是，标题仅改变列的栏目名称，不会改变字段名称，在窗体、报表等处引用该字段时仍应使用字段名。

5. 默认值

为一个字段定义默认值后，再添加新记录时 Access 将自动为该字段填入默认值，从而简化输入操作。默认值的类型应该与该字段的数据类型一致。

6. 有效性规则和有效性文本

当向表中输入数据时，有时会发生错误，通过设置"有效性规则"属性来指定对输入到本字段的数据的要求，设置"有效性文本"属性来定制出错信息提示，当输入的数据与有效性规则冲突时，系统拒绝接收此数据，并显示提示信息。

【例 2.4】 为"学生"表的性别字段定义"有效性规则"和"有效性文本"属性，如图 2.15 所示。如果用户在输入某学生记录时，将性别字段值错误地输入为"南"，则会显示违反有效性规则时的提示信息，如图 2.16 所示，这个信息是"有效性文本"属性框中输入的文本。

图 2.15 性别字段的"有效性规则"和"有效性文本"　　图 2.16 违反有效性规则时的提示信息

如果表中已经输入了性别字段值，则在设置其有效性规则之前，应确保现有的记录中没有违反有效性规则的记录。

在 Access 中，不仅可以为一个字段定义有效性规则，还可以同时为多个字段定义有效性规则，这样的规则称为表的有效性规则。

【例 2.5】 要求"学生"表中每条记录的学号值必须满 12 位，且性别的取值只能是"男"

或"女"。设置方法是：打开"学生"表设计视图，执行菜单"视图"下的"属性"命令，再打开"表属性"窗口，如图2.17所示，设置其有效性规则和有效性文本属性。在设置"有效性规则"属性时，也可以单击属性框右边的"生成器"按钮，在弹出的"表达式生成器"中定义规则。

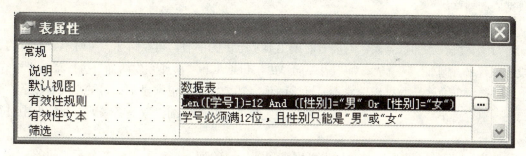

图2.17 "表属性"窗口

2.4 表的基本操作

在 Access 中，可以更改表的显示样式，对整表作复制、删除和重命名等操作，还可以通过数据的导入和导出与其他应用程序共享数据。本节介绍如下内容：
- 表的外观定制
- 表的复制、删除和重命名
- 数据的导入和导出

2.4.1 表的外观定制

在数据表视图中，可以改变数据表的显示方式和外观，包括字体的格式、数据表的格式、行高、列宽、隐藏列和冻结列等，这些操作可以利用"格式"菜单中的有关命令进行，如图2.18所示。

1. 改变数据表文本的字体及颜色

单击"格式"下的"字体"命令，即可打开数据表"字体"设置对话框。对数据表进行诸如字体、字号、颜色等方面的设置。

2. 改变数据表格式

单击"格式"下的"数据表"命令，即可打开"设置数据表格式"对话框，可以执行如下操作：
①设置是否显示水平或垂直网格线。
②选择单元格的效果：平面、凸起、凹陷。
③设置数据表的背景颜色。
④改变网格线颜色。
⑤设置边框和线条样式。

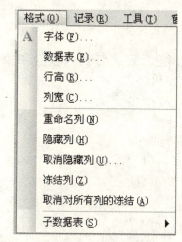

图2.18 "格式"菜单

3. 调整行高和列宽

单击"格式"菜单下的"行高"命令，在打开的"行高"对话框中输入行高数值，或者将鼠标移到记录选定器处行与行之间的分割线上，当鼠标指针变为分割形状时，按住鼠标上下拖动至合适高度为止，这时所有行的行高被均匀调整为指定的高度。用类似方法可以设置数据表的列宽。

4. 隐藏/取消隐藏列

对于宽度较大的数据表，若要查看超出显示范围的字段，可以将那些暂时不必查看的字段隐藏起来。例如，选择"教师"表中的"出生日期"和"所属系"两列，执行菜单"格式"下的"隐藏"命令，数据表中将不显示这两列，其余字段列正常显示。如果要恢复显示隐藏的列，执行菜单"格式"下的"取消隐藏列"命令，在弹出的"取消隐藏列"对话框中进行设置即可。

其实，"取消隐藏列"对话框也可用来隐藏指定的列，这对于隐藏多个不相邻的列尤为方便，只要设置这些复选框为"未选定"状态，即可隐藏指定的若干字段。

5. 冻结和解冻列

对于宽度较大的数据表，若要查看超出显示范围的字段，但又不希望隐藏某些字段，可以使用冻结列命令将表中的重要几列冻结起来，这时，使用窗口水平滚动，其他列都被滚动，只有被冻结的列总是固定显示在窗口的最左边。例如，选择"教师"表的最左边两列字段"教师编号"和"教师姓名"列，执行菜单"格式"下的"冻结列"命令，再选择"所属系"列，执行"冻结列"命令，这时表中最左边的三列依次是"教师编号"、"教师姓名"和"所属系"，当用水平滚动条显示表中右边的字段时，"性别"等字段被滚动且暂时消失，但冻结的三个字段不会滚动。这样可以很方便查看"教师姓名"和"电子信箱"等相隔很远的列。

执行菜单"格式"下的"取消对所有列的冻结"命令，可以解除冻结。不管冻结了多少列，只能一起解除。在解除冻结之后，这些列不会自动移回到原位，需要手动移动列。

6. 移动列

列位置在数据表中的变化不影响表结构中的字段位置。移动列的方法是：选定要移动的一列或多个相邻列（可使用 Shift 键），释放鼠标后，再按住鼠标左键拖至合适位置，选定列的位置便会作移动。要注意的是，不能选定列后直接拖动鼠标，要分两步来完成。

2.4.2 表的复制、删除和重命名

1. 表的复制

表的复制操作在数据库窗口中完成，既可以在同一个数据库中作表的复制，也可以在两个数据库之间进行。

（1）表从一个数据库复制到另一个数据库

其方法是：

①在第一个数据库窗口中选中准备复制的数据表，执行菜单"编辑"下的"复制"命令。

②关闭第一个数据库，打开第二个要接收表的数据库，执行菜单"编辑"下的"粘贴"命令，出现"粘贴表方式"对话框，如图 2.19 所示。

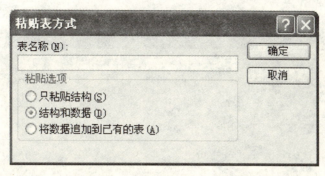

图 2.19 "粘贴表方式"对话框

③在"表名称"框中输入表名,在"粘贴选项"栏中选择粘贴方式:

"只粘贴结构"是只复制表的结构,不包括表记录;"结构和数据"指同时复制表结构和表记录,即新表是原表的一份完整的拷贝;"将数据追加到已有的表"表示将选定表中的所有记录添加到另一个表的最后。要求在"表名称"框中输入的表确实存在,且它的表结构与选定表的结构必须相同。

④单击"确定"按钮,表从一个数据库复制到另一个数据库的操作结束。

(2)在同一个数据库中复制表

最简单的方法是"Ctrl+左拖"。例如,在"成绩管理"库窗口的"表"对象下,选择"学生"表,按住 Ctrl 键并单击鼠标左键进行拖动,结果产生一个新表,名为"学生 的副本"。当然,这时也可以执行"复制"和"粘贴"命令,出现"粘贴表方式"对话框,选择后完成同一个数据库中表的复制。

2. 表的删除

在数据库窗口中,选中要删除的数据表,然后按 Delete 键;或者右击要删除的数据表,从快捷菜单中选择"删除"命令。

3. 表的重命名

在数据库窗口中,右击需要重命名的数据表,弹出的快捷菜单中选择"重命名"命令,输入新的表名即可。

2.4.3 数据的导入和导出

在 Access 中通过数据的导入和导出可以实现与其他程序之间的数据共享,包括从其他程序中获取数据,或者将 Access 中的数据输出到其他程序中。

1. 数据的导入

数据的导入是指将其他程序产生的表格形式的数据复制到 Access 数据库中,成为一个 Access 数据表。导入数据的步骤大致如下:

①在数据库窗口,执行菜单"文件"下的"获取外部数据"下的"导入"命令,弹出"导入"对话框,如图 2.20 所示。

②从"文件类型"列表框中选择要导入的数据文件类型,再从"查找范围"框中选择文件的路径,选择要导入的文件名。这里选择磁盘中已有的 Excel 文件 teacher.xls,单击"导入"按钮。

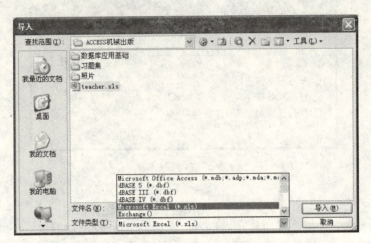

图 2.20 "导入"对话框

③弹出"导入数据表向导"对话框,如图 2.21 所示。按照向导以及后续向导的提示进行操作,如选择工作表,指定列标题作为表的字段名称,选择数据保存的位置,更改字段信息,设置主键等。

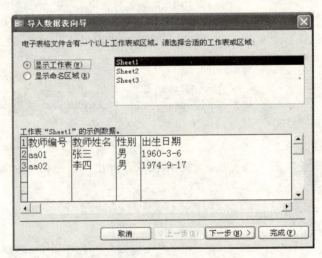

图 2.21 "导入数据表向导"对话框

④完成后,所选择的 Excel 工作表即成为当前 Access 数据库中的一个表。

从"导入"对话框的"文件类型"列表框中可以看出,导入 Access 数据库的文件类型可以是.MDB 文件(另一个 Access 数据库中的表)、.TXT 文件(带分隔条款或定长格式的文本文件)、.XLS 文件(Excel 工作表)、.DBF 文件(dBASE 中的表文件)等。

如果要导入另一个 Access 数据库中的对象,则在"导入"的"文件类型"框中选择"Microsoft Office Access",出现"导入对象"对话框,选择需要导入的数据库对象,然后单击"确定"按钮,即可将这些对象导入到当前的数据库窗口。

2. 数据的导出

数据的导出是指将 Access 数据表中的数据导出到其他格式的文件中，如导出到另一个 Access 数据库、Microsoft Excel、文本文件等。导出数据的步骤大致是：在 Access 中打开要导出数据的表，执行菜单"文件"下的"导出"命令，出现一个导出对话框，类似于"导入"对话框，从"保存类型"列表框中选择要导出的数据文件类型，选择保存文件的位置并输入文件名，单击"导出"按钮即可完成导出操作。

2.5 表中数据的操作

在数据库和表基础上，用户可以对表中的数据进行查找和替换、排序、筛选等操作，来满足用户对数据的各种检索需求。本节将介绍如下内容：

- 数据的查找与替换
- 记录排序
- 记录筛选

2.5.1 数据的查找与替换

1. 查找数据

所谓查找数据，就是从表的大量记录中挑选出某个数据值以便查看或作进一步编辑。Access 提供了用查找命令实现快速查找数据。

【例 2.6】 在"教师"表中查找电信系的教师信息，具体操作步骤如下：

①在数据表视图下打开"教师"表，单击"所属系"字段列的任何地方。

②执行菜单"编辑"下的"查找"命令，或者单击工具栏上的"查找"按钮，弹出"查找和替换"对话框，如图 2.22 所示。

- "查找内容"：用于键入所要查找的数据值。
- "查找范围"：只有两个选项"所属系"和"教师表"，即焦点所在字段的字段名和表名。
- "匹配"：有字段任何部分、整个字段和字段开头三项可供选择，如查找姓"王"的记录，则应选择"字段开头"选项。
- "搜索"：有向上、向下和全部三项可供选择，用于设置搜索方式。
- "区分大小写"：当查找内容是英文字符时，设置查找对象是否区分字母大小写。
- "按格式搜索字段"：按格式搜索则仅按该字段类型中设置的格式搜索，否则按该字段类型的所有格式搜索。
- "查找下一个"：开始查找或继续查找。

③在"查找内容"框中输入"电信"，"查找范围"下拉列表框中选择"所属系"选项，"匹配"中选择"整个字段"等，单击"查找下一个"按钮。

④在表中找到第一个匹配的记录。若要查找下一个匹配记录，再单击"查找下一个"按钮，如果有匹配项，则光标将再次定位在搜索结果处，直至完成搜索记录，不再找到搜索项为止。

用户在指定查找内容时，希望在已知道部分内容的情况下对数据表进行查找，或者按照某些特定的要求来查找记录。如果出现这种情况，可以使用通配符作为其他字符的占位符。在"查找和替换"对话框中，可以使用表 2.6 所示的通配符。

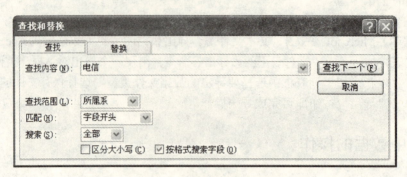

图 2.22 "查找和替换"对话框

表 2.6 通配符及用法

字 符	用 法	示 例
*	通配任何数目的字符,它可以在字符串中当做第一个或最后一个字符使用	a*可以找到 ab、ac、abc、apple
?	通配任何单个字符或汉字	b?t 可以找到 bet、bat,但不能找到 beat
[ ]	通配方括号内任何单个字符或汉字	b[ae]t 可以找到 bat、bet
!	通配任何不在括号之内的字符或汉字	b[!ae]t 可以找到 bit、but,但不能找到 bat、bet
-	通配指定范围内的任何一个字符,必须以递增排序来指定区域(A~Z)	b[a-c]d 可以找到 bad、bbd、bcd,但不能找到 bed
#	通配任何单个数字字符	5#5 可以找到 505、515、525 等

在 Access 表中,可能会有尚未存储数据的字段,如果某个记录的某个字段尚未存储数据,我们称该字段的值为空值。如果需要查找这些含有空值的记录时,则在"查找和替换"对话框的"查找内容"框中输入"Null"。

2. 替换数据

当需要批量修改表的内容时,可以使用替换功能加快修改速度。

【例 2.7】将"教师"表的"所属系"字段值为"电信"的数据替换为"电子信息"。具体操作步骤如下:

①执行例 2.6 中的步骤①~④。

②在"查找和替换"对话框中单击"替换"选项卡。

③在"替换为"框中输入要替换的值:电子信息。

④单击"全部替换"按钮,弹出确认对话框,单击"是"按钮,则全部替换,单击"否"按钮,则撤消全部替换操作。

如果查找的数据有的需要替换,有的不需要替换,或者不能确定是否全部替换,可以先使用"查找下一个"按钮,确认需要替换后再单击"替换"按钮,再"查找下一个",依此进行直到查找结束。

2.5.2 记录排序

排序是根据表中一个或多个字段的值,对整个表中的所有记录进行重新排列。排序可按升序,也可按降序。如果表定义了主键,则表中的记录会自动按主键值作升序排列。

1. 一个或多个相邻字段按同样方式排序

对基于一个或多个相邻字段的数据排序,先选择要排序的一个或多个相邻字段所在的列,执行菜单"记录"下的"排序"下的"升序排序"或"降序排序"命令,或者单击工具栏上的"升序排序"按钮或"降序排序"按钮即可完成排序。

当对多个相邻字段排序时,每个字段都按照同样的方式(升序或降序)排列,并且从左到右依次为主要排序字段、次要排序字段等。

2. 多个字段(相邻或不相邻)按不同方式排序

对多个相邻的字段或多个不相邻的字段可以采用不同的方式(升序或降序)排列。

【例 2.8】 对"教师"表先按照"性别"升序排列,当性别相同时,再按"基本工资"降序排列。具体操作步骤如下:

①打开"教师"表,切换到数据表视图。

②执行菜单"记录"下的"筛选"下的"高级筛选/排序"命令,打开设置排序字段的窗口,如图 2.23 所示。

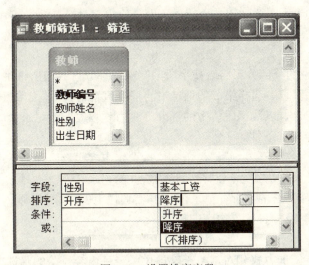

图 2.23 设置排序字段

③从窗口下方"字段"行第一列的下拉列表中选择"性别"字段,"排序"行第一列的下拉列表中选择"升序","字段"行第二列的下拉列表中选择"基本工资"字段,"排序"行第二列的下拉列表中选择"降序"。

若要取消某个排序字段,将鼠标移到该列上方,鼠标指针变为向下箭头的形状时单击该列,然后按 Delete 键,或者执行菜单"编辑"下的"删除列"命令。

④执行菜单"筛选"下的"应用排序/筛选"命令,或者单击工具栏上的"应用筛选"按钮,则数据表按指定的要求显示新的排序结果。

3. 取消排序

若要取消排序，恢复原来的记录顺序，则执行菜单"记录"下的"取消筛选/排序"命令即可。

2.5.3 记录筛选

筛选是把表中符合条件的记录显示出来，不符合条件的记录暂时隐藏，在筛选的同时还可以对表进行排序。Access 提供了五种筛选方法，分别是按选定内容进行筛选、内容排除筛选、按窗体进行筛选、使用"筛选目标"进行筛选和使用"高级筛选/排序"完成筛选，不同的筛选方法适合不同的场合。下面分别介绍这些筛选的方法。

1. 按选定内容进行筛选

通过选定字段值或部分字段值来筛选表中记录，这种方式称为按选定内容进行筛选。具体操作步骤是：

①打开需要筛选记录的数据表。

②通过执行下列操作之一，选择字段中某个值的全部或部分，选择值的方式决定了筛选将返回的记录。

● 选定字段值的整体内容，或者将插入点放在字段中而不进行任何选择，将查找字段的整体内容与选定的字段值内容相同的记录。

例如，在"教师"表中选择第一条记录中的字段值"教授"二字，或将插入点放在该字段中而不进行任何选择，将只会返回字段值为"教授"的记录，即当前只有一个记录符合筛选条件。

● 选定字段值中的一部分，将查找字段的全部或部分内容与所选字符相同的记录。

例如，在"教师"表中选择第二条记录中的字段值"副教授"中的"教授"二字，将会返回字段值为"教授"记录，以及字段值中的部分内容为"教授"的记录（即"副教授"记录），当前有三个记录符合筛选条件。

③执行菜单"记录"下的"筛选"下的"按选定内容筛选"命令，或者单击工具栏中的"按选定内容筛选"按钮，可以返回符合筛选条件的记录。

若要重新设置筛选或显示所有记录，单击工具栏上的"取消筛选"按钮或者执行菜单"记录"下的"取消筛选/排序"命令即可。

2. 内容排除筛选

与选定内容进行筛选方式相对，Access 提供了一种内容排除的筛选方法。用户可以执行菜单"记录"下的"筛选"下的"内容排除筛选"命令。通过这种筛选方式，可以筛选出不包含某些特定值的记录。例如，将光标插入点放在字段值"博士"中，执行"内容排除筛选"命令后，将筛选出"文化程度"字段为非博士的记录。

3. 按窗体进行筛选

通过在空白字段中键入数据或从下拉列表框中指定需要搜索的数值进行筛选，这种方式称为按窗体筛选，该方式适合一次指定多个筛选准则。

【例 2.9】从"教师"表中按窗体进行筛选，选出文化程度为"本科"，或者是"助教"职称的教师记录。具体操作步骤如下：

①打开"教师"表。

②执行菜单"记录"下的"筛选"下的"按窗体筛选"命令，或者单击工具栏中的"按

窗体筛选"按钮,系统弹出"按窗体筛选"窗口,如图2.24所示,窗体中所有字段都是空的(可能会带有上次筛选的痕迹)。

③单击"文化程度"字段对应的空白处会出现一个下拉按钮,单击下拉按钮,在下拉列表框中会显示该字段对应的所有值,从中选择"本科"选项。

④单击表下方的"或"选项卡,再从"职称"字段值的下拉列表中选择"助教"选项。

⑤单击工具栏上的"应用筛选"按钮(与"取消筛选"同一个按钮),可以筛选出"本科"或"助教"的教师记录。

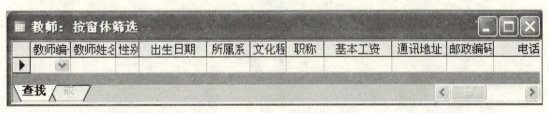

图2.24 "按窗体筛选"窗口

如果这两个条件不是"或"的关系,而是"同时满足"的关系,则应该都在"查找"选项卡中作选择,结果应该筛选出文化程度为"本科"且职称为"助教"的教师记录,此教师表中没有符合条件的记录。

4. 使用"筛选目标"进行筛选

使用"筛选目标"进行筛选是在"筛选目标"框中输入筛选条件来查找含有该指定值或表达式值的所有记录。

【例2.10】 在"教师"表中筛选出基本工资低于1500的教师记录。具体步骤如下:

①打开"教师"表,光标定位在"基本工资"这一列中的任何地方。

②按鼠标右键弹出一个快捷菜单,如图2.25所示。

③在"筛选目标"框中输入:"<1500"。

④输入回车键确认,即可筛选出所有基本工资低于1500的教师记录,当前有三条记录符合筛选条件。

注意的是,这种筛选方法首先要将光标定位在需要查找的字段列中,此例中的"筛选目标"框中不需也不能输入"基本工资<1500"。

5. 高级筛选/排序

如果希望进行更为复杂的筛选,则要使用"高级筛选/排序"命令,同时完成复杂筛选和排序的操作。

【例2.11】 筛选出所有电信系的女教师记录,并按基本工资进行降序排列,当基本工资相等时,再按教师编号进行升序排列显示。具体步骤如下:

①打开"教师"表。

②执行菜单"记录"下的"筛选"下的"高级筛选/排序"命令,弹出高级筛选窗口,如图2.26所示。在窗口的上部显示了教师表相应的字段,窗口的下部可以添加筛选字段、设置筛选条件、设置排序依据等,左边的排序字段优先级比右边的排序字段优先级要高,即当左边字段值相同时,再按其右边的排序字段进行排序,依此类推。这里参照图2.26作筛选和排序的设置。

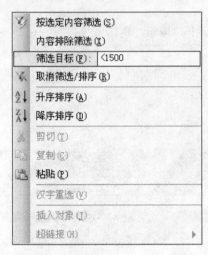

图 2.25 使用"筛选目标"进行筛选

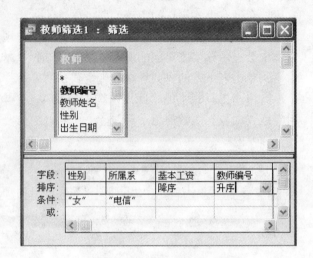

图 2.26 使用"高级筛选/排序"

③单击工具栏上的"应用筛选"按钮,筛选出两条电信系的女教师记录,并按基本工资的降序排列。

当需要设置多个筛选条件时,如果多个条件要求同时满足,则在同一行"条件"文本框中输入;如果多个条件要求满足其中之一,则在"或"文本框中输入相应内容。

以上五种筛选方式各有优点。如果为了方便地在数据表中找到希望筛选的值,可使用按选定内容筛选方式;如果查找的记录不包含某个特定字段值,可使用内容排除筛选;如果不希望浏览表中记录,而直接在列表中选择所需要的值,可以选用按窗体筛选方式,当用户希望同时指定多个准则时,这种方式尤为适用;在"筛选目标"文本框中直接输入数据进行筛选,则适用于在当前字段中输入搜索值或将结果作为准则的表达式的情况;使用"高级筛选/排序"方式的优点很明显,能同时完成复杂筛选和排序的操作。

2.6 建立索引和表间关系

在数据表之间建立关系,可以同时查看来自多个表的相关信息,表之间的关系要依赖主索引。

2.6.1 索引

索引有两个主要作用。其一,索引有助于快速查找和排序数据表中的记录。如果表中某个字段或字段组合经常在查询时作为条件使用,则可以为它们建立索引,以提高查询的效率。表中使用索引来查找数据,就像在书中使用目录来查找数据一样方便。其二,对于要建立表间关系的两个表,必须在建立索引的前提下,才可以创建合理的表间关系。

1. 索引的类型

(1)按功能来分类

索引按功能可分为以下几种:

①主索引。Access 将表的主键自动设置为主索引,即主键就是主索引,主索引就是主键。

主索引字段的值不能有重复,也不能为空(Null)。同一个表中只可创建一个主索引(或主键),Access 将主索引字段作为当前排序字段。

②唯一索引。该索引字段的值必须是唯一的,不能有重复。在 Access 中,唯一索引可以有多个。

③普通索引。该索引字段的值可以有重复。

例如,在"教师"表中,可以定义"教师编号"字段为主索引,则不允许有两个教师有相同的教师编号,也不能有教师编号字段值为空。在不允许两个教师共用一个电子信箱的情况下,可以定义"电子信箱"字段为唯一索引。对于会有重复值的"性别"、"所属系"和"文化程度"等字段应定义为普通索引。

(2)按字段数来分类

索引可分为单字段索引和多字段索引两类。多字段索引指为多个字段联合创建的索引,若要在索引查找时区分表中字段值相同的记录,则必须创建包含多个字段的索引。如"学生选课"表中定义索引字段是"学号+课程编号",就是多字段索引。多字段索引的功能是:先按第一个索引字段排序,当该字段值相同时,记录排序再依据第二个索引字段,依此类推。

2. 创建索引

在表的设计视图和索引窗口中都可以创建索引属性。一般而言,单字段的索引可以通过表的设计视图中该字段的"索引"属性来建立,多字段的索引可以在索引对话框中建立。

【例 2.12】 依据"学生"表的"出生日期"字段建立升序排列的普通索引。具体操作步骤如下:

①打开"学生"表的设计视图,选中"出生日期"字段,如图 2.27 所示。

②在"字段属性"窗格中选择"索引"属性,其有三个选项:

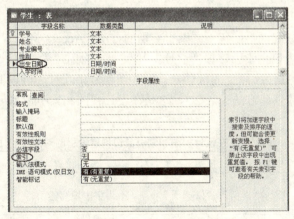

图 2.27 创建"出生日期"单字段索引

- "无"表示不建立索引;
- "有(有重复)"表示建立索引,且索引字段值允许重复;
- "有(无重复)"表示建立索引,且索引字段值不允许重复。

这里选择"有(有重复)"选项,即为"学生"表的"出生日期"字段建立升序排列的普通索引。

对于多字段的索引,可以按照定义多字段主键的方法(参阅 2.3.2 节)创建多字段的主索引,也可以直接在索引对话框中建立。

【例2.13】 为"学生选课"表建立多字段的普通索引,索引字段为"课程编号+考试成绩"。具体步骤如下:

①打开"学生选课"表的设计视图,单击工具栏上的"索引"按钮,弹出"学生选课"表的多字段"索引"对话框,如图2.28(a)所示,当前的显示是由于定义了"学号+课程编号"为多字段主键的结果。

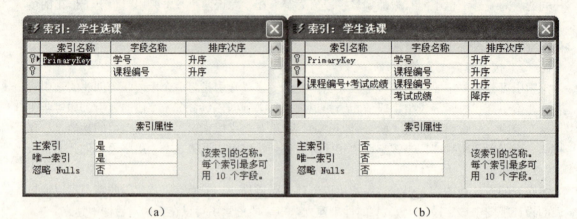

图2.28 多字段的"索引"对话框

②在窗格的第三行"索引名称"处输入"课程编号+考试成绩","字段名称"处分别选择"课程编号"和"考试成绩","排序次序"处分别选择为升序和降序,在下方的"索引属性"栏中将"主索引"和"唯一索引"项都选为"否",如图2.28(b)所示。

③关闭"索引"对话框,执行保存操作。

以上两例仅为举例说明创建不同索引类别的方法。Access将主索引字段作为当前排序字段,因此,"学生"表以主索引字段"学号"作为排序字段,"学生选课"表以主索引字段"学号+课程编号"作为排序字段,先按学号排序,当学号相同时,再按课程编号排序。

对于其他索引的创建方法见表2.7,这是在设计视图和索引窗口创建索引的对照表。

表2.7 在设计视图和索引窗口创建索引的对照表

创建索引	表的设计视图	索引窗口	说明
不创建索引	字段的"索引"属性选"无"	不为字段填写索引行	默认值,记录按原始顺序排列
创建普通索引	字段的"索引"属性选"有(有重复)"	为字段填写索引行,且唯一索引选"否"	
创建唯一索引	字段的"索引"属性选"有(无重复)"	为字段填写索引行,且唯一索引选"是"	
创建主索引	单击行选定器选定字段,在工具栏中单击"主键"按钮	为字段填写索引行,且主索引选"是"	索引窗口中"唯一索引"自动为"是","忽略Nulls"自动为"否"

有以下几点需要说明：

①Access 默认为升序排序，降序排序仅能在"索引"窗口中设置，此外，索引窗口以综合方式设置索引属性，也较为方便。

②索引在保存表时创建，并且在更改或添加记录时能够自动更新，但是屏幕不会自动刷新，在重新打开数据表后才能显示索引效果。

③不能对"备注"、"超链接"或"OLE 对象"等数据类型的字段创建索引。

3. 删除索引

删除索引不是删除字段本身，而是取消建立的索引。通常用以下两种方法删除索引：

①在索引窗口，选定一行或多行，然后按 Delete 键。

②在设计视图中，在字段的"索引"属性组合框中选定"无"。

如果是取消主索引，有一个更为简便的方法，只要在设计视图中选定有钥匙符号的行，然后单击工具栏中的"主键"按钮。

索引有助于提高查询的速度，但也会占用磁盘空间，而且会降低添加、删除和更新记录的速度。在大多数情况下，索引检索数据的速度优势大大超过其不足之处。然而，如果应用程序频繁地更新数据或者磁盘空间有限，可能就要限制索引的数目。

2.6.2 建立表间关系

同一个数据库中的多个表之间若要建立关系，就必须以相关字段建立索引。相关字段在一个表中通常是主键或主索引，同时作为外部关键字（或称外键）存在于相关的表中，这两个表的索引字段的字段值必须相同。

1. 表间关系的类型

按照相关字段的记录在两表（表 A 和表 B）之间的匹配状况，表间关系可以分为三种类型：一对一、一对多和多对多。

（1）一对一关系

表 A 中的一条记录在表 B 中最多只能有一条记录与之对应，反之，表 B 中的一条记录在表 A 中也最多只能有一条记录与之对应。这种关系的应用场合不是很多，原因是既然两个表可构成一对一的关系，就可以将这两个表的信息合并成一个表。但在有些场合，出于某种原因，不愿意让某些人看到某一部分内容，那只有将这一部分内容重新组成一个表。假设成绩管理库中有一个关于处分和奖励的内容，就可以单独生成一张表，当教务部门的工作人员要看这些信息时，就可以在这张表与"学生"表之间建立一对一的关系。

（2）一对多关系

在表 A 中的一条记录在表 B 中可以有多条记录与之对应,而在表 B 中的一条记录在表 A 中最多只能有一条记录与之对应。这种关系在实际应用中普遍存在，例如，"学生"表与"学生选课"表可建立一对多的关系，"学生"表为一方，"学生选课"表为多方，因为一个学生可以选修多门课程有多个分数。

（3）多对多关系

在表 A 中的一条记录在表 B 中可以有多条记录与之对应,而在表 B 中的一条记录在表 A 中也可以有多条记录与之对应。当出现多对多关系时，需要创建第三个表，将多对多关系分解成两个一对多关系，然后再进行处理。

建立关系后的两个表，一个称为主表，另一个称为子表（相关表）。通常作为主表建立关系的字段只能是主索引，而子表中相关字段的索引类型决定了表间关系的类型。如果子表建立的是主索引或唯一索引，则主表和子表是一对一的关系；如果子表建立的是普通索引，则主表和子表是一对多的关系。

2. 参照完整性规则

关系是通过两个表之间的相关字段建立起来的。在定义表间关系时，应设立一些准则，这些准则将有助于数据的完整。参照完整性就是在删除或更新表中记录时，系统会通过参照引用相关的另一个表中的数据来约束对当前表的操作，以确保相关表中记录的有效性和相容性。例如，"课程"表和"学生选课"表存在一对多的关系，"课程"表为主表，"学生选课"表为相关表。如果二者建立关系时设置了参照完整性，那么：

①当主表中没有相关记录时，就不能将记录添加到相关表中。例如，"课程"表中不存在编号为"cc04"的课程记录，那么在"学生选课"表中就不能有课程编号为"cc04"的选课记录，即"学生选课"表的"课程编号"值必须参照"课程"表的课程编号值。

②不能在相关表中存在匹配记录时删除主表中的记录。例如：当"学生选课"表中存在课程编号为"cc03"的记录时，则不能在"课程"表中删除课程编号为"cc03"的记录。

③不能在相关表中有相关记录时，更改主表中的主键字段的值。例如：当"学生选课"表中存在课程编号为"cc03"的记录时，则不能在"课程"表中修改课程编号"cc03"字段值。

要注意的是，表间关系设置参照完整性必须满足的前提条件是：主表的相关字段必须为主索引（主键）或唯一索引，而且相关字段要具有相同的字段值，且两个表都必须保存在同一个数据库中。

3. 建立表间关系

【例2.14】为成绩管理库下的"学生"表和"学生选课"表建立表间关系。具体步骤如下：

①打开成绩管理数据库。

②执行菜单"工具"下的"关系"命令，或者单击工具栏上的"关系"按钮，打开"关系"窗口，并出现"显示表"对话框，如图2.29所示。

③在"显示表"对话框中选择要建立关系的表"学生"和"学生选课"，分别"添加"所需的表后单击"关闭"按钮。

④在"关系"窗口中选择"学生"表中的主键字段"学号"，将其拖到"学生选课"表中的"学号"字段上，释放鼠标后，弹出"编辑关系"对话框，如图2.30所示。

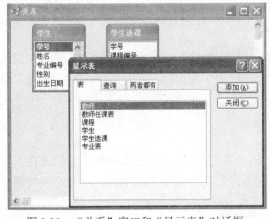

图2.29 "关系"窗口和"显示表"对话框

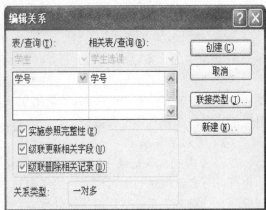

图2.30 "编辑关系"对话框

在"编辑关系"对话框的"表/查询"列表框中列出了主表"学生"的相关字段"学号",在"相关表/查询"列表框中列出了相关表"学生选课"的相关字段"学号"。在列表框下方有三个复选框,如果选择了"实施参照完整性"复选框,然后选择"级联更新相关字段"复选框,可以在主表的主关键字值更改时,自动更新相关表中的对应数据;如果选择了"实施参照完整性"复选框,然后选择"级联删除相关字段"复选框,可以在删除主表中的记录时自动删除相关表中的相关信息;如果只选择了"实施参照完整性"复选框,则只要相关表中有相关记录,主表中的主键值就不能更新,且主表中的相关记录不能被删除。

⑤在"编辑关系"对话框中选择"实施参照完整性"、"级联更新相关字段"和"级联删除相关字段"复选框,则在更新或删除主表中主键字段的内容时,同步更新或删除相关表中相关记录。

⑥单击"联接类型"按钮,弹出"联接属性"对话框,如图2.31所示。这里选择默认选项1,以内部联接的方式建立表间关系,单击"确定"按钮。

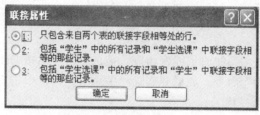

图2.31 "联接属性"对话框

⑦返回到"编辑关系"对话框,单击"创建"按钮,完成创建过程。在"关系"窗口中可以看到"学生"表和"学生选课"表之间出现一条表示关系的连线,有"1"标记的是"一"方,有"∞"标记的是"多"方,参见图2.32。

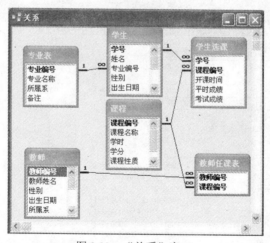

图2.32 "关系"窗口

⑧关闭"关系"对话框,这时系统会询问是否保存该布局,不论是否保存,所创建的关系都已经保存在此数据库中了。

编辑两表间已创建关系的方法是:直接用鼠标在表示表间关系的线上双击,然后在弹出的"编辑关系"对话框中进行修改。

4. 添加关系

如果要继续为该库中的其他表创建表间关系,可以打开该成绩管理库的"关系"窗口,在窗口的空白处击右键,在弹出的快捷菜单中选择"显示表"命令,或者单击工具栏上的"显示表"按钮,在弹出的"显示表"对话框中添加该库中的其他表,按上面的方法再创建表间关系,如图 2.32 所示,具体的表间关系如下:

为"课程"和"学生选课"创建一对多的关系,在"编辑关系"对话框中选择"实施参照完整性"、"级联更新相关字段"和"级联删除相关字段"选项。

为"专业表"和"学生"表创建一对多的关系,在"编辑关系"对话框中选择"实施参照完整性"、"级联更新相关字段"选项。

为"教师"和"教师任课表"创建一对多的关系,在"编辑关系"对话框中选择"实施参照完整性"、"级联更新相关字段"和"级联删除相关字段"选项。

为"课程"和"教师任课表"创建一对多的关系,在"编辑关系"对话框中选择"实施参照完整性"、"级联更新相关字段"选项。

5. 删除关系

在"关系"窗口单击关系线时该线变粗表示被选中,然后按 Delete 键或者右击关系线,从快捷菜单中选择"删除"命令。如果要清除"关系"窗口,单击工具栏上的"清除版面"按钮即可。

6. 查看主表和相关表中的记录

两个表建立关联后,在主表的每行记录前面出现一个"+"号,单击"+"号,可展开一个窗口,显示子表中的相关记录;单击"-"号,可折叠该窗口。如图 2.33 所示,查看"学生"表和相关表的记录,从"学生"表中可以查看每名学生的所有选课情况。

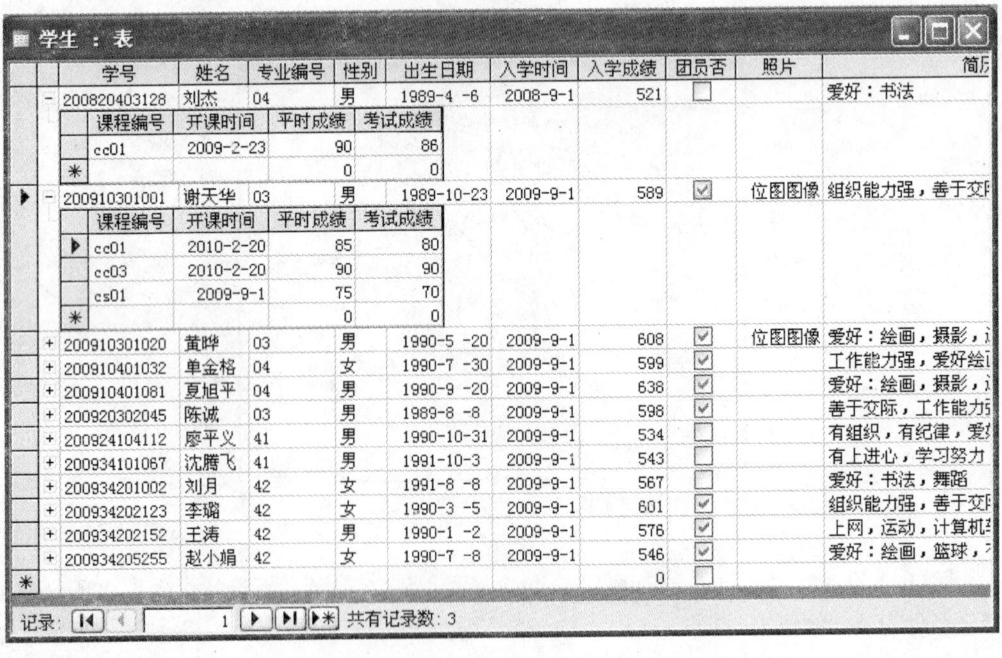

图 2.33 查看"学生"表和相关表的记录

本 章 小 结

Access 是一个基于关系数据模型且功能强大的数据库管理系统，本书以 Access 2003 中文版为介绍背景，指导用户进行建立、使用和维护数据库等操作。

本章首先介绍 Access 的基础知识，包括 Access 的启动与退出、Access 的窗口组成、Access 的系统结构，并概述了数据库中的七个对象以及 Access 的特点。

本章介绍了用不同方法创建数据库，以及打开、关闭、备份数据库等基本操作。

重点介绍了数据表和数据表的创建。数据表由表结构和表记录两部分组成。在创建数据表时，往往也是按照这两个步骤进行。上文详细介绍了在表设计视图下创建表结构的过程，随后讲述了表记录的输入和编辑，并以成绩管理库为示例，进一步说明了表中字段的属性设置，从而完善了表的设计。

本章还讲解了表的基本操作，包括：表的外观定制，表的复制、删除和重命名等操作，以及通过数据的导入和导出从而实现与其他应用程序的共享。针对数据表中的检索需求，介绍了表的数据操作，结合示例讲解了数据的查找与替换，记录排序和记录筛选。

最后介绍了索引和表间关系，讲解了索引的类型，创建不同索引的方法，表间关系的类型，以及为成绩管理库下的相关表建立了表间关系，从而便于用户查看两个相关表中的相关记录。

整章由浅入深，按照用户实际操作数据库的过程，结合了大量示例，配以操作对话框，介绍了创建数据库和数据表的方法、具体过程以及相关内容。

上机实验

一、实验案例

在 D:\ exercise\Chap02\samp 下，创建数据库 "samp.mdb" 并建立数据表 "tTeacher"，表结构如图 2.34 所示：

字段名称	数据类型	字段大小	格式
编号	文本	5	
姓名	文本	4	
性别	文本	1	
年龄	数字	整型	
工作时间	日期/时间		短日期
职称	文本	5	
联系电话	文本	12	
在职否	是/否		是/否
照片	OLE 对象		

图 2.34

按要求作如下操作：

（1）根据表结构，判断并设置表“tTeacher”的主键。

（2）设置“职称”字段的默认属性为“讲师”。

（3）设置“年龄”字段的有效性规则为不能是空值。

（4）在表中输入如图 2.35 所示的这条记录，其中“照片”字段数据为当前文件夹下的“李丽.bmp”图像文件。

编号	姓名	性别	年龄	工作时间	职称	联系电话	在职否	照片
92016	李丽	女	32	1992-9-3	讲师	027-62392774	☑	位图图像

图 2.35

（5）将当前文件夹下已有的 Excel 文件“tCourse.XLS”导入到 samp 数据库下，取表名为“tCourse”，并设置其中的“课程编号”为该表的主键。

（6）建立“tTeacher”和“tCourse”两表之间的关系。请问能否创建参照完整性规则？

二、步骤说明

启动 Access，执行菜单“文件”下的“新建”命令，在弹出的“新建文件”任务窗格中的“新建”下，单击“空数据库”，在“文件新建数据库”对话框中，指定数据库的“保存位置”为 D 盘，并创建文件夹 exercise\Chap02\samp，在“文件名”中输入数据库名“samp.mdb”，单击“创建”按钮，数据库创建结束。

在“samp.mdb”数据库窗口，选择“表”对象，双击“使用设计器创建表”选项，打开表设计器，按图 2.34 的要求，依次输入字段名称、选择数据类型、定义字段大小，其中，“工作时间”格式属性为“短日期”，字段“在职否”定义为“是/否”型，完成后继续作如下操作：

（1）在表的设计视图下选择“编号”字段，单击“表设计”工具栏上的“主键”按钮将它设置为“tTeacher”的主键；

（2）光标定位在“职称”字段行，在设计器下方窗格的“常规”菜单下的“默认值”文本框中输入“讲师”；

（3）选择“年龄”字段，在下方的“有效性规则”框中输入“Is Not Null”；

（4）打开数据表视图，按题目要求输入姓名为“李丽”的教师记录。按 2.3.4 节输入 OLE 对象类型的步骤，为该记录链接照片文件“李丽.bmp”；

（5）返回“samp.mdb”数据库窗口，进行如下操作：

①执行菜单“文件”下的“获取外部数据”下的“导入”命令；

②在弹出的“导入”对话框中，选择 D:\ exercise\Chap02\samp\ tCourse.XLS 文件，单击“导入”按钮；

③按向导提示，依次执行导入操作，在“我自己选择主键”下拉列表框中选择“课程编号”字段，“导入到表”文本框中输入表名“tCourse”，单击“完成”按钮。

（6）在数据库窗口中进行如下操作：

①执行菜单“工具”下的“关系”命令，出现“显示表”对话框，参见图 2.29；

②在“显示表”对话框中选择两表 “tTeacher”和“tCourse”，“添加”后，关闭“显示

表"对话框；

③在"关系"窗口中，选择"tTeacher"表中的主键字段"编号"，将其拖动到"tCourse"表中的"授课教师"字段上，释放鼠标后弹出"编辑关系"对话框，参见图2.30。单击"创建"按钮，建立两表间的关系。

注意，由于关联表 tCourse 中存在某"授课教师"编号值在主表"tTeacher"中没有出现，因此创建关系时不能建立两者间的参照完整性规则。

三、实验题目

在 D:\ exercise\Chap02\test 下有数据库"employ.mdb"，其中已经设计好两个表对象"职工表"和"部门表"，请按照以下要求，顺序完成表的各种操作：

（1）设置表对象"职工表"的聘用时间，字段默认值为系统日期；

（2）设置表对象"职工表"的性别字段有效性规则为男或女，同时设置相应的有效性文本为"请输入男或女"；

（3）将"职工表"中编号为"000019"的员工的照片字段设置为当前文件夹下的图像文件"000019.bmp"数据；

（4）删除"职工表"中姓名字段含有"江"字的所有员工记录；

（5）将"职工表"导出到当前文件夹下的"employ2.mdb"空数据库文件中，要求只导出表结构定义，导出的表命名为"职工表2"；

（6）建立两表间的关系，并实施参照完整性。

习　题

一、单项选择题

1. 关闭 Access 系统的方法有_____。
   A. 单击 Access 右上角的"关闭"按钮
   B. Alt+F4 或 Alt+F+X 快捷命令
   C. 选择"文件"菜单中的"退出"命令
   D. 以上都可以

2. 创建数据库的方法有_____。
   A. 一种　　　　　　　　　　　B. 两种
   C. 三种　　　　　　　　　　　D. 四种

3. 在 Access 中，空数据库是指_____。
   A. 没有基本表的数据库　　　　B. 没有窗体、报表的数据库
   C. 没有任何数据库对象的数据库　D. 数据库中数据是空的

4. 数据库设计的步骤是_____。
   A. 分析建立数据库的目的，确定数据库中的表，确定表中的字段，确定主关键字，确定表之间的关系
   B. 分析建立数据库的目的，确定数据库中的字段，确定主关键字，确定数据库中的表，确定表之间的关系
   C. 分析建立数据库的目的，确定数据库中的表，确定表之间的关系，确定表中的字

段，确定主关键字

   D. 分析建立数据库的目的，确定表之间的关系，确定数据库中的表，确定表中的字段，确定主关键字

5. 若使打开的数据库文件可与网上其他用户共享，并可维护其中的数据库对象，要选择数据库文件的方式是_____。

   A. 以只读方式打开   B. 以独占方式打开
   C. 以独占只读方式打开   D. 打开

6. Access 表中字段的数据类型不包括_____。

   A. 文本   B. 备注
   C. 通用   D. 日期/时间

7. 以下可以改变"字段大小"属性的字段类型是_____。

   A. 文本   B. 日期/时间
   C. 是/否 D. 备注

8. 定义表结构时，不用定义_____。

   A. 字段名   B. 数据库名
   C. 字段类型   D. 字段长度

9. 不正确的日期常数是_____。

   A. 1994 年 6 月 10 日   B. 96-16-10
   C. 94-06-10   D. 96-06-10

10. 文本型字段的取值最多可达到的字符是_____。

    A. 255 个   B. 256 个
    C. 50 个   D. 100 个

11. 在 Access 中，字段的命名规则是_____。

    A. 字段名长度为 1~64 个字符
    B. 字段名可以包含字母、汉字、数字、空格和其他字符
    C. 字段名不能包含句号（。）、惊叹号（！）、方括号（[ ]）和重音符号（`）
    D. 以上命名规则都是

12. Access 字段名的最大长度为_____。

    A. 32 个字符   B. 64 个字符
    C. 128 个字符   D. 256 个字符

13. Access 字段名可包含的字符是_____。

    A. .   B. !
    C. 空格   D. [ ]

14. Access 字段名不能包含的字符是_____。

    A. @   B. !
    C. %   D. &

15. 以下关于自动编号数据类型的叙述，错误的是_____。

    A. 每次向表中添加新记录时，Access 会自动插入唯一序列号
    B. 自动编号数据类型一旦被指定，就会永久地与记录连接
    C. Access 会对表中自动编号型字段重新编号

D. 占 4 个字节的空间
16. "TRUE/FALSE" 数据属于_____。
   A. 文本数据类型　　　　　　　B. 是/否数据类型
   C. 备注数据类型　　　　　　　D. 数字数据类型
17. 是/否数据库类型常被称为_____。
   A. 真/假型　　　　　　　　　B. 布尔型
   C. 对/错型　　　　　　　　　D. O/I 型
18. 在"日期/时间"数据类型中,每个字段需要_____个字节的存储空间。
   A. 4　　　　　　　　　　　　B. 8
   C. 12　　　　　　　　　　　　D. 16
19. 在以下关于更改字段类型的叙述中,正确的是_____。
   A. 不论是否输入记录,都可正确更改字段类型
   B. 字段长度由大变小时,可能会造成数据丢失
   C. 字段长度由小变大时,可能会造成数据丢失
   D. 以上都不对
20. 下面关于主关键字段叙述错误的是_____。
   A. 数据库中的每个表都必须有一个主关键字段
   B. 主关键字段值是唯一的
   C. 主关键字可以是一个字段,也可以是一组字段
   D. 主关键字段中不许有重复值和空值
21. 修改表结构只能在_____。
   A. "数据表"视图　　　　　　B. "设计"视图
   C. "表向导"视图　　　　　　D. "数据库"视图
22. 不属于编辑表中的内容的主要操作的是_____。
   A. 定位记录　　　　　　　　　B. 选择记录
   C. 复制字段中的数据　　　　　D. 添加字段
23. 必须输入字母或数字的输入掩码是_____。
   A. A　　　　　　　　　　　　B. &
   C. 9　　　　　　　　　　　　D. ?
24. _____属性用来决定数据的打印方式和屏幕方式。
   A. 控制"字段大小"　　　　　B. "格式"
   C. 设置"默认值"　　　　　　D. 定义"有效性规则"
25. 在 Access 表中,为字段设置标题属性的作用是_____。
   A. 控制数据的显示样式　　　　B. 限制数据输入的格式
   C. 更改字段的名称　　　　　　D. 作为数据表视图中各列的栏目名称
26. 若要改变数据表的外观,可以使用_____菜单中的命令。
   A. 文件　　　　　　　　　　　B. 编辑
   C. 格式　　　　　　　　　　　D. 工具
27. Access 与其他程序的数据之间可以采用_____方法,实现数据的共享。
   A. 导入　　　　　　　　　　　B. 导出

C. 链接   D. 以上都行
28. 关于"输入掩码"的叙述错误的是_____。
    A. 掩码是字段中所有输入数据的模式
    B. Access 只为"文本"和"日期/时间"型字段提供了"输入掩码向导"来设置掩码
    C. 设置掩码时，可以用一串代码作为预留区来制作一个输入掩码
    D. 所有数据类型都可以定义一个输入掩码
29. 有关字段属性，以下叙述错误的是_____。
    A. 字段大小可用于设置文本、数字或自动编号等类型字段的最大容量
    B. 可对任意类型的字段设置默认值属性
    C. 有效性规则属性是用于限制此字段输入值的表达式
    D. 不同的字段类型，其字段属性有所不同
30. 查找数据时，可以通配任何单个数字字符的通配符是_____。
    A. *   B. #
    C. !   D. ?
31. 查找数据时，设查找内容为"b[! aeu]ll"，则在以下字符串中可以找到的是_____。
    A. bill   B. ball
    C. bell   D. bull
32. 在 Access 中筛选记录时，可以_____。
    A. 按选定内容筛选   B. 按窗体筛选
    C. 指定多个筛选条件   D. 以上皆对
33. 不能进行排序的字段数据类型是_____。
    A. 文本型   B. 数字型
    C. 备注型   D. 自动编号型
34. 在以下关于索引的叙述中，正确的是_____。
    A. 索引可以提高数据输入的效率
    B. 索引可以提高查询的效率
    C. 多字段索引中的每个字段都必须具有相同的排序方式
    D. 在一个 Access 中可以为任意类型的字段建立索引
35. 下列不属于主索引特性的是_____。
    A. 主索引的值不可为空   B. 主索引的值不可重复
    C. 主索引的值不必唯一   D. 一个表只有一个主索引
36. 在 Access 数据表中不能建立索引的字段类型是_____。
    A. 文本   B. 数字
    C. 日期/时间   D. OLE 对象
37. 在对表中某一字段建立索引时，若其值有重复，可选择_____索引。
    A. 主   B. 有（无重复）
    C. 无   D. 有（有重复）
38. 在 Access 数据库中，表之间的关系通常定义为_____。
    A. 一对一的关系   B. 一对多的关系
    C. 多对一的关系   D. 多对多的关系

39. 在创建表间关系时，不可设置_____。
　　A. 参照完整性　　　　　　　B. 级联更新相关字段
　　C. 级联删除相关字段　　　　D. 级联增加相关字段
40. 如果"通讯录"表和"籍贯"表通过各自的"籍贯代码"字段建立了一对多的关系，则"一"方表是_____。
　　A. "通讯录"表　　　　　　　B. "籍贯"表
　　C. 都是　　　　　　　　　　D. 都不是

二、填空题

1. Access 数据库有七种对象，分别是：【1】、【2】、窗体、报表、页、宏和模块。
2. 在 Access 表中，可能含有尚未存储数据的字段，如果某个记录的某个字段尚未存储数据，我们称该记录的这个字段值为【3】。
3. 压缩数据库可以重新整理数据库【4】的占有。
4. "通过输入数据创建表"方式建立的表结构，只说明了表中【5】，没有说明每个字段的【6】和字段属性。
5. Access 提供了两种字段数据类型保存文本或文本和数字组合的数据，这两种数据类型是：文本型和【7】。
6. 向货币数据类型字段输入数据时，不必键入美元符号和【8】。
7. 【9】属性可以防止非法数据输入到表中。
8. 字段输入掩码是给字段输入数据时设置的某种特定的【10】。
9. OLE 对象数据类型字段通过"链接"或【11】方式接收数据。
10. 在表设计视图中，要删除某个字段，执行菜单"编辑"下的【12】命令，可以完成删除字段的操作。
11. 替换表中的数据项，是要先完成表中的【13】，再进行替换的操作过程。
12. 对于筛选记录，Access 提供了 5 种方法：按选定内容筛选、【14】、按窗体筛选、使用筛选目标筛选以及高级筛选/排序。
13. 隐藏表中列的操作，可以限制表中【15】的显示个数。
14. 一个表如果设置了主关键字，表中的记录【16】就将依赖于主关键字的取值。
15. 在 Access 中，对同一个数据库中的多个表，若想建立表间的关系，就必须给表中的某字段建立【17】，这样才能够建立表间的关系。
16. 在数据表视图窗口下，表的数据显示顺序，通常根据唯一标识表中每条记录的字段，这个字段称为【18】。
17. 主表是在"一对多"关系中【19】方的表，子表是在"一对多"关系中【20】方的表。

三、简答题

1. 在 Access 中创建数据表有哪几种方法？
2. 主键的作用是什么？如何建立多个字段的主键？
3. 在数据表中筛选记录有哪几种方法？
4. 为什么需要在表之间建立关系？表间关系有哪几种？
5. 实施参照完整性有何作用？

第3章 查　　询

现在我们已经会建立表了，还能在表中输入各种数据，下面我们就开始来学习 Access 中另一个非常重要的内容——查询。

查询是 Access 数据库的主要对象，是 Access 数据库的核心操作之一。利用查询可以直接查看表中的原始数据，也可以对表中数据进行计算后再查看，还可以从表中抽取数据，供用户对数据进行修改、分析。查询的结果还可以作为窗体、报表、查询和页的数据来源，从而增强了数据库设计的灵活性。

本章将介绍查询的概念、查询的分类、查询的准则，以及建立各种查询的方法和步骤，最后将介绍关系数据库标准语言 SQL 及其查询。在上一章中创建了"成绩管理"数据库，本章将在此库的基础上进行操作。

3.1 查询概述

我们在实际工作中使用数据库中的数据时，并不是简单地使用这个表或那个表中的数据，而常常是将有"关系"的很多表中的数据一起调出来使用，有时还要把这些数据进行一定的计算以后才能使用。如果再建立一个新表，把要用到的数据拷贝到新表中，并把需要计算的数据都计算好，再填入新表中，就太麻烦了，用"查询"对象可以很轻松地解决这个问题。它同样也会生成一个数据表视图，看起来就像新建的"表"对象的数据表视图一样。"查询"的字段来自很多互相之间有"关系"的表，这些字段组合成一个新的数据表视图，但它并不存储任何的数据。当我们改变"表"中的数据时，"查询"中的数据也会发生改变，计算的工作也可以交给它来自动地完成，完全将用户从繁重的体力劳动中解脱出来，充分体现了计算机数据库的优越性。

使用查询可以按照多种方式来查看、更改及分析数据，查询结果还可以作为查询、窗体、报表和页的数据源。我们可以根据表来建立查询，也可以根据某一个查询来建立新的查询。

3.1.1 查询的定义与功能

查询就是以数据库中的数据作为数据源，根据给定条件从指定的数据库的表或查询中检索出符合用户要求的数据记录，形成一个新的数据集合。查询的结果是动态的，它随着查询所依据的表或查询的数据的改动而变动。

查询是数据库提供的一种功能强大的管理工具，可以按照使用者所指定的各种方式来进行查询。在 Access 2003 中，可以方便地创建查询，在创建查询的过程中定义要查询的内容和准则，Access 2003 根据定义的内容和准则在数据库表中搜索符合条件的记录。

查询一般可以帮助用户实现以下功能：

① 从一个或多个基本表中查询信息；

②指定准则来限制结果集中所要显示的记录；
③指定要在结果集中出现的字段；
④指定结果集中记录的排序次序；
⑤对结果集中的记录进行数学统计；
⑥将结果集制成一个新的基本表；
⑦在结果集的基础上建立窗体和报表；
⑧在结果集中进行新的查询；
⑨查找内容相同的记录；
⑩查找不符合指定条件的记录；
⑪建立交叉表形式的结果集。

3.1.2 查询的分类

在 Access 2003 中，常见的查询类型有以下五种：选择查询，参数查询，交叉表查询，操作查询和 SQL 查询。

1. 选择查询

选择查询是最常用的一种查询，使用选择查询可以从数据库的一个或多个表中提取特定的信息，并且将结果显示在一个数据表上供查看或编辑使用，或者用作窗体或报表的基础。利用选择查询，用户还能对记录分组并对组中的字段值进行各种计算，例如平均、统计、汇总、最小、最大和其他总计。

Access 2003 的选择查询有以下几种类型：

（1）简单选择查询

最常用的查询方式，即从一个或多个基本表中按照某一指定的准则进行查询，并在类似数据表视图中表的结构中显示结果集；

（2）统计查询

一种特殊的查询，可以对查询的结果集进行各种统计，包括总计、平均、最小值、最大值等，并在结果集中显示出来；

（3）重复项查询

可以在数据库的基本表中查找具有相同字段信息的重复记录；

（4）不匹配查询

在基本表中查找与指定条件不相符的记录。

2. 参数查询

执行参数查询时，屏幕会显示提示信息对话框，用户根据提示输入信息后，系统会根据用户输入的信息执行查询，找出符合条件的记录。参数查询分为单参数查询和多参数查询两种。执行查询时只需要输入一个条件参数的称为单参数查询；执行查询时，针对多组条件，需要输入多个参数条件的称为多参数查询。

3. 交叉表查询

交叉表查询是将来源于某个表中的字段进行分组，一组列在数据表的左侧，一组列在数据表的上部，然后在数据表行与列的交叉处显示表中某个字段的各种计算值，如求和、计数值、平均值、最大值等。

4. 操作查询

操作查询是利用查询所生成的动态集来对表中数据进行更改的查询。包括：

（1）生成表查询

利用一个或多个表中的全部或部分数据创建新表。运行生成表查询的结果就是把查询的数据以另外一个新表的形式存储，即使该生成表查询被删除，已生成的新表仍然存在；

（2）更新查询

对一个或多个表中的一组记录做全部更新。运行更新查询会自动修改有关表中的数据，数据一旦更新不能恢复。

（3）追加查询

将一组记录追加到一个或多个表原有记录的尾部。运行追加查询的结果是向有关表中自动添加记录，增加了表的记录数。

（4）删除查询

按一定条件从一个或多个表中删除一组记录，数据一旦删除不能恢复。

5. SQL 查询

SQL（Structured Query Language）即结构化查询语言，是用来查询、更新和管理关系型数据库的语言。SQL 查询就是用户使用 SQL 语句创建的查询。

所有的 Access 2003 查询都是基于 SQL 语句的，每一个查询都对应一个 SQL 语句。用户在查询"设计"视图中所做的查询设计，在其"SQL"视图中均能找到对应的 SQL 语句。常见的 SQL 查询有以下几种类型：

（1）联合查询

可将两个以上的表或查询所对应的多个字段合并为查询结果中的一个字段。执行联合查询时，将返回所包含的表或查询中对应字段的记录。

（2）传递查询

使用服务器能接受的命令直接将命令发送到 ODBC 数据库而无需事先建立链接，如使用 SQL 服务器上的表。可以使用传递查询来检索记录或更改数据。

（3）数据定义查询

用来创建、删除、更改表或创建数据库中的索引的查询。

（4）子查询

基于主查询的查询。像主查询一样，子查询中包含有另一个选择查询或操作查询中的SQL SELECT 语句。

3.1.3 查询视图

Access 2003 的每一个查询主要有三个视图，即"数据表"视图、"设计"视图和"SQL"视图。其中，"数据表"视图用来显示查询的结果数据，如图 3.1 所示；"设计"视图用来对查询设计进行修改，如图 3.2 所示；"SQL"视图用来显示与"设计"视图等效的 SQL 语句，如图 3.3 所示。此外，还有"数据透视表"视图、"数据透视图"视图，其形式与表的视图相同。

图 3.1、图 3.2 和图 3.3 所示的三种视图可以通过工具栏上的"视图"按钮，以及下拉列表框中的"SQL"视图进行相互转换。

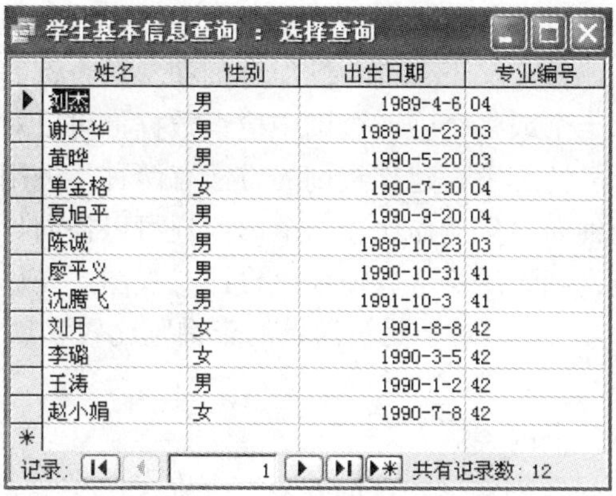

第3章 查询

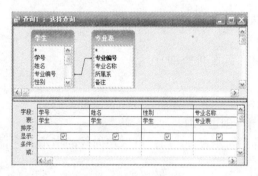

图 3.1 "数据表"视图

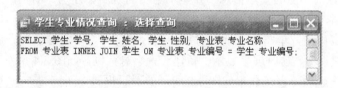

图 3.2 "设计"视图

图 3.3 "SQL"视图

查询的"数据表"视图看起来很像上一章讲的表，但它们之间还是有很多差别的。在查询数据表中无法加入或删除列，而且不能修改查询字段的字段名。这是因为由查询所生成的数据值并不是真正存在的值，而是动态地从"表"对象中调来的，是表中数据的一个镜像。查询只是告诉 Access 需要什么样的数据，而 Access 就会从表中查出这些数据的值，并将它们反映到查询数据表中来罢了，也就是说，这些值只是查询的结果。当然，在查询中我们还可以运用各种表达式来对表中的数据进行运算生成新的查询字段。在查询的数据表中，虽然不能插入列，但是可以移动列，移动的方法和上一章中讲述的在表中移动列的方法是相同的，而且在查询的数据表中也可以改变列宽和行高，还可以隐藏和冻结列。

3.2 选择查询

选择查询使用得很普遍，很多数据库查询功能都可以用它来实现。顾名思义，选择查询就是从一个或多个有关系的表中将满足要求的数据选择出来，并把这些数据显示在新的查询数据表中。而其他的方法，像交叉表查询、操作查询和参数查询等，都是选择查询的扩展。

使用选择查询可以从一个或多个表或查询中检索数据，可以对记录组或全部记录进行求和、计数等汇总运算。一般情况下，建立查询的方法有两种：使用"简单查询向导"和"设计"视图。使用"简单查询向导"操作比较简单，用户可以在向导的指示下选择表和表中的字段，但对于有条件的查询则无法实现。使用"设计"视图，操作比较灵活，用户可以随时定义各种条件，定义统计方式，但对于比较简单的查询则比较繁琐。所以，对于简单的查询，使用第一种方法比较方便。

本节主要介绍以下几个内容：
- 使用"简单查询向导"创建单表查询或多表查询
- 使用"设计"视图创建单表查询或多表查询
- 运行查询
- 设置查询准则和进行条件查询
- 修改查询
- 使用查找重复项和不匹配项查询

3.2.1 创建查询

1. 使用"简单查询向导"创建查询

使用"简单查询向导"创建查询，用户可以在向导的指示下选择表和表中的字段，快速、准确地建立查询。

（1）建立单表查询

【例 3.1】 查询学生的基本信息，并显示学生的姓名、性别、出生日期和专业编号。操作步骤如下：

①在数据库窗口中，单击"查询"对象，然后单击"使用向导创建查询"选项，最后单击菜单栏的"新建"项，这时屏幕显示"新建查询"对话框，如图 3.4 所示（也可以双击"使用向导创建查询"选项，直接显示如图 3.5 所示的对话框）。

②在"新建查询"对话框中选择"简单查询向导"选项，然后单击"确定"按钮。屏幕显示"简单查询向导"对话框，如图 3.5 所示。

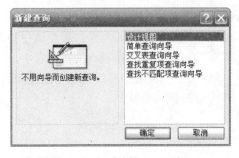

图 3.4 "新建查询"对话框

图 3.5 简单查询向导

③在图 3.5 所示的界面中,单击"表/查询"下拉列表框右侧的下拉按钮,从下拉列表框中选择"表:学生",然后分别双击"姓名"、"性别"、"出生日期"和"专业编号"字段,或选定字段后,单击">"按钮,将它们添加到"选定的字段"框中,如图 3.6 所示。

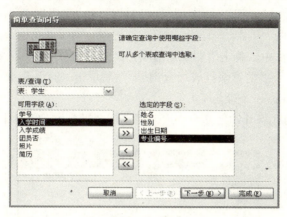

图 3.6　选择字段对话框

④在选择了全部所需字段以后,单击"下一步"按钮,如果选定的字段中有数字型字段,则会弹出如图 3.7 所示的对话框,用户需要确定是建立"明细"查询,还是建立"汇总"查询,若选择"明细"选项,则查看详细信息,若选择"汇总"选项,则对一组或全部记录进行各种统计。如果选定的字段中没有数字型字段,则弹出如图 3.8 所示的对话框。

图 3.7　查询方式的选择　　　　　　　图 3.8　输入查询名称

⑤在文本框内输入查询名称,即"学生基本信息查询",然后单击"打开查询查看信息"选项按钮,最后单击"完成"按钮。这时,系统就开始建立查询,并将查询结果显示在屏幕上,如图 3.1 所示。

(2)建立多表查询

有时用户所需的查询信息来自于两个以上的表和查询,这就需要建立多表查询。建立多表查询的多个表必须有相同的字段,通过这个相同字段建立起多个表之间的关系。

【例 3.2】　查询学生的课程成绩,并显示学生的姓名、所选课程名称和考试成绩。

该查询涉及"学生"表、"课程"表和"学生选课"表,所以属于多表查询。操作步骤如下：

①在数据库窗口中，单击“查询”对象，然后双击“使用向导创建查询”选项。

②在图 3.5 所示的界面中，单击“表/查询”右侧的下拉按钮，在下拉列表框中选择“学生”表，然后双击“姓名”字段，将它添加到“选定的字段”框中。

③重复上一步，将“课程”表中的“课程名称”和“学生选课”表中的“考试成绩”字段添加到“选定的字段”框中，单击“下一步”按钮。

④在弹出的对话框中，单击“明细”选项，然后单击“下一步”按钮。

⑤在文本框内输入“学生课程成绩查询”，然后单击“打开查询查看信息”选项按钮，最后单击“完成”按钮。

这时，Access 2003 就开始建立查询，并将查询结果显示在屏幕上，如图 3.9 所示。

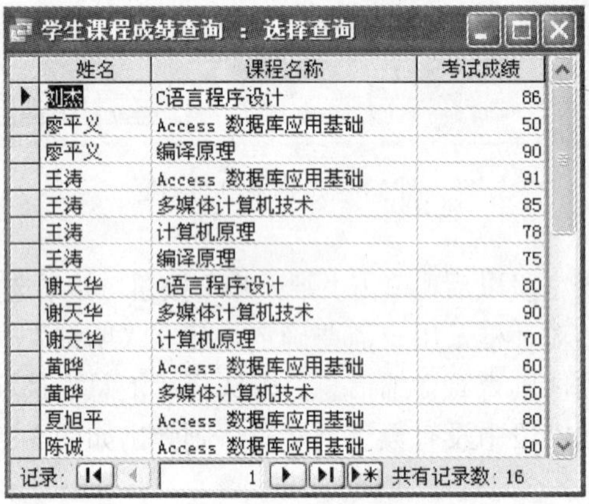

姓名	课程名称	考试成绩
刘杰	C语言程序设计	86
廖平义	Access 数据库应用基础	50
廖平义	编译原理	90
王涛	Access 数据库应用基础	91
王涛	多媒体计算机技术	85
王涛	计算机原理	78
王涛	编译原理	75
谢天华	C语言程序设计	80
谢天华	多媒体计算机技术	90
谢天华	计算机原理	70
黄晔	Access 数据库应用基础	60
黄晔	多媒体计算机技术	50
夏旭平	Access 数据库应用基础	80
陈诚	Access 数据库应用基础	90

图 3.9　学生课程成绩查询

2. 使用“设计”视图创建查询

对于比较简单的查询，使用向导比较方便，但对于有条件的查询，则无法使用向导来建立查询，这就需要在“设计”视图中创建查询。使用“设计”视图创建查询，操作灵活，用户可以通过设置条件来限制要检索的记录，通过定义统计方式来完成不同的统计计算，而且用户还可以很方便地对已建立的查询进行修改。

查询“设计”视图如图 3.2 所示，上半部分是表/查询输入窗口，用于显示查询要使用的表或查询；下半部分为查询设计网格，用来指定具体的查询条件。

查询设计网格的每一个非空白列对应着查询结果中的一个字段，而网格的行标题表明了字段在查询中的属性或要求。

字段：设置字段或字段表达式，用于限制在查询中使用的字段。

表：包含选定字段的表。

排序：确定是否按字段排序，以及按何种方式排序。

显示：确定是否在数据表中显示该字段，如果勾选了显示行，就表明在查询结果中显示该字段内容，否则不显示其内容。

条件：指定查询限制条件。通过指定条件，限制在查询结果中的记录或限制包含在计算中的记录。

或：指定逻辑“或”关系的多个限制条件。

（1）基本查询

如果从表中选取若干或全部字段的所有记录，而不包含任何条件，则称这种查询为基本查询。

【例3.3】 查询学生专业的情况，并显示学生的学号、姓名、性别及专业名称。操作步骤如下：

① 在数据库窗口中，单击"查询"对象，然后双击"在设计视图中创建查询"选项，这时屏幕上显示查询"设计"视图，并显示一个"显示表"对话框，如图3.10所示；

② 在"显示表"对话框中，单击"表"选项卡，然后双击"学生"，这时"学生"表添加到查询"设计"视图上半部分的窗口中；以同样方法将"专业表"也添加到查询"设计"视图上半部分的窗口中；最后单击"关闭"按钮关闭"显示表"，如图3.11所示；

图3.10 选择建立查询的表/查询

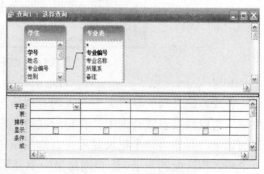

图3.11 查询"设计"视图

③ 双击"学生"表中的"学号"字段，也可以将字段直接拖到字段行上，这时在查询"设计"视图下半部分窗口的"字段"行上显示了字段的名称"学号"，"表"行上显示了该字段对应的表名称"学生"表；

④ 重复上一步，将"学生"表中的"姓名"、"性别"字段和"专业表"中的"专业名称"字段放到设计网格的"字段"行上，如图3.12所示；

⑤ 单击工具栏上的"保存"按钮，这时出现一个"另存为"对话框，在"查询名称"文本框中输入"学生专业情况查询"，然后单击"确定"按钮；

⑥ 单击工具栏上的"视图"按钮或工具栏上的"执行"按钮切换到数据表视图，这时就可以看到"学生专业情况查询"的执行结果，如图3.13所示。

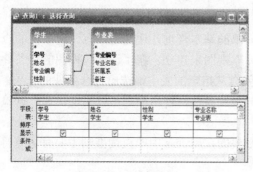

图3.12 建立查询

图3.13 学生专业情况查询

（2）联接类型对查询的影响

在例 3.3 中，查询的数据源来源于两个表，如果查询基于两个以上的表或查询，在查询设计视图中可以看到这些表或查询之间的关系连线。双击关系连线将显示"联接属性"对话框，如图 3.14 所示，在对话框中可指定表或查询之间的联接类型。

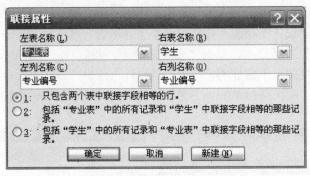

图 3.14　"联接属性"对话框

表或查询之间的联接类型，表明查询将选择哪些字段或对哪些字段执行操作。默认联接类型只选取联接表或查询中具有相同联接字段值的记录，如果值相同，查询将合并这两个匹配的记录，并作为一个记录显示在查询的结果中。对于一个表，如果在其他表中找不到任何一个与之相匹配的记录，则查询结果中不显示任何记录。在使用第二种或第三种联接类型时，两表中的匹配记录将合并为查询结果中的一个记录，这与使用第一种联接类型相同。但是，如果指定包含所有记录的那个表中的某个记录与另一个表的记录均不匹配时，该记录仍然显示在查询结果中，只是与它合并的另一个表的记录值是空白的。也就是说，同样的查询条件，选择不同的联接类型，所能得到查询结果是不同的。

3.2.2　运行查询

查询建立以后，用户可以通过运行查询获得查询结果。运行查询的方法有以下几种：
①在数据库窗口"查询"对象下，双击要运行的查询；
②选择要运行的查询，单击"数据库"窗口工具栏上的"打开"按钮。
③在查询"设计"视图中，单击"执行"按钮。
④在查询"设计"视图中，单击"视图"按钮。

3.2.3　设置查询准则和进行条件查询

在日常工作中，用户的查询并非只是简单的基本查询，往往是带有一定条件的查询，这种查询称为条件查询。条件查询通过"设计"视图来建立，在"设计"视图的"条件"行上输入查询准则，这样 Access 在运行查询时就会从指定的表中筛选出符合条件的记录。准则是查询或高级筛选中用来识别所需特定记录的限制条件，使用准则可以实现快速数据检索，让我们只看到想要得到的数据。

熟练掌握查询准则对高级查询是很有必要的，Access 中的查询准则主要有运算符、函数和表达式三种，下面分别介绍。

1. 准则中的运算符

运算符是组成准则的基本元素。Access 提供了关系运算符、逻辑运算符和特殊运算符，这三种运算符的含义分别见表 3.1、表 3.2 和表 3.3。

表 3.1　　　　　　　　　　　　　　关系运算符及含义

关系运算符	说　　明
=	等于
<>	不等于
<	小于
<=	小于或等于
>	大于
>=	大于或等于

表 3.2　　　　　　　　　　　　　　逻辑运算符及含义

逻辑运算符	说　　明
Not	当 Not 连接的表达式为真时，整个表达式为假
And	当 And 连接的表达式都为真时，整个表达式为真，否则为假
Or	当 Or 连接的表达式只要有一个为真时，整个表达式为真，否则为假

表 3.3　　　　　　　　　　　　　　特殊运算符及含义

特殊运算符	说　　明
In	用于指定一个字段值的列表，列表中的任意一个值都可与查询的字段相匹配
Between	用于指定一个字段值的范围，指定的范围之间用 And 连接
Like	用于指定查找文本字段的字符模式。在所定义的字符模式中，用"?"表示该位置可匹配任何一个字符；用"*"表示该位置可匹配零或多个字符；用"#"表示该位置可匹配一个数字；用方括号描述一个范围，用于表示可匹配的字符范围
IsNull	用于指定一个字段为空
IsNotNull	用于指定一个字段为非空

2. 准则中的函数

Access 提供了大量的标准函数，这些函数为用户更好地构造查询准则提供了极大的便利，也为用户更准确地进行统计计算、实现数据处理提供了有效的方法。

表 3.4 列出了数值函数的格式和功能。

表 3.4　　　　　　　　　　　　　　数值函数说明

函数	说　　明
Abs	返回数值表达式的绝对值
Int	返回数值表达式的整数部分
Srq	返回数值表达式的平方根
Sgn	返回数值表达式的符号值

表 3.5 列出了字符函数的格式和功能。

表 3.5　　　　　　　　　　　　　　字符函数说明

函　数	说　　明
Space	返回由数值表达式的值确定的空格个数组成的空字符串
String	返回一个由字符表达式的第 1 个字符重复组成的指定长度为数值表达式值的字符串
Left	返回一个值,该值是从字符表达式左侧第 1 个字符开始截取的若干个字符
Right	返回一个值,该值是从字符表达式右侧第 1 个字符开始截取的若干个字符
Len	返回字符表达式的字符个数,当字符表达式为 Null 时返回 Null 值
Ltrim	返回去掉字符表达式前导空格的字符串
Rtrim	返回去掉字符表达式尾部空格的字符串
Trim	返回去掉字符表达式前导和尾部空格的字符串
Mid	返回一个值,该值是从字符表达式最左端某个字符开始截取到某个字符为止的若干个字符

表 3.6 列出了日期时间函数的格式和功能。

表 3.6　　　　　　　　　　　　　　日期时间函数说明

函　数	说　　明
Day（date）	返回给定日期 1～31 的值,表示给定日期是一个月中的哪一天
Month（date）	返回给定日期 1～12 的值,表示给定日期是一年中的哪个月
Year（date）	返回给定日期 100～9999 的值,表示给定日期是哪一年
Weekday（date）	返回给定日期 1～7 的值,表示给定日期是一周中的哪一天
Hour（date）	返回给定小时 0～23 的值,表示给定时间是一天中的哪个时刻
Date（）	返回当前系统日期

表 3.7 列出了统计函数的格式和功能。

表 3.7　　　　　　　　　　　　　　统计函数说明

函　数	说　　明
Sum	返回字符表达式中值的总和
Avg	返回字符表达式中值的平均值
Count	返回字符表达式中值的个数,即统计记录数
Max	返回字符表达式中值的最大值
Min	返回字符表达式中值的最小值

3. 条件表达式

"条件表达式"是查询或高级筛选中用来识别所需记录的限制条件,它是运算符、常量、字段值、函数以及字段名和属性等的任意组合,能够计算出一个结果。通过在相应字段的条件行上添加条件表达式,可以限制正在执行计算的组、包含在计算中的记录,以及计算执行之后所显示的结果。"条件表达式"写在 Access "设计"视图中的"条件"行和"或"行的位置上，表3.8给出了条件表达式的示例。

表3.8　　　　　　　　　　　　条件表达式的示例

字段名	条件表达式	功　　能
性别	"女" 或 = "女"	查询性别为女的学生记录
出生日期	>#90/11/20#	查询1990年11月20日以后出生的学生记录
所在班级	Like "计算机*"	查询班级名称以"计算机"开始的记录
姓名	NOT "王*"	查询不姓王的学生记录
考试成绩	>=90 AND <=100	查询考试成绩在90～100分的学生记录
出生日期	Year（[出生日期]）=1991	查询1991年出生的学生记录

4. 建立条件查询

使用"设计"视图可以建立基于一个或多个表的条件查询。

【**例3.4**】 查询1991年出生的女生或1990年出生的男生的基本信息，并显示学生的姓名、性别、出生日期和所在班级信息。操作步骤如下：

①将"学生"表中的"姓名"、"性别"、"出生日期"和"专业编号"字段添加到查询"设计"视图下半部分窗口的"字段"行上；

②在"出生日期"字段列的"条件"行单元格中输入条件表达式"between #1991-01-01# and #1991-12-31#"，在"性别"字段列的"条件"行单元格中输入"女"；在"出生日期"字段列的"或"行单元格中输入条件表达式"between #1990-01-01# and #1990-12-31#"，在"性别"字段列的"或"行单元格中输入"男"，如图3.15所示；

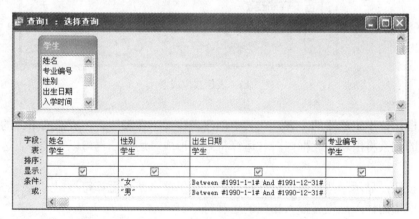

图3.15　查询"设计"视图

③单击工具栏上的"保存"按钮，在"查询名称"文本框中输入"学生基本信息条件查询"，然后单击"确定"按钮。

④单击工具栏上的"视图"按钮，或工具栏上的"执行"按钮切换到"数据表"视图。"学生基本信息条件查询"的结果如图3.16所示。

图 3.16 查询结果

5. 使用"表达式生成器"

在查询设计网格中,如果用户对表达式的书写规则不了解,对表达式中的操作符或要使用的函数不熟悉,都会影响表达式的输入速度。为了快速、准确地输入表达式,Access 提供了"表达式生成器",用户可以在需要帮助的时候,在设计网格中的"条件"行单元格中启动"表达式生成器",它由三部分组成:表达式框、运算符按钮、表达式元素。如图 3.17 所示。

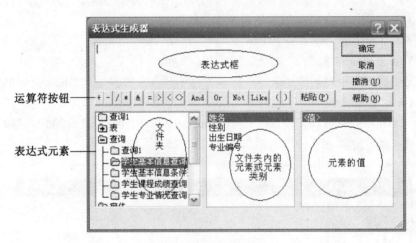

图 3.17 表达式生成器

表达式框:位于生成器的上方,在其中创建表达式。在表达式生成器的下方的表达式元素框内选定的元素将出现在此框内,与运算符组合形成表达式,也可以直接在表达式框中输入表达式。

运算符按钮:显示一些常用的运算符按钮。如果单击某个运算符按钮,"表达式生成器"将在表达式框中的插入点位置插入相应的运算符。

表达式元素:包括三个框,左侧的框内包含文件夹,该文件夹列出了表、查询、窗体、报表等数据库对象以及一些内置的函数、用户定义的函数、常量、操作符、通用表达式;中间的框列出了在左侧框内选定文件夹的元素或元素类别,例如,在左侧的框内选定的是"操作符",在中间的框中出现操作符的类别;右侧的框中列出了在左侧和中间框中选定的元素的值,例如,在左侧的框中选中"操作符",在中间的框中选中"全部",则在右侧的框中列出了所有的操作符。又如,在左侧的框内选定"表"文件夹中的"学生信息表",则在中间框中会列出"学生信息表"的全部字段。

使用表达式生成器创建表达式的操作步骤如下：

①光标停在要编写表达式的位置，单击工具栏上"生成器"按钮就可以启动表达式生成器；

②在"表达式生成器"左下方的框中，双击含有所需对象的文件夹，在打开的文件夹中选择包含了元素的对象；

③在中下方的框中，双击元素可以将它粘贴到表达式框中，或单击某一元素类别，如果在中下方的框中选择的是元素类别，则在右下方的框中双击元素值可将其粘贴到表达式框中；

④如果需要在表达式中粘贴运算符，则将光标移动到要插入运算符的位置，单击相应的运算符按钮即可；

⑤重复步骤②③④，直到完成表达式的输入，然后单击"确定"按钮。

当关闭"表达式生成器"后，Access 将表达式复制到启动"表达式生成器"的位置，如果此位置原先有一个值，新的表达式将会替换原有的值或表达式。可以在 Access 中任何需要表达式的位置上使用，只要单击鼠标右键，然后在弹出的菜单上单击"生成器"命令就可以打开它编辑表达式了。

3.2.4 修改查询

无论是利用向导创建的查询还是利用"设计"视图建立的查询，建立后都可以对查询进行编辑修改。

1. 编辑查询中的字段

（1）添加字段

在查询中，可以只添加要查看的数据、对其设置准则、分组、更新或排序的字段。操作步骤如下：

①在"设计"视图中打开要修改的查询，或打开窗体或数据表，并显示"高级筛选/排序"窗口；

②在查询中，对于包含要添加的字段的表或查询，请确保其字段列表显示在窗口的顶部。如果需要的字段列表不在查询中，可以添加一个表或查询；

③从字段列表中选定一个或多个字段，并将其拖动到网格的列中。

（2）删除字段

如果某一字段不再需要时，可以将其删除。操作步骤如下：

①在"设计"视图中打开要修改的查询，或打开窗体或数据表，并显示"高级筛选/排序"窗口；

②单击列选定器选定相应的字段，然后按 Delete 键即可。

（3）移动字段

操作步骤如下：

①在"设计"视图中打开要修改的查询，或打开窗体或数据表，并显示"高级筛选/排序"窗口；

②选定要移动的列，可以单击列选定器来选择一列，也可以拖过相应的列选定器来选定相邻的数列；

③再次单击选定字段中任何一个选定器，然后将字段拖动到新位置，移走的字段及其右

边的字段将一起向右移动。

(4) 重命名查询字段

如果希望在查询结果中使用用户自定义的字段名称替代表中的字段名称，则可以对查询字段进行重新命名。

操作如下：将光标移到设计网格中需要重命名的字段左边，输入新名后键入英文冒号（:），如图 3.18 所示，在查询结果中，"专业名称"一列的字段名称改为"所修专业情况"即可。

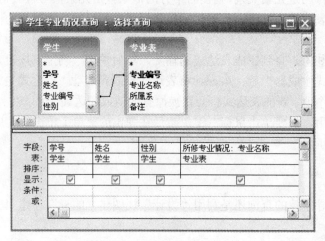

图 3.18 重命名字段

2. 编辑查询中的数据源

(1) 添加表或查询

如果要显示的字段不在"设计"视图上半部显示的表或查询中，则需要添加表或查询。操作步骤如下：

①在查询"设计"视图中打开要修改的查询；

②在工具栏中，单击"显示表"按钮，弹出"显示表"对话框；

③如果要加入表，单击"表"；如果要加入查询，单击"查询"；如果既要加入表也要加入查询，则单击"两者都有"；

④单击要加入的表或查询，然后单击"添加"；

⑤选择完所有要添加的表或查询后，单击"关闭"。

(2) 删除表或查询

当某些表或查询在查询中不需要时，可将其删除。操作步骤如下：

①在查询"设计"视图中打开要修改的查询；

②用右键单击要删除的表或查询，在弹出的快捷菜单中单击"删除表"命令，即可将表或查询删除。

(3) 排序查询的结果

想对查询的结果进行排序，可以按以下步骤操作：

①在查询"设计"视图中打开该查询；

②在对多个字段排序时，首先在设计网格上安排要执行排序时的字段顺序，Access 首先

排序最左边的字段,然后排序右边的下一个字段,依此进行;

③在要排序的每个字段的"排序"单元格中,单击所需的选项即可。

3.2.5 查找重复项和不匹配项查询

用户有时要在表中查找内容相同的记录,有时又要在表中查找与指定内容不相匹配的记录,就要用到查找重复项和不匹配项查询。

1. 查找重复项查询

在 Access 中,可能需要对数据表中某些具有相同的值的记录进行检索、分类。利用"查找重复项查询向导"可以在表中查找内容相同的记录,确定表中是否存在重复值的记录。

【例 3.5】 查找同年、同月、同日出生的学生信息。

此查询属于查找重复项的查询,操作步骤如下:

①在数据库窗口,单击"查询"对象;

②单击工具栏上的"新建"按钮,出现如图 3.19 所示"新建查询"对话框;

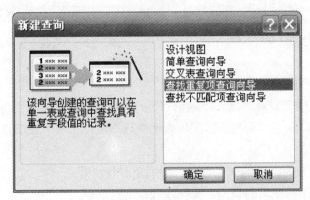

图 3.19 "新建查询"对话框

③选择"查找重复项查询向导",然后单击"确定"按钮,弹出如图 3.20 所示对话框;

④选择"学生"表,单击"下一步"按钮,弹出如图 3.21 所示对话框;

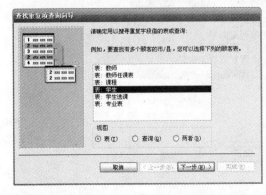   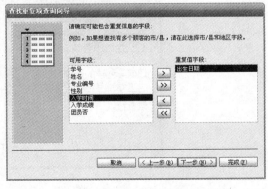

图 3.20 选择包含重复字段的表/查询对话框   图 3.21 重复字段选择对话框

⑤在"可用字段"列表框中选择包含重复值的一个或多个字段,这里选择"出生日期",

单击"下一步"按钮,弹出如图 3.22 所示对话框;

⑥在"另外的查询字段"列表框中选择查询中要显示的除重复字段以外的其他字段,这里选择"姓名"、"性别",然后单击"下一步"按钮;

⑦在弹出的对话框的"请指定查询的名称"文本框中输入"查找重复项的查询",然后单击"确定"按钮,查询结果如图 3.23 所示。

图 3.22　显示字段选择对话框

图 3.23　"查找重复项的查询"结果

2. 查找不匹配项查询

在 Access 中,可能需要对数据表中的记录进行检索,查看它们是否与其他记录相关,是否真正具有实际意义,利用"查找不匹配项查询向导"可以在两个表或查询中查找不相匹配的记录。

【例 3.6】　查找没有选课的学生姓名、性别及专业编号。

此查询属于查找不匹配项的查询,操作步骤如下:

①在数据库窗口,单击"查询"对象;

②单击工具栏上的"新建"按钮,出现如图 3.24 所示"新建查询"对话框;

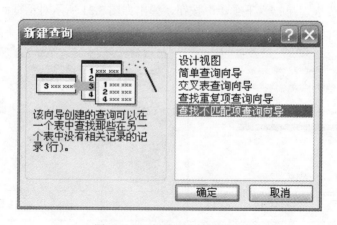

图 3.24　"新建查询"对话框

③选择"查找不匹配项查询向导",然后单击"确定"按钮,弹出如图 3.25 所示对话框;

④选择"学生"表,单击"下一步"按钮,弹出如图3.26所示对话框;

图3.25 选择包含显示字段的表/查询对话框

图3.26 选择相关的表/查询对话框

⑤选择与"学生"表中的记录不匹配的"学生选课"表,单击"下一步"按钮,弹出如图3.27所示对话框;

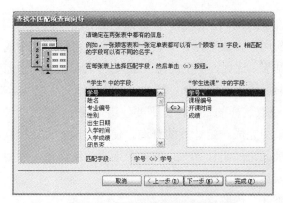
图3.27 匹配字段选择对话框

⑥在字段列表框中选择在两张表中都有的字段信息,这里选择"学号",单击"下一步"按钮,弹出如图3.28所示对话框;

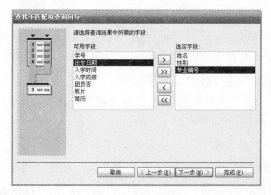
图3.28 选择显示字段对话框

⑦选择查询结果中要显示的字段,这里选择"姓名"、"性别"和"专业编号",单击"下一步"按钮;

⑧输入查询的名称"查找不匹配项查询",单击"完成"按钮,查询结果如图 3.29 所示。

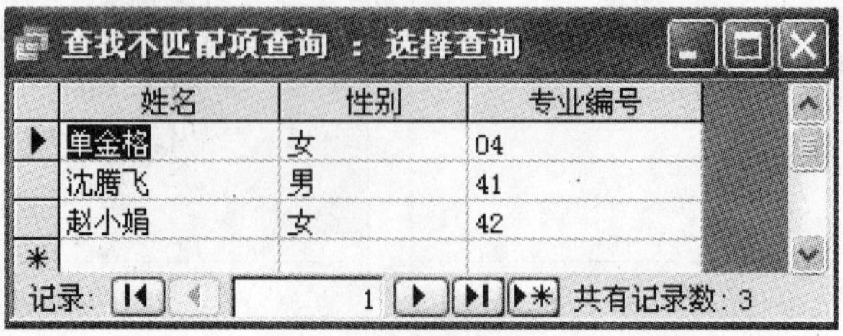

图 3.29 "查找不匹配项的查询"结果

3.3 在查询中计算

前面我们建立了许多查询,虽然这些查询都非常有用,但是它们仅仅是为了获取符合条件的记录。而在实际应用中,人们在建立查询时,有时可能对表中的记录并不关心,往往更关心的是记录的统计结果。比如,学生的总人数,某门课程的平均成绩,男生的平均年龄等。有时,还需要为查询增加计算字段,如:增加"学期成绩"字段(学期成绩=平时成绩×0.3+考试成绩×0.7)。为了获取这样的数据,就需要使用 Access 提供的统计查询功能。所谓统计查询就是在成组的记录中完成一定计算的查询。使用查询"设计"视图中的"总计"行,可以对查询中的全部记录或记录组计算一个或多个字段的统计值。使用"条件"行,可以添加影响计算结果的条件表达式。

本节主要介绍以下几个内容:
- 利用统计查询进行数据统计
- 添加计算字段
- 创建自定义查询

3.3.1 数据统计

统计查询用于对表中的全部记录或记录组进行统计计算,包括总计、平均值、计数、求最小、最大值、标准偏差或方差。计数结果只是用来显示,并没有实际存储在表中。

统计查询的设计方法大体与前面的介绍相同,不同之处在于在查询"设计"视图的设计网格中需要加入"总计"行。添加的方法很简单,在"设计"视图中单击工具栏上的"总计"按钮,设计网格中就会出现"总计"行。

【例 3.7】 统计学生总人数。

在 Access 中可以通过在查询中执行计算的方式进行统计。由于在"学生"表中专门记录了学生的各类信息,因此,可以将"学生"表作为查询计算的数据源,而且一个学生是一条记录，所以统计学生总人数即为统计某一字段的记录个数，一般用没有重复值的字段进行统计。操作步骤如下：

①将"学生"表中的"学号"字段添加到查询设计网格的"字段"行上。注意：如果添加两个以上字段，那么学号以外的字段的"总计"行上将显示"分组"，也就是要分组计算学生人数，这与统计学生总人数不符，所以只能有"学号"一个字段；

②单击工具栏上的"总计"按钮，设计网格中就会出现"总计"行，并自动将"学号"字段的"总计"行单元格设置成"分组"，单击"学号"字段的"总计"行单元格，这时它右边将显示一个下拉按钮，单击该按钮，然后从下拉列表框中选择"计数"函数，如图 3.30 所示；

③单击"保存"按钮，在"查询名称"对话框中输入"学生人数查询"，然后单击"确定"按钮；

④切换到数据表视图，学生人数统计结果如图 3.31 所示。

图 3.30 "总计"设计

图 3.31 "学生人数查询"显示结果

在实际应用中，用户除了要统计某个字段的所有值，还需把记录分组，然后对每个组的记录进行统计。我们看下面这个例子。

【例 3.8】 统计"Access 数据库应用基础"课程的"考试成绩"平均分。

由于"课程名称"和"考试成绩"分别放在"课程"表和"学生选课"表中，因此查询要涉及两个表，操作步骤如下：

①将"课程"表中的"课程名称"字段和"学生选课"表中的"考试成绩"字段添加到查询设计网格的"字段"行；

②单击工具栏上的"总计"按钮，在"总计"行上自动将所有字段的"总计"行单元格设置成"分组"，单击"成绩"字段的"总计"行单元格，单击右边的下拉按钮，从下拉列表框中选择"平均值"函数，在"课程名称"的条件行输入"Access 数据库应用基础"，如图3.32 所示；

③单击工具栏上的"保存"按钮，在"查询名称"文本框中输入"考试成绩平均分查询"，然后单击"确定"按钮；

④单击工具栏上的"视图"按钮，或者单击工具栏上的"执行"按钮切换到"数据表"视图，这时即可看到"考试成绩平均分查询"的结果，如图 3.33 所示。

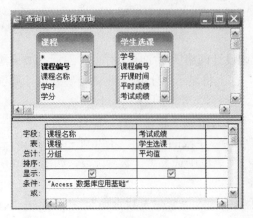

图 3.32 "平均值"设计　　　　图 3.33 "考试成绩平均分查询"结果

3.3.2 添加计算字段

前面介绍了怎样利用统计函数对表或查询进行统计计算，但如果需要统计的数据在表或查询中没有相应的字段，或者用于计算的数值来自多个字段时，就应该在设计网格中的"字段"行上添加一个计算字段，计算字段就是指将已有字段通过使用表达式而建立起来的新字段。

【例 3.9】 计算每个学生的"编译原理"课程的学期成绩（学期成绩＝平时成绩×0.3+考试成绩×0.7）。

由于表中没有"学期成绩"字段，所以需要在设计网格中添加该字段，操作步骤如下：

①将"学生"表中的"姓名"，"课程"表中的"课程名称"，"学生选课"表中的"平时成绩"和"考试成绩"字段添加到查询设计网格的"字段"行；

②由于"平时成绩"和"考试成绩"在查询结果中不需要显示，因此取消"平时成绩"和"考试成绩"的显示；

③在"字段"行的第一个空白列输入表达式"学期成绩:[平时成绩]*0.3+[考试成绩]*0.7"，在"课程名称"字段的条件行输入"编译原理"，如图 3.34 所示；

④单击工具栏上的"保存"按钮，在"查询名称"文本框中输入"学生成绩查询"，然后单击"确定"按钮，运行后的查询结果如图 3.35 所示。

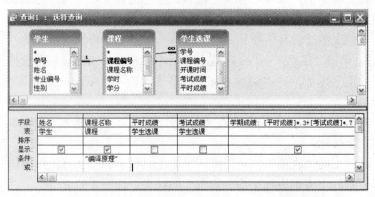

图 3.34 "学生成绩查询"设计窗口

第3章 查询

图3.35 "学期成绩查询"结果

3.3.3 创建自定义查询

前面介绍的统计查询是使用总计函数对表中已有字段进行统计计算,以及创建自定义表达式对现有字段进行计算。除此之外,用户还可以创建自定义表达式,对现有字段进行计算后再进行统计。

【例3.10】 计算"男"同学的平均年龄。

操作步骤如下:

①将"学生"表中的"性别"字段添加到查询设计网格的"字段"行;

②在"字段"行的第一个空白列输入表达式"年龄: year(date( ))-year([学生]![出生日期])";

③在"性别"字段的条件行输入"男",单击工具栏上的"总计"按钮,"总计"行上选择"分组",在新添加的"年龄"字段的"总计"行上选择"平均值",查询设计如图3.36所示(或输入表达式年龄"Avg(year(date( ))-year([学生]![出生日期])","总计"行上选择"表达式");

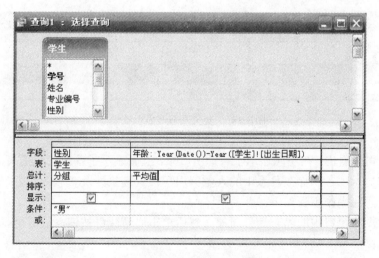

图3.36 计算字段的设计窗口

④单击工具栏上的"保存"按钮,在"查询名称"文本框中输入"男生平均年龄查询",然后单击"确定"按钮,查询结果如图3.37所示。

图 3.37 "男生平均年龄查询"结果

3.4 交叉表查询

Access 支持一种特殊类型的统计查询,叫做交叉表查询。利用该查询,你可以在类似电子表格的格式中查看计算值。

交叉表查询,就是将来源于某个表中的字段进行分组,一组列在数据表的左侧,一组列在数据表的上部,然后在数据表行与列的交叉处显示表中某个字段的各种计算值,如求和数、计数值、平均值、最大值等。建立交叉表查询的方法有两种:使用"交叉表查询向导"和使用"设计"视图。本节将主要介绍这两种方法。

3.4.1 使用"交叉表查询向导"建立查询

使用"交叉表查询向导"建立交叉表查询时,使用的字段必须属于同一个表或同一个查询。如果使用的字段不在同一个表或查询中,则应先建立一个查询,将它们放在一起。

【例 3.11】 在"教师"表中统计各个系的教师人数及职称分布情况,建立如图 3.38 所示的交叉表。

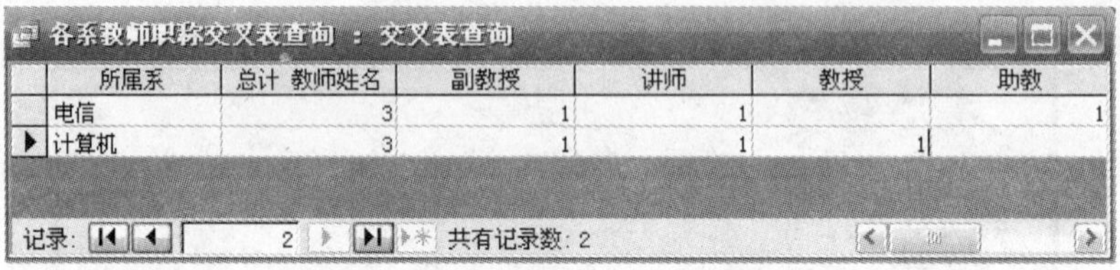

图 3.38 交叉表查询显示结果

从交叉表可以看出,在左侧显示了教师所属系,上面显示了各部门职工人数及职称类型,行、列交叉处显示了各职称在各系中的人数。由于该查询只涉及"教师"表,所以可以直接将其作为数据源。操作步骤如下:

①单击数据库窗口中的"查询"对象,然后单击"新建"按钮,这时屏幕上显示"新建查询"对话框;

②在"新建查询"对话框中双击"交叉表查询向导",这时屏幕上显示"交叉表查询向导"对话框,如图 3.39 所示;

③这里选择"教师"表后单击"下一步"按钮,这时屏幕上显示如图 3.40 所示的对话框;

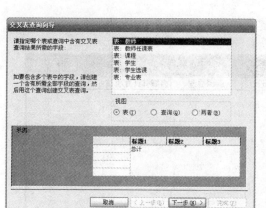
图 3.39 "交叉表查询向导"对话框

图 3.40 选择行标题

④选择作为行标题的字段。行标题最多可选择三个字段,为了在交叉表的每一行的前面显示教师所属系,这里应双击"可用字段"框中的"所属系"字段,将它添加到"选段字段"框中,然后单击"下一步"按钮,弹出如图 3.41 所示的对话框;

⑤选择作为列标题的字段。列标题只能选择一个字段,为了在交叉表的每一列的上面显示职称情况,单击"职称"字段,然后单击"下一步"按钮,弹出如图 3.42 所示的对话框;

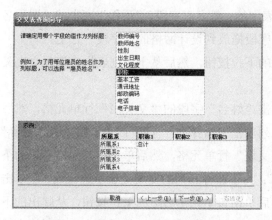
图 3.41 选择列标题

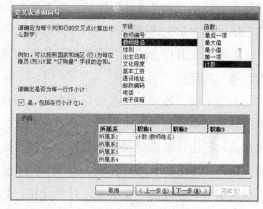
图 3.42 选择交叉点

⑥确定行、列交叉处的显示内容的字段。为了让交叉表统计每个系的教师人数,应单击字段框中的"教师姓名"字段,然后在"函数"框中选择"计数"函数。若要在交叉表的每行前面显示总计数,还应选中"是,包括各行小计"复选框。最后单击"下一步"按钮;

⑦在弹出的对话框的"请指定查询的名称"文本框中输入所需的查询名称,这里输入"各系教师职称交叉表查询",然后单击"查看查询"选项按钮,再单击"完成"按钮。

这时,系统开始建立交叉表查询,得到如图 3.38 所示的查询结果。

3.4.2 使用"设计"视图建立交叉表查询

除了可以使用"交叉表查询向导"建立交叉表查询以外,还可以使用"设计"视图建立交叉表查询。

【例 3.12】 统计每个学生的选课情况，建立如图 3.43 所示的交叉表。

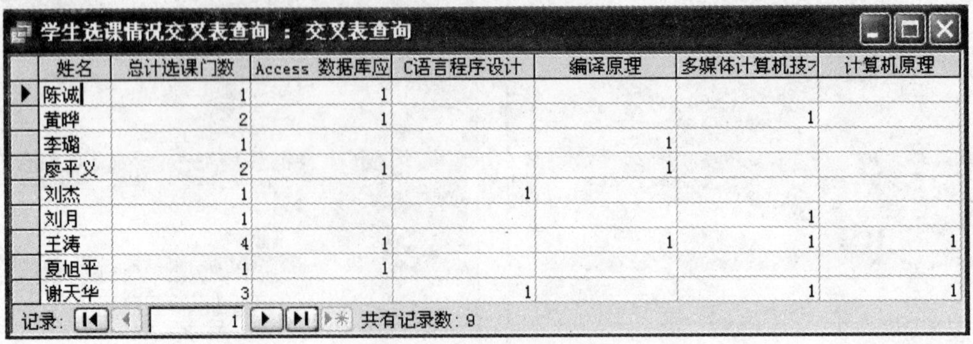
学生选课情况交叉表查询 ： 交叉表查询

姓名	总计选课门数	Access 数据库应	C语言程序设计	编译原理	多媒体计算机技	计算机原理
陈诚	1	1				
黄晔	2	1			1	
李璐	1			1		
廖平义	2	1		1		
刘杰	1		1			
刘月	1				1	
王涛	4	1		1	1	1
夏旭平	1	1				
谢天华	3		1		1	1

记录： 1 共有记录数：9

图 3.43　交叉表查询结果

从交叉表可以看出，“姓名”作为行标题，“课程名称”作为列标题，行、列交叉处显示了每名学生的选课数。由于在查询中还要计算每名学生总的选课门数，所以还要增加一个“总计选课门数”字段作为行标题。该查询涉及“学生”表、“课程”表和“学生选课”表。操作步骤如下：

①在数据库窗口中，单击“查询”对象，然后双击“在设计视图中创建查询”选项，这时屏幕上显示查询“设计”视图。将“学生”表中的“姓名”字段，“课程”表中的“课程名称”字段和“学生选课”表中的“课程编号”字段拖放到设计网格的“字段”行上；

②单击工具栏上的“查询类型”按钮右边的下拉按钮，然后从下拉列表框中选择“交叉表查询”选项；

③为了将“姓名”放在每行的左边，应单击“姓名”字段的“交叉表”行单元格，然后单击该单元格右边的下拉按钮，从弹出的下拉列表框中选择“行标题”；为了将“课程名称”放在第一行上，单击“课程名称”字段的“交叉表”行单元格，然后单击该单元格右边的下拉按钮，从弹出的下拉列表框中选择“列标题”；为了在行和列的交叉处显示选课数，应单击“课程编号”字段的“交叉表”行单元格，然后单击该单元格右边的下拉按钮，从弹出的下拉列表框中选择“值”；单击“课程编号”字段的“总计”行单元格，然后单击该单元格右边的下拉按钮，从弹出的下拉列表框中选择“计数”函数；

④由于要计算每个学生总的选课数，因此应在第一个空白字段单元格中添加自定义字段名称“总计选课门数”，用于在交叉表中作为字段名显示，“课程编号”仍作为计算字段。单击该字段的“交叉表”行单元格，然后单击该单元格右边的下拉按钮，从弹出的下拉列表框中选择“行标题”，单击“课程编号”字段的“总计”行单元格，然后单击该单元格右边的下拉按钮，从弹出的下拉列表框中选择“计数”函数。设计好的交叉表查询“设计”视图如图 3.44 所示；

⑤单击工具栏上的“保存”按钮，在“查询名称”文本框中输入“学生选课情况交叉表查询”，然后单击“确定”按钮，运行后即可得到结果如图 3.43 所示的交叉表查询。

第3章 查 询

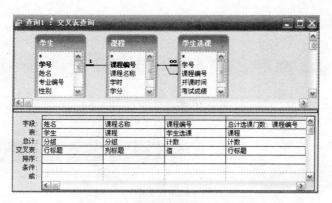

图 3.44　交叉表查询"设计"视图

3.5　参数查询

参数查询可以在运行查询的过程中自动修改查询的规则，用户在执行参数查询时会显示一个输入对话框以提示用户输入信息，这种查询叫做参数查询。

如果用户知道所要查找的记录的特定值，那么使用参数查询较为方便。参数查询包括单参数查询和多参数查询。执行参数查询时，数据库系统显示所需参数的对话框，由用户输入相应的参数值。

3.5.1　单参数查询

查询设计的开始几步如前几节所述，只是需要在查询设计网格的"条件"单元格中添加运行时系统将显示的提示信息。运行查询时，用户按提示信息输入待定值即可。

【例 3.13】 根据所输入的专业编号查询该专业学生的基本信息，显示姓名、性别、专业编号。操作步骤如下：

①将要显示的"姓名"、"性别"、"专业编号"字段添加到"设计"视图的"字段"行上；

②在"专业编号"的"条件"行单元格中输入一个带方括号的文本"[请输入专业编号：]"作为提示信息，如图 3.45 所示；

图 3.45　单参数查询设计视图窗口

③单击"保存"按钮,在"查询名称"文本框中输入"单参数查询",然后单击"确定"按钮;

④单击工具栏上的"执行"按钮,弹出参数查询对话框,输入查询参数"42",如图3.46所示;

⑤单击"确定"按钮,结果如图3.47所示。

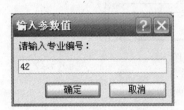

图3.46　输入参数值对话框　　　　图3.47　单参数查询结果

3.5.2　多参数查询

如果要设置两个或多个参数,则在两个或多个字段对应的条件单元格中输入带方括号的文本作为提示信息即可。执行查询时,根据提示信息依次输入特定值。

【例 3.14】 根据所输入的"所属系"和"性别"查询指定院系的男(或女)教师的课程基本信息,显示所属系、教师姓名、性别、课程名称。

该查询是多参数查询,要根据"所属系"和"性别"这两个参数的输入情况来进行查询,查询涉及"教师"表、"课程"表和"教师任课"表。操作步骤如下:

①在数据库窗口中,单击"查询"对象,然后双击"在设计视图中创建查询"选项,这时屏幕上显示查询"设计"视图。将"教师"表中的"所属系"字段、"教师姓名"字段和"性别"字段、"课程"表中的"课程名称"字段拖放到设计网格的"字段"行上;

②在"所属系"的"条件"行单元格中,输入带方括号的文本"[请输入所属系:]",在"性别"的"条件"行单元格中,输入带方括号的文本"[请输入性别:]",作为提示信息,如图3.48所示;

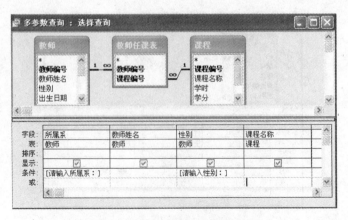

图3.48　多参数查询设计视图窗口

③单击"保存"按钮,在"查询名称"文本框中输入"多参数查询",然后单击"确定"按钮;

④单击工具栏上的"执行"按钮,分别弹出2个参数查询对话框,输入相应的查询参数"计算机"和"男",如图 3.49 所示;

⑤单击"确定"按钮,结果如图 3.50 所示。

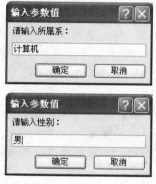

图 3.49 输入参数值对话框   图 3.50 多参数查询结果

3.6 操作查询

前面介绍的查询在运行过程中对原始表不做任何修改,而操作查询不仅进行查询,而且还对表中的原始记录进行相应的修改。

操作查询是指仅在一个查询操作中就能更改许多条记录的查询方式。操作查询经常用于对原始表中大量的信息进行成批的删除、更新、追加工作,如果全部在表中进行手工修改的话,不仅费时费力,而且不能保证正确无误。操作查询可以对表中的原始记录进行成批的修改,而且可以从几个表中提取数据生成一个新表并永久保存起来。

本节主要介绍以下几个内容:
- 如何进行生成表查询
- 如何进行删除查询
- 如何进行更新查询
- 如何进行追加查询

3.6.1 生成表查询

生成表查询就是利用查询建立一个新表。由于在 Access 中从表中访问数据要比查询中访问数据快得多,因此,当需要经常从几个表中提取数据时,最好的方法是使用查询将从多个表中提取的数据生成一个新表并永久保存起来。

【例 3.15】 在"成绩管理"数据库中,根据"学生"表和"学生选课"表建立一个查询,然后把查询结果存储为一个表。操作步骤如下:

①将"学生"表中的"姓名"字段和"性别"字段,"学生选课"表中的"平时成绩"字段和"考试成绩"字段添加到设计网格的"字段"行上;

②单击工具栏上的"查询类型"按钮右边的下拉按钮,然后从下拉列表框中选择"生成表查询"选项,这时屏幕上显示"生成表"对话框,如图 3.51 所示;

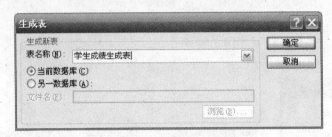

图 3.51 "生成表"对话框

③在"表名称"文本框中输入要创建的新表名称"学生成绩生成表",然后单击"当前数据库"选项,把新表放入当前打开的"成绩管理"数据库中,单击"确定"按钮;

④单击工具栏上的"视图"按钮,预览"生成表查询"新建的表,如果不满意,则可以再次单击"视图"按钮返回到"设计"视图进行更改,直到满意为止;

⑤在"设计"视图中,单击工具栏上的"执行"按钮,弹出如图 3.52 所示的提示框;

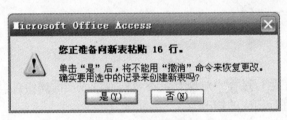

图 3.52 提示框

⑥单击"是"按钮,Access 将开始新建"学生成绩生成表",生成新表后不能撤消所做的更改;单击"否"按钮,不建立新表。这里单击"是"按钮;

⑦单击工具栏上的"保存"按钮,在查询名称文本框中输入"学生成绩生成表查询",然后单击"确定"按钮保存所建的查询。

当单击表对象时,在表对象窗口可以看到除了原来已有的表名称外,增加了"学生成绩生成表"的表名称。

3.6.2 删除查询

删除查询就是利用查询删除一组记录,删除后的记录无法恢复。

随着时间的推移,所建数据库中的数据会越来越多,其中有些数据是有用的,而有些数据已无用,对于这些没有用的数据应该及时从数据库中删除。如果使用简单的删除操作来删除属于同一类型的一组记录,需要用户在表中一个一个地将它们找到后再删除,操作起来非常麻烦。Access 提供了一个删除查询,利用该查询可以一次删除一组同类型的记录,从而大大提高了数据管理的效率。

删除查询可以从单个表中删除记录,也可以从多个相互关联的表中删除记录。如果要从多个表中删除相关记录,必须满足以下几点:

①在关系窗口中定义相关表之间的关系；
②在关系对话框中选择"实施参照完整性"复选项；
③在关系对话框中选择"级联删除相关记录"复选项。

【例3.16】 在例3.15中，利用生成表查询建立了一个名为"学生成绩生成表"的新表，若希望删除该表中所有男生的一组记录，则利用删除查询可以方便、快速地完成操作。操作步骤如下：

①将"学生成绩生成表"添加到设计网格的上半部分；
②单击工具栏上的"查询类型"按钮右边的下拉按钮，然后从下拉列表框中选择"删除查询"选项，这时在查询设计网格中显示一个"删除"行；
③把"学生成绩生成表"的字段列表中的"*"号拖动到查询设计网格的"字段"行单元格中，这时系统将"删除"单元格设定为"From"，表明要对哪一个表进行删除操作；
④将要设置"条件"的字段"性别"字段拖动到查询设计网格的"字段"行单元格中，这时系统将"删除"单元格设定为"Where"，在"性别"的"条件"行单元格中键入表达式"男"，查询设计如图3.53所示；

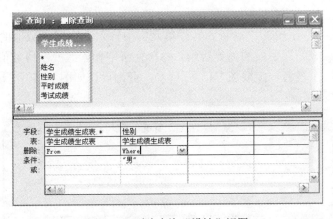

图3.53 删除查询"设计"视图

⑤单击工具栏上的"视图"按钮，预览"删除查询"检索到的一组记录。如果预览到的一组记录不是要删除的记录，则可以再次单击工具栏上的"视图"按钮，返回到"设计"视图，对查询进行所需的更改，直到满意为止；
⑥在"设计"视图中，单击"执行"按钮，弹出如图3.54所示的提示框；

图3.54 删除提示框

⑦单击"是"按钮,Access 将开始删除属于同一组的所有记录;单击"否"按钮,不删除记录。这里单击"是"按钮。

当单击"表"对象,然后再双击"学生成绩生成表"时,就可以看到所有男生的记录已被删除,共删除了 14 条记录。

3.6.3 更新查询

更新查询就是利用查询改变一组记录的值。

在建立和维护数据库的过程中,常常需要对表中的记录进行更新和修改。如果要对符合条件的一组记录进行逐条更新修改,则既费时费力又不能保证没有遗漏。因此对于这种一次改变一组记录的值的操作,最简单、有效的方法是利用 Access 提供的更新查询。

【例 3.17】如果在计算学生学期成绩时,平时成绩占 30%,考试成绩占 70%,则在"成绩管理"数据库中,利用更新查询将"平时成绩"改为"平时成绩*30%",将"考试成绩"改为"考试成绩*70%"。操作步骤如下:

①将"学生成绩生成表"中的全部字段添加到查询设计网格的"字段"行上;

②单击工具栏上的"查询类型"按钮右边的下拉按钮,然后从下拉列表框中选择"更新查询"选项,这时在查询设计网格中显示一个"更新到"行;

③在"平时成绩"字段的"更新到"行单元格中输入改变字段数值的表达式"[平时成绩]*0.3";在"考试成绩"字段的"更新到"行单元格中输入改变字段数值的表达式"[考试成绩]*0.7",注意,字段名一定要加方括号([ ]),查询设计如图 3.55 所示;

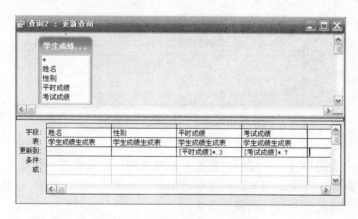

图 3.55 更新查询"设计"视图

④单击工具栏上的"视图"按钮,能够预览到要更新的一组记录,再次单击工具栏上的"视图"按钮,返回到"设计"视图,对查询进行所需的更改;

⑤在"设计"视图中,单击"执行"按钮,弹出如图 3.56 所示的提示框;

⑥单击"是"按钮,Access 将开始更新属于同一组的所有记录,一旦利用"更新查询"更新记录,就不能用"撤销"命令恢复所做的更改;单击"否"按钮,则不更新表中的记录。这里单击"是"按钮;

⑦单击工具栏上的"保存"按钮,保存所建的查询。

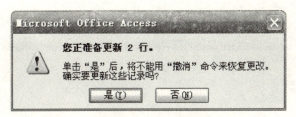

图 3.56　更新提示框

3.6.4　追加查询

追加查询就是利用查询将一个表中的一组记录添加到另一个表的末尾。

【例 3.18】 在"成绩管理"数据库中，建立一个"新生"表（不含"照片"和"简历"字段），内容见表 3.9。然后将"新生"表的记录追加到"学生"表中。操作步骤如下：

表 3.9　　　　　　　　　　　　　　　新 生 表

学号	200910401088	入学日期	2009-9-1
姓名	刘铭铭	入学成绩	698
专业编号	42	团员否	是
性别	男	照片	
出生日期	1991-12-18	简历	

①将"新生"表的全部字段添加到查询设计网格的"字段"行上；

②单击工具栏上的"查询类型"按钮右边的下拉按钮，然后从下拉列表框中选择"追加查询"选项，这时屏幕上显示"追加"对话框，如图 3.57 所示；

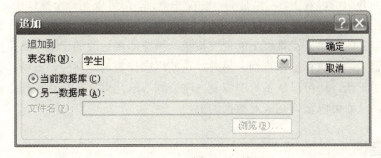

图 3.57　"追加"对话框

③在"表名称"文本框中输入被添加记录的表的名称，即"学生"，表示将查询的记录追加到"学生"表中，然后选中"当前数据库"选项按钮，单击"确定"按钮，这时在查询设计网格中显示一个"追加到"行；

④在"设计网格"的"追加到"行上自动填上了"学生"表中的相应字段，以便将"新生"表中的信息追加到"学生"表相应的字段上，如图 3.58 所示；

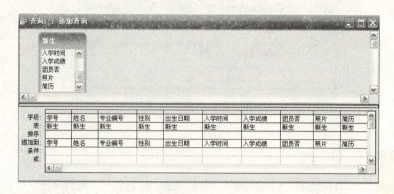

图 3.58 追加查询"设计"视图

⑤在"设计"视图中,单击"执行"按钮,弹出如图 3.59 所示的提示框;

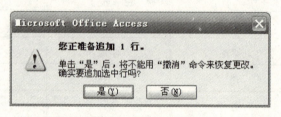

图 3.59 追加提示框

⑥单击"是"按钮,Access 开始将符合条件的一组记录追加到指定的表中。一旦利用"追加查询"追加了记录,就不能用"撤消"命令恢复所做的更改;单击"否"按钮,则不追加记录。这里单击"是"按钮;

⑦单击工具栏上的"保存"按钮,保存所建的查询。

通过前面的介绍可以看出,不论是哪一种操作查询,都可以在一个操作中更改多条记录,并且在执行操作查询后不能撤消刚刚做过的更改操作。因此,用户在使用操作查询时应注意在执行操作查询之前要单击工具栏上的视图按钮,预览即将更改的记录,如果预览到的记录就是要操作的记录,则执行操作查询。另外,在使用操作查询之前应该备份数据,这样,即使不小心更改了记录,还可以从备份中恢复。注意到了这几点,在执行操作查询时就不会遇到太多的麻烦,从而可以正确完成对数据的更新。

3.7 SQL 查询

刚刚开始使用 Access 时,用设计视图和向导就可以建立很多有用的查询,而且它的功能已经基本上能满足我们的需要。但在实际工作中,我们经常会碰到这样一些查询,这些查询用各种查询向导和设计器都无法做出来,而用 SQL 查询就可以完成比较复杂的查询工作。

SQL 查询是用户使用 SQL 语句创建的查询。前面讲过的几种查询方式,系统在执行时自动将其转换为 SQL 语句执行,用户也可以在"SQL"视图中直接书写 SQL 查询语句。SQL 查询可以分为以下四类:联合查询、传递查询、数据定义查询和子查询。

（1）联合查询

这种类型的查询将来自一个或多个表或查询的字段（列）组合为查询结果中的一个字段或列。

（2）传递查询

这种类型的查询使用服务器能接收的命令直接将命令发送到 ODBC 数据库，如 Microsoft FoxPro。例如，可以使用传递查询来检索记录或更新数据。

（3）数据定义查询

这种类型的查询创建、删除、更改表或创建数据库中的索引，如 Microsoft Access 或 Microsoft FoxPro 表。

（4）子查询

这种类型的查询包含另一个选择查询或操作查询中的 SQL SELECT 语句。可以在查询设计网格的"字段"行输入这些语句来定义新字段，或在"准则"行来定义字段的准则。在以下方面可以使用子查询：

①测试子查询的某些结果是否存在（使用 EXISTS 或 NOT EXISTS 保留字）；

②在主查询中查找任何等于、大于或小于由子查询返回的值（使用 ANY、IN 或 ALL 保留字）；

③在子查询中创建子查询（嵌套子查询）。

3.7.1　查询与 SQL 视图

单纯的 SQL 语言所包含的语句并不多，但在使用的过程中需要大量输入各种表、查询和字段的名字。这样，当你建立一个涉及大量字段的查询时，就需要输入大量文字，与用查询设计视图建立查询相比，就麻烦多了。所以，在建立查询的时候，建议先在查询设计视图中将基本的查询功能都实现，最后再切换到 SQL 视图，通过编写 SQL 语句完成一些特殊的查询。下面就来看看是怎么切换到 SQL 视图中去的。

在数据库窗口中，单击"查询"对象，然后单击菜单栏的"新建"项，这时屏幕显示"新建查询"对话框，其中并没有一个"使用 SQL 视图创建查询"的选项，如图 3.4 所示。那我们就双击"查询"对象中的"在设计视图中创建查询"这一项，之后添加要查询的表或查询，这里添加"学生"表，将会在屏幕上出现一个设计视图，如图 3.60 所示。现在我们要切换到 SQL 视图，只要将鼠标移动到工具栏最左面的"视图"选项按钮右边的下拉按钮上，单击鼠标左键，在弹出的下拉菜单中选中"SQL 设计视图"项就可以将视图切换到 SQL 状态，如图 3.61 所示。

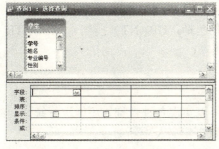
图 3.60　"设计"视图

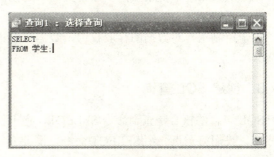
图 3.61　"SQL"视图

在"SQL"视图中输入相应的 SQL 命令后,单击"工具"菜单上的"执行"按钮,就可以看到这个查询的结果,和直接用查询视图设计的查询产生的效果相同。

其实 Access 中所有的数据库操作都是由 SQL 语言构成的,微软公司只是在其上增加了更加方便的操作向导和可视化设计罢了。当我们直接用设计视图建立一个同样的查询以后,将视图切换到 SQL 视图,你会惊奇地发现,在这个视图中的 SQL 编辑器中有同样的语句,看来是 Access 自动生成的语句。Access 也是先生成 SQL 语句,然后用这些语句再去操作数据库。

3.7.2 SQL 语言简介

SQL 诞生于 IBM 公司在加利福尼亚的 San Jose 试验室中,19 世纪 70 年代 SQL 在这里开发出来。SQL 即 Structured Query Language 的英文缩写,称为结构化查询语言,它集数据定义语言 DDL、数据操纵语言 DML、数据控制语言 DCL 于一体,是一个综合的、功能极强的关系数据库的标准语言。

SQL 的前身是 1972 年提出的 SQUARE 语言,1974 年由 Boyce 和 Chamberlin 提出将其修改并改名为 SEQUEL,简称 SQL,在 IBM 公司的关系数据库系统 SYSTEM R 上得到了实现。

在 SQL 中,一般称字段为列,记录为行。

SQL 有两种使用方式:

(1)联机交互式

在数据库管理软件提供的命令窗口输入 SQL 命令,交互地进行数据库操作;

(2)嵌入式

将 SQL 语句嵌入使用高级语言(如 FORTARAN、COBOL、PASCAL、PL/I、C、Ada 等)编写的程序中,完成对数据库操作。

标准的 SQL 语言包括四个部分内容。

①数据定义

用于定义和修改基本表、定义视图和定义索引,数据定义语句包括 CREATE(建立)、DROP(删除)、ALTER(修改)。

②数据操纵

用于对表或视图的数据进行添加、删除和修改等操作,数据操纵语句包括 INSERT(插入)、DELETE(删除)、UPDATE(更新)。

③数据查询

用于从数据库中检索数据,数据查询语句包括 SELECT(选择)。

④数据控制

用于控制用户对数据的存取权力,数据控制语句包括:GRANT(授权)、REVOTE(回收权限)。

3.7.3 创建 SQL 查询

SQL 语言的核心是查询命令 SELECT,它不仅可以实现各种查询,还能进行统计、结果排序等。我们将重点介绍 SELECT 命令,简要介绍数据定义及更新命令。

1. SELECT 命令

格式：SELECT [谓词][表别名.] SELECT 表达式 [AS 列别名][, [表别名.] SELECT 表达式 [AS 列别名]...]

  [INTO 新表名][IN 库名]
  FROM 表名 [AS 表别名]
    [[INNER | LEFT | RIGHT | JOIN [[<表名>][AS 表别名]
    [ON 联接条件]]...] [IN 库名]
  [WHERE 逻辑表达式]
  [GROUP BY 分组字段列表]][HAVING 过滤条件]
  [UNION SELECT 命令]
  [ORDER BY 排序字段[ASC | DESC][, 排序字段][ASC | DESC]...]]

功能：从一个或多个表中检索数据。

说明：

（1）选择输出 SELECT 子句

用于指定在查询结果中包含的字段、常量和表达式。其中：

- [表别名]：在 FROM 子句中给表取的别名，主要用于当不同表中存在同名字段时区别数据来源表。
- SELECT 表达式：是用户要查询的内容，如果是多个字段，则用逗号分割。既可以是字段名，也可以用函数（系统及自定义函数）表示，还可以用一个"*"表示输出表中的所有字段。
- [AS 列别名]：如果不想使用字段名作为输出的列名，可以在 AS 后给出另一个列标题名。
- [谓词]指定查询选择的记录，可取 ALL、DISTINCT、DISTINCTROW、TOP n [PERCENT]。

①ALL：显示查询结果中全部数据（含重复记录），可省略。如 SELECT 学号 FROM 学生选课（从"学生选课"表中查询学生的学号）；

②DISTINCT：忽略在选定字段中包含重复数据的记录。

③DISTINCTROW：忽略整个重复记录的数据，而不仅仅是重复的字段，仅在选择的字段源于查询中所使用的表的一部分而不是全部时才会生效。如果查询仅包含一个表或者要从所有的表中输出字段，DISTINCTROW 就会被忽略。

④TOP n [PERCENT]：返回出现在范围内的一定数量的记录。例如 SELECT TOP 5 学号 FROM 学生选课。

（2）数据来源 FROM 子句

用于指定查询的表名，并给出表别名。其中：

- <表名>[AS <表别名>]：为表指定一个临时别名。若指定了表别名，则整个 SELECT 语句中都必须使用这个别名代替表名。
- INNER JOIN：规定内连接。只有在被连接的表中有匹配记录的记录才会出现在查询结果中。
- LEFT JOIN：规定左外连接。JOIN 左侧表中的所有记录及 JOIN 右侧表中匹配的记录才会出现在查询结果中。

- RIGHT JOIN：规定右外连接。JOIN 右侧表中的所有记录及 JOIN 左侧表中匹配的记录才会出现在查询结果中。
- [ON 连接条件]：指定连接条件。
- [IN 库名]：指定表所在的库，用库文件的完整路径表示，省略表示当前库。

（3）输出目标 INTO 子句
- [INTO 新表名]：创建一个新表，将查询结果存入其中。

例如：SELECT DISTINCT 学号 INTO 选课的学生 FROM 学生选课;

查询结果：创建新表"选课的学生"，并将本次查询结果存入新表中，新表的结构按查询结果中包含的字段为准。

- [IN 库名]：将产生的新表存入指定的数据库中，否则存在当前数据库中。

（4）条件 WHERE 子句

指定查询条件，只把满足逻辑表达式的数据作为查询结果。作为可选项，如果不加条件，则所有数据都作为查询结果。

逻辑表达式一般包括连接条件和过滤条件，连接条件用于当从多个表中进行数据查询时，指定表和表之间的连接字段。也可以在 FROM 的 ON 子句中指定连接条件。格式如下：

别名1.字段表达式1=别名2.字段表达式2

过滤条件用于对数据进行筛选时指定筛选条件，只将满足筛选条件的数据作为查询结果，其格式如下：

别名.字段表达式=值

表达式中可用的运算符如表 3.10 所示。

表 3.10　　　　　　　　　　WHERE 子句常见的查询条件表

查询条件	所用符号或关键字	说　明
关系条件	=，>，>=，<，<=，==，<>，#，!=	
复合条件	NOT，AND，OR	
确定范围	BETWEEN…AND （或反条件 NOT BETWEEN…AND）	表达式 BETWEEN 值1 AND 值2 若表达式的值在值1和值2之间(包括值1和值2)，返回真，否则返回假。
包含子项	IN（或反条件 NOT IN）	表达式 IN （值1，值2，…） 若表达式的值包含在列出的值中，返回真，否则返回假。
字符匹配	LIKE（字符串格式中可使用通配符）	可使用的通配符包括星号 （*）、百分号 （%）、问号 （?）、下画线字符 （_）、数字符号 （#）、感叹号 （!）、连字符 （-）以及方括号 （[ ]）等。

（5）分组统计 GROUP 子句

对查询结果进行分组统计，统计选项必须是数值型的数据。其中：
- 分组字段列表：最多 10 个用于分组记录的字段的名称。列表中的字段名称的顺序决定了分组的先后顺序。

可以和 GROUP BY 一起使用的统计函数有：

①Sum（字段表达式）：求某字段表达式的和，忽略字段为 NULL 的数据。

②Avg（字段表达式）：求某字段表达式的平均值，忽略字段为 NULL 的数据。

③Count（字段表达式）：统计查询返回的记录数，忽略字段为 NULL 的数据。如果表达式使用通配符*，则返回所有记录数。

④MAX（字段表达式）、MIN（字段表达式）：返回表达式的最大值或最小值。

⑤First（字段表达式）、Last（字段表达式）：返回在查询所返回的结果集中的第一个或者最后一个记录的字段值。

⑥StDev（）、StDevP（字段表达式）：返回已包含在查询的指定字段内的一组值作为总体样本或总体样本抽样的标准偏差的估计值。

⑦Var（）、VarP（字段表达式）：返回已包含在查询的指定字段内的一组值为总体样本或总体样本抽样的方差的估计值。

- HAVING 过滤条件：功能与 WHERE 一样，只是要与 GROUP 子句配合使用表示条件，将统计结果作为过滤条件。

（6）排序 ORDER BY 子句

指定查询结果排列顺序，一般放在 SQL 语句的最后。其中：

- 排序字段：设置排序的字段或表达式。
- ASC： 按表达式升序排列，默认为升序。

  DESC：按表达式降序排列。

（7）UNION 子句：

将两个查询结果合并输出，但输出字段的类型和宽度必须一致。

2. 单表查询

（1）简单查询

【例 3.19】 查询学生表中的所有记录。

SELECT * FROM 学生；

（2）选择字段查询

【例 3.20】 从教师表中查询出教师编号、姓名、性别、所属系、文化程度、职称信息。

SELECT 教师编号，教师姓名，性别，所属系，文化程度，职称 FROM 教师；

（3）有条件查询

【例 3.21】 从学生表中查询出学号前 4 个字符是 "2009" 的学生的学号、姓名、入学成绩，并将查询结果按入学成绩从高到低的顺序排列。

SELECT 学号，姓名，入学成绩 FROM 学生 WHERE LEFT（学号，4）='2009' ORDER BY 入学成绩 DESC；

【例 3.22】 从学生表中查询出入学时间为 2009-9-1，并且入学成绩不低于 600 分的学生信息。

SELECT * FROM 学生 WHERE 入学时间=#2009-9-1# AND 入学成绩>=600；

（4）统计查询

【例 3.23】 从教师表中统计出基本工资总额。

SELECT SUM（基本工资）FROM 教师；

【例 3.24】 从学生表中统计出 2009 级学生入学成绩的平均值。

SELECT AVG（入学成绩）AS 平均入学成绩 FROM 学生 WHERE LEFT（学号，4）='2009';

【例 3.25】 从学生选课表中统计出每个学生的选修课总评成绩（按平时成绩占总评的40%，期末考试占总评的60%计算）。

SELECT 学号，课程编号，平时成绩*0.4+考试成绩*0.6 AS 总评成绩;

（5）分组统计查询

【例 3.26】 从学生选课表中统计出每个学生的所有选修课程的平均考试成绩。

SELECT 学号，AVG（考试成绩）AS 平均考试成绩 FROM 学生选课 GROUP BY 学号;

在进行查询时，先将数据按学号分组，每组对考试成绩求平均，输出学号和平均成绩，结果集中，每个学号占一条记录。

（6）查询排序

【例 3.27】 从学生选课表查询每个学生的选课信息，并将结果按考试成绩从高到低排序，考试成绩相同的按平时成绩从高到低排序。

SELECT * FROM 学生选课 ORDER BY 考试成绩 DESC，平时成绩 DESC;

（7）包含谓词的查询

【例 3.28】 从学生选课表中查询出有选修课程的学生的学号（要求同一个学生只列一次）。

SELECT DISTINCT 学号 FROM 学生选课;

3. 多表查询

当要查询的数据来自多个表时，必须采用多表查询方法。

使用多表查询时必须注意：

①在 FROM 子句中列出参与查询的表；

②如果参与查询的表中存在同名的字段，并且这些字段要参与查询，必须在字段名前加表名；

③必须在 FROM 子句中用 JOIN 或在 WHERE 子句中将多个表用某些字段或表达式连接起来，否则将会产生笛卡儿积。

（1）用 WHERE 子句写连接条件

【例 3.29】 从学生表和专业表中查询出每个学生的学号，姓名以及专业名称。

SELECT 学号，姓名，专业名称 FROM 学生 a，专业表 b WHERE a.专业编号=b.专业编号;

【例 3.30】 从学生表和专业表中查询出 2009 级每个学生的全部信息以及专业名称。

SELECT a.*，专业名称 FROM 学生 a，专业表 b WHERE a.专业编号=b.专业编号 AND 学号 LIKE '2009*';

【例 3.31】 从学生选课表、学生表、课程表中查询出学生姓名、所选课程名和该课程总评成绩（按平时成绩占总评的40%，期末考试占总评的60%计算）。

SELECT 姓名，课程名称，平时成绩*0.4+考试成绩*0.6 AS 成绩 FROM 学生 a,课程 b，学生选课 c WHERE a.学号=c.学号 AND b.课程编号=c.课程编号;

（2）用 JOIN 子句写连接条件

【例 3.32】 从学生表和专业表中查询出每个学生的学号，姓名以及专业名称。

SELECT 学号，姓名，专业名称 FROM 学生 a INNER JOIN 专业表 b ON a.专业编号

=b.专业编号;

【例 3.33】 从学生选课表、学生表、课程表中查询出学生姓名、所选课程名以及总评成绩(按平时成绩占总评的 40%,期末考试占总评的 60%计算)。

SELECT 姓名,课程名称,平时成绩*0.4+考试成绩*0.6 AS 成绩 FROM 课程 INNER JOIN(学生 INNER JOIN 学生选课 ON 学生.学号 = 学生选课.学号)ON 课程.课程编号 = 学生选课.课程编号;

在此查询中,先将学生选课表和学生表进行连接,然后将连接的结果在与课程表连接得到最终结果。

(3)联合查询

联合查询可以将两个或多个独立查询的结果组合在一起。

【例 3.34】 查询出所有学生的学号和姓名以及所有老师的编号和姓名。

SELECT 学号,姓名 FROM 学生 UNION SELECT 教师编号,教师姓名 FROM 教师;

在 UNION 操作中的所有查询必须请求相同数量的字段,但是这些字段不必都具有相同的大小或数据类型。

4. 其他常用命令

(1)数据定义命令

● 创建表:CREATE TABLE

格式:

CREATE [TEMPORARY] TABLE 表名(字段名 1 类型 [(长度)] [NOT NULL] [WITH COMPRESSION | WITH COMP] [索引 1] [, 字段名 2 类型 [(长度)] [NOT NULL] [索引 2] [, ...]] [, CONSTRAINT 多字段索引 [, ...]])

功能:按指定的表名和字段设置建立一个新表。

说明:

①表名:要创建的表的名称。

②字段 1,字段 2:要在新表中创建的字段的名称,必须创建至少一个字段。

类型:在新表中字段的数据类型。

长度:以字符为单位的字段大小(仅限于文本和二进制字段)。

索引 1,索引 2:用于定义单字段索引。

③多字段索引:用于定义多字段索引。

④CONSTRAINT:用于指定字段或表级约束。其格式如下:

CONSTRAINT 约束名{PRIMARY KEY (主键字段 1[, 主键字段 2 [, ...]]) |

UNIQUE (唯一字段 1[, 唯一字段 2 [, ...]]) |

NOT NULL (非空字段 1[, 非空字段 2 [, ...]]) |

FOREIGN KEY [NO INDEX] (外键字段 1[, 外键字段 2 [, ...]])

REFERENCES 参照表 [(参照字段 1 [, 参照字段 2 [, ...]])]}

其中:

约束名:要创建的约束的名称。

主键字段 1,主键字段 2:将指定的字段名或字段名组合指定为表的主键约束,一个表只能设一个主键约束。

唯一字段 1,唯一字段 2:为指定的字段或字段组合指定唯一性。

非空字段 1，非空字段 2：限制为非 Null 值的字段名。
外键字段 1，外键字段 2：引用另一个表中的字段的外键字段的名称。
参照表：包含参照字段的表的名称。
参照字段 1，参照字段 2：参照表中的参照字段的名称，如果所引用字段是参照表的主键，可以忽略这个子句。

【例 3.35】 创建学生表 xs，字段包括学号，文本，长度 12；姓名，文本，长度 8；专业编号，文本，长度 4；出生日期，日期型；入学日期，日期型；入学成绩，整型数；团员否，是/否；照片，照片；简历，备注型。将学号设为主键，专业编号参照专业表中的专业编号字段。

CREATE TABLE xs（学号 CHAR（12）PRIMARY KEY，姓名 CHAR（8），专业编号 CHAR（4）REFERENCES zyb（专业编号），出生日期 DATETIME，入学日期 DATETIME，入学成绩 INTEGER，团员否 YESNO，照片 IMAGE，简历 MEMO）；

其中专业编号字段后的 REFERENCES zyb（专业编号）表示学生表中专业编号字段中的数据参照专业编号表中专业编号字段中的数据。

- 修改表：ALTER TABLE

格式：ALTER TABLE 表名 {ADD {COLUMN 字段类型 [（长度）]
[NOT NULL] [CONSTRAINT 索引] |
ALTER COLUMN 字段类型 [（长度）] |
CONSTRAINT 多重字段索引 } |
DROP {COLUMN 字段 | CONSTRAINT 索引名 } }

功能：修改、增加、删除表中字段，约束等。

【例 3.36】 在例 3.35 所创建的学生表中增加字段性别，文本，长度 2。
ALTER TABLE xs ADD COLUMN 性别 CHAR（2）；

- 创建索引：CREATE INDEX

格式：CREATE [UNIQUE] INDEX 索引
ON 表（字段 [ASC | DESC][，字段 [ASC | DESC]，...]）
[WITH { PRIMARY | DISALLOW NULL | IGNORE NULL }]

功能：建立索引
说明：
索引：要创建的索引的名称。
表：将包含该索引的现存表的名称。
字段：要被索引的字段的名称。要创建单一字段索引，在表名称后面的括号中列出字段名；要创建多重字段索引，列出包括在索引中的每一个字段的名称。如果索引为递减排序，使用 DESC 保留字，否则索引总是递增排序。
UNIQUE：创建值唯一的索引。
WITH PRIMARY：索引为主键。
WITH DISALLOW NULL：索引字段不允许为空值。
WITH IGNORE NULL：避免索引中包含值为空的字段。
例如，给学生表中的入学成绩字段创建索引：CREATE INDEX rxcj ON xs（入学成绩）；

- 创建视图：CREATE VIEW

格式：CREATE VIEW 视图名 [(字段1[，字段2[，...]])] AS 查询语句；

功能：建立新的视图。

说明：

视图名：新创建的视图的名称，不能和已有的表名相同。

字段名1，字段名2：在创建的视图中设置字段名。字段名必须与查询结果中的列对应，若省略，则用查询结果的列名作为视图中的字段名。

查询语句：以查询结果作为视图的数据来源。注意，SELECT 语句中不能包含 INTO 子句，也不能带参数。

【例3.37】 建立视图用来从学生表中查询2009级的学生的学号、姓名、性别等信息。
CREATE VIEW xs1 AS SELECT 学号，姓名，性别 FROM xs WHERE 学号 LIKE '2009*';

注意：创建视图命令不能直接在 Access 的 SQL 窗口中使用，可以将 CREATE VIEW 语句嵌入 Visual Basic 程序中使用,也可以在SQL 窗口中输入"SELECT 学号,姓名,性别 FROM xs WHERE 学号 LIKE '2009*';"，保存为 xs1，在查询视图中会产生名为 xs1 的对象。

也可以将常用的统计查询以视图的形式保存在数据库中。

- 删除表、索引、视图、存储过程等：DROP

格式：DROP TABLE 表名；

功能：删除指定的表。

例如，删除名称为"选课"的表：DROP TABLE 选课；

格式：DROP INDEX 索引名 ON 表名；

功能：删除指定表中的指定索引。

例如，删除课程表中索引名为 kcmc 的索引：DROP INDEX kcmc ON kc；

格式：DROP VIEW 视图名；

功能：删除指定的视图。

- 创建存储过程：CREATE PROCEDURE
- 创建用户或用户组：CREATE USER/GROUP

（2）数据更新命令

- 数据插入

格式1：INSERT INTO 表名 [(字段名1[，字段名2[，...]])] VALUES (值1[，值2[，...]])

格式2：INSERT INTO 表名 [(字段名1[，字段名2[，...]])] [IN 外部数据库]
SELECT 查询字段1[，查询字段2[，...]] FROM 表名列表

功能：将数据插入指定的表中。格式1，一条语句插入一条记录；格式2，将用 SELECT 语句查询的结果插入指定的表中。

说明：

字段名1，字段名2：需要插入数据的字段。若省略，表示表中的每个字段均要插入数据。

值1，值2：插入到表中的数据，其顺序和数量必须与字段名1，字段名2一致。

- 数据修改

格式：UPDATE 表 FIELDS SET 字段名1=新值[，字段名2=新值2...] WHERE 条件；

功能：修改指定表中，符合条件的记录。

说明：

表名：即将修改数据的表。

字段名1，字段名2：要修改的字段。

新值1，新值2：和字段1和字段2对应得数据。

WHERE条件，限定符合条件的记录参加修改。

- 数据删除

格式：DELETE FROM 表名 [WHERE 条件]

功能：从指定表中删除符合条件的数据。

说明：如果没有加条件子句，则删除表中的所有数据。

本 章 小 结

Access提供了选择查询、参数查询、交叉表查询、操作查询和SQL查询这五种类型的查询，了解它们的特点和功能是设计好查询的前提。

"选择查询"从一个或多个表中检索数据，并在数据表中显示记录集，还可以将数据分组、求和、计数、求平均值以及进行其他类型计算。

"交叉表查询"通过同时使用行标题和列标题来排列记录，以使记录集更便于查看。

"参数查询"在运行时显示一个对话框，提示用户输入用作查询条件的信息。还可以设计一个参数查询以提示输入多项信息，例如一个参数查询可以让用户输入两个日期，Access将检索两个日期之间对应的所有数据。

"操作查询"用于创建新表，或通过向现有表添加数据、从现有表中删除数据或更新现有表来更改现有表。

"SQL查询"是使用结构化查询语言（SQL）语句创建的，它是查询、更新和管理关系数据库的高级方式。创建这种类型的查询时，Access可以自动或由用户自行创建SQL语句。

结构化查询语言SQL是数据库的标准语言，其中最重要的是数据查询命令Select，其中包含数据查询过程中的各种设置，如From子句设置查询来源表或视图，如果数据来自多个表或视图，可以在From子句中用join子句和on子句将多个表连接起来；Select子句负责字段的筛选，同时也可以利用函数或表达式进行数据统计；Where子句负责完成数据筛选，也可以在该子句中设置表之间的连接关系；Group by子句可以实现数据的分组统计，其中having子句设置统计结果作为筛选条件；Order by子句指定数据的排序依据。数据定义命令包括Create、Alter、Drop等，数据操作命令包括Insert、Delete、Update等。

上机实验

一、实验案例

在"成绩管理"数据库中已经建立了下列表：学生、课程、教师、学生选课、教师任课表和专业表。按要求完成查询操作：

（1）创建一个查询，查找并显示"学号"、"姓名"和"入学成绩"这三个字段的内容，所建查询名为"qT1"；

(2) 创建追加查询，将"学生"表中有书法爱好学生的"学号"、"姓名"和"入学时间"三列内容追加到目标表"书法爱好者"的对应字段内，所建查询命名为"qT2"；

(3) 创建一个查询，计算并输出教师的最大年龄和最小年龄信息，标题显示为"最大"和"最小"，所建查询命名为"qT3"；

(4) 创建一个查询，按输入的职称查找并显示"职称"、"教师姓名"、"所属系"和"文化程度"这四个字段的内容，所建查询命名为"qT4"。当运行该查询时，应显示提示信息"请输入职称"；

(5) 创建一个查询，查找并显示"刘"姓教师的"教师姓名"、"性别"和"所属系"等三个字段的内容，所建查询名为"qT5"；

(6) 创建一个交叉表查询，以学生性别为行标题，以专业编号为列标题，统计男女学生在各专业的平均年龄，所建查询名为"qT6"。

二、步骤说明

打开"成绩管理"数据库，按上列要求，继续作如下操作：

(1) 在数据库窗口中：

①单击"查询"对象，然后双击"使用向导创建查询"选项，屏幕显示如图 3.62 所示的"简单查询向导"对话框；

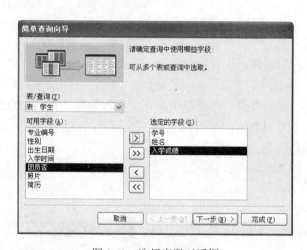

图 3.62　选择字段对话框

②在所示的界面中，单击"表/查询"下拉列表框右侧的下拉按钮，从下拉列表框中选择"表：学生"，然后分别双击"学号"、"姓名"和"入学成绩"字段，将它们添加到"选定的字段"框中，如图 3.62 所示；

③单击"下一步"按钮，在文本框内输入查询名称"qT1"，然后单击"完成"按钮。

(2) 先建立"书法爱好者"数据表，包含"学号"、"姓名"和"入学时间"三个字段，数据记录为空，然后通过追加查询追加数据。在查询设计视图中：

①将"学生"表的"学号"、"姓名"、"入学时间"和"简历"四个字段添加到查询设计网格的"字段"行上；

②单击工具栏上的"查询类型"按钮右边的下拉按钮，然后从下拉列表框中选择"追加

查询"选项,这时屏幕上显示"追加"对话框,在"表名称"文本框中输入"书法爱好者",表示将查询的记录追加到"书法爱好者"表中,然后选中"当前数据库"选项按钮,单击"确定"按钮,这时在查询设计网格中显示一个"追加到"行;

③在"设计网格"的"追加到"行上填上"书法爱好者"表中的相应字段,以便将"学生"表中的信息追加到"书法爱好者"表相应的字段上,其中"简历"字段下的条件栏填写"Like"*书法*"",如图 3.63 所示;

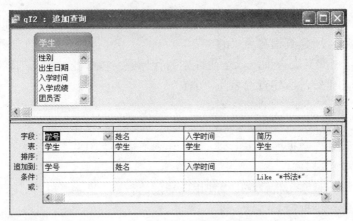

图 3.63　追加查询"设计"视图

④在"设计"视图中,单击"执行"按钮,则数据记录被添加到了"书法爱好者"表中。单击工具栏上的"保存"按钮,保存所建的查询并命名为"qT2"。

(3) 在查询设计视图中:

①将"教师"表添加到查询设计视图中,在"字段"行的第一个空白列输入表达式"最大: year (date( ))-year([教师]![出生日期])",在"字段"行的第二个空白列输入表达式"最小: year (date( ))-year([教师]![出生日期])";

②单击工具栏上的"总计"按钮,在"总计"行上分别选择"最大值"和"最小值",查询设计如图 3.64 所示;

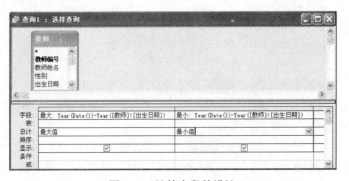

图 3.64　计算字段的设计

③单击工具栏上的"保存"按钮,在"查询名称"文本框中输入"qT3",然后单击"确定"按钮。

(4) 在查询设计视图中：
① 将"教师"表中要显示的"职称"、"教师姓名"、"所属系"和"文化程度"这四个字段添加到"设计"视图的"字段"行上；
② 在"职称"的"条件"行单元格中，输入一个带方括号的文本"[请输入职称：]"作为提示信息，如图 3.65 所示；

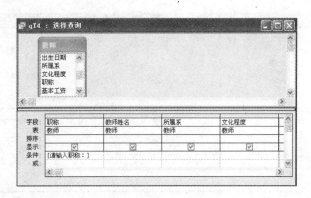

图 3.65　参数查询设计视图

③ 单击"保存"按钮，在"查询名称"文本框中输入"qT4"，然后单击"确定"按钮。
(5) 在查询设计视图中：
① 将"教师"表中要显示的"教师姓名"、"性别"和"所属系"这三个字段添加到"设计"视图的"字段"行上；
② 在"教师姓名"的"条件"行单元格中输入"Like "刘*""作为查询条件，如图 3.66 所示；

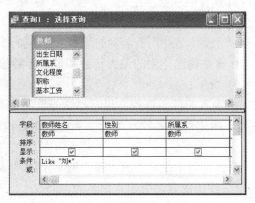

图 3.66　查询设计视图

③ 单击"保存"按钮，在"查询名称"文本框中输入"qT5"，然后单击"确定"按钮。
(6) 在查询设计视图中：
① 将"学生"表中的"性别"、"专业编号"字段拖放到设计网格的"字段"行上，在"字段"的第三列输入"年龄: year（date（））-year（[学生]![出生日期]）"；
② 单击工具栏上的"查询类型"按钮右边的下拉按钮，然后从下拉列表框中选择"交叉

表查询"选项,单击"性别"字段的"交叉表"行单元格,从弹出的下拉列表框中选择"行标题";单击"专业编号"字段的"交叉表"行单元格,从弹出的下拉列表框中选择"列标题";单击"年龄"字段的"交叉表"行单元格,从弹出的下拉列表框中选择"值",单击该字段的"总计"行单元格,从弹出的下拉列表框中选择"平均值"函数。设计好的交叉表查询"设计"视图如图 3.67 所示。

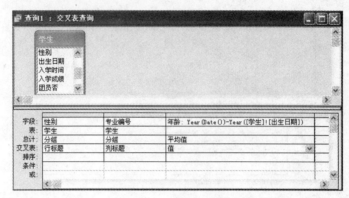

图 3.67 交叉表查询"设计"视图

③单击工具栏上的"保存"按钮,在"查询名称"文本框中输入"qT6",然后单击"确定"按钮。

三、实验题目

在"成绩管理"数据库中已经建立了一系列表:学生、课程、教师、学生选课、教师任课表和专业表。按下列要求完成查询操作:

(1)创建一个查询,查找并显示女学生的"学号"、"姓名"和"入学成绩"这三个字段的内容,所建查询名为"q1";

(2)创建更新查询,将"教师"表中所有教师的基本工资增加 5%,所建查询命名为"q2";

(3)创建一个查询,计算并输出学生的最大年龄和最小年龄信息,标题显示为"最大"和"最小",所建查询命名为"q3";

(4)创建一个查询,按输入的性别查找并显示"学号"、"姓名"、"入学时间"和"入学成绩"这四个字段的内容,所建查询命名为"q4"。当运行该查询时,应显示提示信息"请输入性别";

(5)创建一个查询,查找并显示姓名中有"平"的学生的"姓名"、"性别"、"课程名称"和"考试成绩"这四个字段的内容,所建查询名为"q5";

(6)创建一个查询,将"教师"表中年龄小于等于 45 的教授或年龄小于等于 35 的副教授记录追加到"教师 2"表的相应字段中,所建查询名为"q6"。

习 题

一、单项选择题

1. 在 Access 中,以下哪个操作不属于查询操作方式_____。

A. 选择查询 B. 参数查询
   C. 准则查询 D. 操作查询
2. 在以下各查询中，有一种查询除了从表中选择数据外，还对表中数据进行修改的是_____。
   A. 选择查询 B. 交叉表查询
   C. 参数查询 D. 操作查询
3. 利用一个或多个表中的全部或部分数据建立新表的是_____。
   A. 生成表查询 B. 删除查询
   C. 更新查询 D. 追加查询
4. 每个查询都有三种视图，下列不属于查询的三种视图的是_____。
   A. 设计视图 B. 模板视图
   C. 数据表视图 D. SQL 视图
5. 查询实现的功能有_____。
   A. 选择字段，选择记录，编辑记录，实现计算，建立新表，建立数据库
   B. 选择字段，选择记录，编辑记录，实现计算，建立新表，更新关系
   C. 选择字段，选择记录，编辑记录，实现计算，建立新表，设置格式
   D. 选择字段，选择记录，编辑记录，实现计算，建立新表，建立基于查询的报表和窗体
6. 要将"选课成绩"表中的成绩取整，可以使用_____命令。
   A. Abs（[成绩]） B. Int（[成绩]）
   C. Srq（[成绩]） D. Sgn（[成绩]）
7. 下列关于查询的描述中正确的是_____。
   A. 只能根据已建查询创建查询
   B. 只能根据数据库表创建查询
   C. 可以根据数据库表创建查询，但不能根据已建查询创建查询
   D. 可以根据数据库表和已建查询创建查询
8. 下列不属于 SQL 查询的是_____。
   A. 联合查询 B. 传递查询
   C. 子查询 D. 选择查询
9. Access 提供了组成查询准则的运算符是_____。
   A. 关系运算符 B. 逻辑运算符
   C. 特殊运算符 D. 以上都是
10. 函数 Sgn（-2）返回值是_____。
    A. 0 B. 1
    C. -1 D. -2
11. 对于交叉表查询时，用户只能指定_____个总计类型的字段。
    A. 1 B. 2
    C. 3 D. 4
12. 在 Access 中，从表中访问数据的速度与从查询中访问数据的速度相比_____。
    A. 要快 B. 相等
    C. 要慢 D. 无法比较

13. 在查询"设计视图"窗口，_____不是字段列表框中的选项。
    A. 排序　　　　　　　　　　B. 显示
    C. 类型　　　　　　　　　　D. 准则
14. 操作查询不包括_____。
    A. 更新查询　　　　　　　　B. 参数查询
    C. 生成表查询　　　　　　　D. 删除查询
15. 查询向导不能创建_____。
    A. 选择查询　　　　　　　　B. 交叉表查询
    C. 重复项查询　　　　　　　D. 参数查询
16. Access 支持的查询类型有_____。
    A. 选择查询、交叉表查询、参数查询、SQL 查询和操作查询
    B. 基本查询、选择查询、参数查询、SQL 查询和操作查询
    C. 多表查询、单表查询、交叉表查询、参数查询和操作查询
    D. 选择查询、统计查询、参数查询、SQL 查询和操作查询
17. 特殊运算符"IsNull"用于指定一个字段为_____。
    A. 空值　　　　　　　　　　B. 空字符串
    C. 缺省值　　　　　　　　　D. 特殊值
18. 返回一个值，该值是从字符表达式右侧第 1 个字符开始截取若干个字符的函数为_____。
    A. Space　　　　　　　　　　B. String
    C. Left　　　　　　　　　　D. Right
19. 返回字符表达式中值的个数，即统计记录数的函数为_____。
    A. Avg　　　　　　　　　　 B. Count
    C. Max　　　　　　　　　　 D. Min
20. Access 提供了_____种逻辑运算符。
    A. 3　　　　　　　　　　　　B. 4
    C. 5　　　　　　　　　　　　D. 6
21. 关于使用文本值作为查询准则，下面叙述正确的是_____。
    A. 可以方便地限定查询的范围和条件　B. 可以实现较为复杂的查询
    C. 可以更形象、直观，易于理解　　　D. 可以减少用户输入
22. 假设某数据库表中有一个工作时间字段，查找 15 天前参加工作的记录的准则是_____。
    A. =Data（）-15　　　　　　B. <Data（）-15
    C. >Data（）-15　　　　　　D. <=Data（）-15
23. 特殊运算符"In"的含义是_____。
    A. 用于指定一个字段值的范围，指定的范围之间用 And 连接
    B. 用于指定一个字段值的列表，列表中的任一值都可与查询的字段相匹配
    C. 用于指定一个字段为空
    D. 用于指定一个字段为非空
24. 关于准则 Like"[!北京,上海,广州]"，以下可满足条件的城市是_____。

A. 北京 B. 上海
C. 广州 D. 杭州

25. _____是最常见的查询类型,它从一个或多个表中检索数据,在一定的限制条件下,还可以通过此查询方式来更改相关表中的记录。
   A. 选择查询 B. 参数查询
   C. 操作查询 D. SQL 查询

26. 可以在一种紧凑的、类似于电子表格的格式中,显示来源与表中某个字段的合计值、计算值、平均值等的查询方式是_____。
   A. SQL 查询 B. 参数查询
   C. 操作查询 D. 交叉表查询

27. 表中存有学生姓名、性别、班级、成绩等数据,若想统计各个班各个分数段的人数,最好的查询方式是_____。
   A. 选择查询 B. 交叉表查询
   C. 参数查询 D. 操作查询

28. 适合将"编译原理"课程不及格的学生从"学生"表中删除的是_____。
   A. 生成表查询 B. 更新查询
   C. 删除查询 D. 追加查询

29. 将电信系 40 岁以上的教师的职称改为副教授,合适的查询是_____。
   A. 生成表查询 B. 更新查询
   C. 删除查询 D. 追加查询

30. 查询年龄在 18～21 岁的学生的设置条件可以设置为_____。
   A. >18 or <21 B. >18 and <21
   C. >18 not <21 D. >18 like <21

31. 设置排序可以将查询结果按一定的顺序排列,以便于查阅。如果所有的字段都设置了排序,那么查询的结果将先按_____排序字段进行排序。
   A. 最左边 B. 最右边
   C. 最中间 D. 随机

32. 以下关于选择查询叙述错误的是_____。
   A. 根据查询准则,从一个或多个表中获取数据并显示结果
   B. 可以对记录进行分组
   C. 可以对查询记录进行总计、计数和平均等计算
   D. 查询的结果是一组数据的"静态集"

33. 使用向导创建交叉表查询的数据源是_____。
   A. 数据库文件夹 B. 表
   C. 查询 D. 表或查询

34. 如果使用向导创建交叉表查询的数据源来自多个表,可以先建立一个_____,然后将其作为数据源。
   A. 表 B. 虚表
   C. 查询 D. 动态集

35. 关于删除查询,下面叙述正确的是_____。

A. 每次操作只能删除一条记录

B. 每次只能删除单个表中的记录

C. 删除过的记录只能用"撤消"命令恢复

D. 每次删除整个记录，并非是指定字段中的记录

36. SQL 能够创建_____。

    A. 更新查询   B. 追加查询

    C. 各类查询   D. 选择查询

37. 在查询设计视图中_____。

    A. 只能添加数据库表   B. 可以添加数据库表，也可以添加查询

    C. 只能添加查询   D. 以上说法都不对

38. 返回数值表达式值的整数部分的函数为_____。

    A. Abs   B. Int

    C. Srq   D. Sgn

39. 返回字符表达式中值的总和的函数为_____。

    A. Mid   B. Hour

    C. Date   D. Sum

40. 返回字符表达式中值的最小值的函数为_____。

    A. Avg   B. Count

    C. Max   D. Min

二、填空题

1. 创建分组统计查询时，总计项应选择【1】。

2. 根据对数据源操作方式和结果的不同，查询可以分为五类：选择查询、交叉表查询、【2】、操作查询和 SQL 查询。

3. "查询"设计视图窗口分为上下两部分，上部分为【3】区，下部分为设计网格。

4. 书写查询准则时，日期值应该用【4】括起来。

5. SQL 查询就是用户使用 SQL 语句来创建的一种查询。SQL 查询主要包括联合查询、传递查询、【5】和子查询。

6. 查询也是一个表，是以【6】为数据来源的再生表。

7. 操作查询包括【7】、删除查询、【8】和追加查询 4 种。

8. 创建查询的方法有两种：分别是【9】和【10】。

9. 每个查询都有三种视图，分别是：【11】、【12】和【13】。

10. 如果一个查询的数据源仍是查询，而不是表，则该查询称为【14】。

11. 【15】查询将来源于某个表中的字段进行分组，一组列在数据表的左侧，一组列在数据表的上部，然后在数据表行与列的交叉处显示表中某个字段的统计值。

12. 返回数值表达式的绝对值的函数为【16】。

13. 查询的结果总是与数据源中的数据【17】。

14. 更新查询的结果，可对数据源中的数据进行【18】。

15. 交叉表查询是利用了表中的【19】来统计和计算的。

16. 参数查询是利用【20】来提示用户输入准则的查询。

17. 当用逻辑运算符 Not 连接的表达式为真时，则整个表达式为【21】。

18. 在 Access 中，查询不仅具有查找的功能，而且还具有【22】的功能。

三、简答题

1. 在 Access 2003 中，查询可以分为哪几类？
2. 简述查询的功能及优点。
3. 常见的 SQL 查询有哪几种类型？

第4章 窗　　体

在前面的章节中，对数据记录的编辑通常在数据表视图下操作，创建的查询也通常在数据表视图下查看结果。除了数据表视图之外，Access 还提供了良好的人机交互界面——窗体（Form）。与数据表视图不同的是，窗体不再拘泥于数据表视图中行和列的显示形式，而是可以按自定义的格式显示数据。

利用窗体可以将 Access 下的整个应用程序组织起来，形成一个完整的应用系统。本章首先概述窗体，结合示例，讲解创建窗体的不同方法以及窗体中常用控件的设计和属性设置，介绍窗体中如何处理数据，主窗体和子窗体中对照查看数据以及切换面板下组织多个窗体。

4.1　窗体概述

窗体是 Access 的七种对象之一，它将数据库中表或查询中的数据以一种友好的界面展现给用户，如图 4.1 所示为窗体示例，该窗体中的数据来源于"学生"表，本身并不存储数据。数据表和查询是窗体信息的主要来源之一，当窗体需要显示数据表中的数据时，创建的窗体就选择数据表或查询作为窗体的数据源（或称记录源）。这时，窗体与选择的表或查询关联，使得在窗体中对数据进行修改、添加或删除时，数据操作的结果会自动保存到关联的数据表中。当然，数据源表中的记录发生变化时，窗体中的信息也会随之变化。除此之外，窗体信息的另一方面来源于设计窗体时设计者附加的一些信息，这些信息或是为了美观，或是为了给用户一些提示信息，从而添加的一些说明性文字或图形元素，如线条、矩形框等。

图 4.1　窗体示例

4.1.1 窗体的视图

不同视图的窗体以不同的布局形式来显示数据源，Access 窗体有五种视图：设计视图、窗体视图、数据表视图、数据透视表视图和数据透视图视图。

（1）设计视图

用于创建窗体和修改窗体的窗口。

（2）窗体视图

是窗体默认的视图类型，用于显示记录数据的窗口，也可以添加或修改表中的数据。

（3）数据表视图

以行和列的格式显示窗体中的数据，可以同时看到表中的许多条记录，对记录可以作添加、删除、修改、查找等操作。

窗体的数据表视图与表的数据表视图在显示形式上很相近。当然，窗体所依附的数据和表相同，但是两者之间也存在一定的差别，即对于表的数据表视图，如果该表与另一个表具有一对多关系，其数据表视图中的每一个记录之间有一个"+"号，单击该"+"号，即可显示与该记录有一对多关系的所有记录。

（4）数据透视表视图

类似 Excel 的数据透视表，是对大量数据进行分析，创建一种交叉式表格从而查看明细数据或汇总数据，参见图 4.9。

（5）数据透视图视图

以图表的形式显示数据，便于用户作数据分析，参见图 4.11。

4.1.2 窗体的结构

窗体由多个部分组成，每个部分称为一个"节"。所有窗体都有主体节，如果需要，窗体还可以包含窗体页眉、页面页眉、页面页脚和窗体页脚节，如图 4.2 所示。

图 4.2　窗体的结构

主体节通常显示记录数据，可以在屏幕或页面上只显示一条记录，也可以显示多条记录。

窗体页眉包括对所有记录都要显示的内容,一般用于设置窗体的标题。在窗体视图中,窗体页眉显示在窗体的顶部,打印时,则显示在第一页的顶部。

窗体页脚包括对所有记录都要显示的内容,一般用于设置对窗体的操作说明。在窗体视图中,窗体页脚显示在窗体的底部,打印时,则显示在最后一页的最后一个主体节之后。

页面页眉用于设置窗体在打印时的页头信息,一般用于显示标题。页面页脚用于设置窗体在打印时的页脚信息,一般用于显示日期或页码。在窗体中,页面页眉和页面页脚仅当打印窗体时显示,在窗体视图中不显示。

4.1.3 窗体的类型

在 Access 中,窗体的类型有:纵栏式窗体、表格式窗体、数据表窗体、主-子窗体、图表窗体、数据透视表等。

4.2 使用向导快速创建窗体

下面我们就开始学习创建窗体,用以下不同方式来讲解窗体的创建方法:
- 使用"自动创建窗体"创建窗体
- 使用"窗体向导"创建窗体
- 使用"自动窗体"创建数据透视表/图

4.2.1 使用"自动创建窗体"创建窗体

使用"自动创建窗体",是创建窗体的方法中最为简单的方法,在这种向导方式中用户只需作出两个选择:选择一种窗体版式(纵栏式、表格式或数据表)以及选择一个表或查询作为窗体的数据源。

【例4.1】以"成绩管理"数据库中"教师"表作为数据源,使用自动创建窗体的方法创建窗体。具体步骤如下:

①打开"成绩管理"数据库。

②在数据库窗口,选择"窗体"对象,单击数据库窗口工具栏上的"新建"按钮,打开"新建窗体"对话框,如图4.3所示。

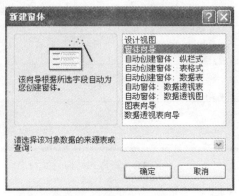

图4.3 "新建窗体"对话框

③在"新建窗体"对话框上方的列表框中,选择自动创建窗体类型:纵栏式、表格式或数据表其中一项。

④在"新建窗体"对话框下方的下拉列表框中选择"教师"表作为窗体的数据来源。

⑤单击"确定"按钮,选择"自动创建窗体:纵栏式",结果如图4.4(a)所示;选择"自动创建窗体:表格式",结果如图4.4(b)所示;选择"自动创建窗体:数据表",结果如图4.4(c)所示。

(a)纵栏式窗体

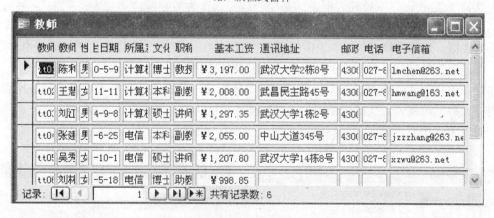

(b)表格式窗体

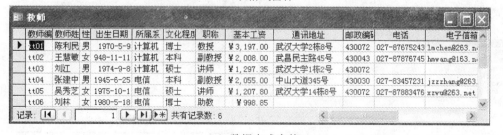

(c)数据表式窗体

图4.4

这三种窗体类型的主要区别为：

纵栏式窗体：一个页面显示一条记录，各字段垂直排列在窗体中，当字段较多时自动分为几列，每个字段左边带有一个标签。用户可以通过窗体下面的浏览按钮在窗体连接的表中浏览记录。

表格式窗体：与纵栏式窗体不同的是，表格式窗体中一个页面显示所有记录，每条记录的所有字段显示在一行上，字段标签显示在窗体顶端。

数据表窗体：形如表格式窗体，与表格式窗体不同的是，在数据表窗体中，用户可以根据需要调整字段的显示宽度，还可以隐藏不需要的列或对数据进行排序等操作。

自动创建窗体方法的优点和缺点都非常明显，优点是操作简单且快捷，缺点是新窗体包含了指定的数据来源（表或查询）中的所有字段和记录，用户不能作出选择。

4.2.2 使用"窗体向导"创建窗体

窗体向导提供了一种功能强大的创建窗体的方法，用户在窗体向导的逐步指导下作出选择，如：窗体数据来自哪个表或查询、窗体使用哪些字段、应用哪个窗体布局、应用哪个外观样式。通过对这些问题的选择，用户可以创建一个符合自己需求的新窗体。用"窗体向导"创建窗体时，数据源可以是一个表或查询的若干字段，也可以是多个表或查询的若干字段。

使用窗体向导创建窗体，首先要打开"窗体向导"对话框。在数据库窗口中选择"窗体"对象，双击"使用向导创建窗体"，或者在"新建窗体"对话框中双击对话框右侧列表中的"窗体向导"，都可以出现"窗体向导"对话框。具体步骤如下：

①确定窗体的数据源。弹出的第一个对话框用于选择窗体所用的字段，如图 4.5 所示。首先选择"表/查询"下拉列表框中的某个表或查询作为数据源，如"表：学生"，然后借助对话框中的四个移动按钮，将下方的"可用字段"列表框中的字段移动到右边的"选定的字段"列表框。这里选择"学生"表中的所有字段，单击"下一步"按钮，进入下一个对话框。

②确定窗体布局。接下来的对话框为用户提示有关窗体布局的选择，如图 4.6 所示。窗体布局即窗体版式，该对话框中提供了六种窗体版式，分别是：纵栏表、表格、数据表、两端对齐、数据透视表、数据透视图。这里选择系统默认的"纵栏表"，然后单击"下一步"按钮，进入下一个对话框。

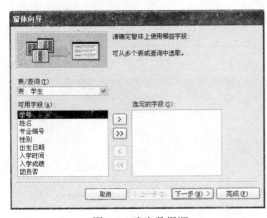

图 4.5　确定数据源

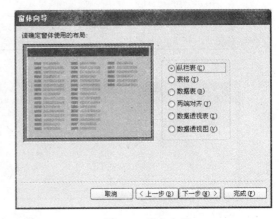

图 4.6　确定布局

③确定样式。这一步要做的是为窗体选择不同样式,如图4.7所示。向导提供了10种不同的样式选项,当选择不同的样式时,对话框的左侧提供了所选窗体样式的预览,这里选择"国际"样式,单击"下一步"按钮,进入下一个对话框。

④设定窗体标题。最后一个对话框用于设定窗体标题,如图4.8所示。在文本框中输入窗体名称,在对话框的下部询问用户在创建完窗体后,是打开窗体还是修改窗体设计,用户可以根据实际情况作出选择。如果选择"打开窗体查看或输入信息",单击"完成"按钮,即完成用窗体向导创建窗体的过程,创建的窗体即是引例中的"学生"窗体,参见图4.2。

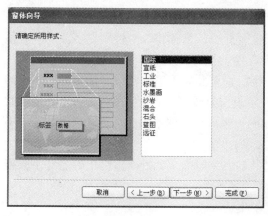

图4.7 确定样式

图4.8 确定窗体标题

这样创建的窗体是基于某个表(或查询)的窗体,使用向导创建窗体不仅可以创建基于单表(或查询)的窗体,而且可以创建基于多表(或查询)的窗体,方法是重复执行步骤1。例如,将一个表中某些字段移动到"可选的字段"列表框中之后,再在"表/查询"下拉列表框中选择另外一个表,将其某些字段也移动到"可选的字段"列表框中。要注意的是,这两个被选择的表应该已经建立了关系,否则将显示错误信息。

4.2.3 使用"自动窗体"创建数据透视表/图

Access 提供了两种自动窗体类型:数据透视表和数据透视图。

数据透视表具有强大的数据分析功能,是一种能用所选格式和计算方法汇总大量数据的交互式表。创建数据透视表窗体时,用户可以动态地改变透视表的版式以满足不同的数据分析方式和要求。当版式改变时,数据透视表窗体会按照新的布局重新计算数据,反之,当源数据发生更改时,数据透视表中的数据也可以随之自动更新。

数据透视图与数据透视表具有相同的功能,不同的是,数据透视图以图表的方式显示分析的结果,而且两者可以相互转换。

1. 创建数据透视表

【例4.2】 针对数据表"学生"作一个数据透视表,如图4.9所示,要求统计不同专业不同性别的团员、非团员以及所有学生的人数。具体步骤如下:

①打开"成绩管理"数据库。

②在数据库窗口,选择 "窗体"对象,单击数据库窗口工具栏上的"新建"按钮,打开"新建窗体"对话框。

③在"新建窗体"对话框上方的列表框中,选择"自动窗体:数据透视表"。

④在"新建窗体"对话框下方的下拉列表框中,选择一个数据表或查询作为窗体的数据来源,如"学生"数据表。

⑤单击"确定"按钮,弹出数据透视表设计界面,以及与要创建窗体相关的数据源表的字段列表窗口,如图4.10所示。

⑥在数据透视表设计界面中,需要将"数据透视表字段列表"中的字段拖放到左边的四个区域中。

- "将行字段拖至此处":将"专业编号"字段拖至此处,窗体将以"专业编号"字段的所有值(03、04、41、42)和自动增加的一个"总计"字段作为透视表的行字段。
- "将列字段拖至此处":将"性别"字段拖至此处,窗体将以"性别"字段的所有值(男、女)和自动增加的一个"总计"字段作为透视表的列字段。
- "将筛选字段拖至此处":将"团员否"字段拖至此处,窗体将以"团员否"字段的所有值(true、false)和自动增加的一个"全部"字段作为透视表的页字段。带有页字段项的数据透视表如同一叠卡片,每张数据透视表就如同一张卡片,选不同的页字段项就是选出不同的卡片。
- "将汇总或明细字段拖至此处":先将"姓名"字段拖至此处,再将"姓名"字段拖至"总计"列字段下方的"无汇总信息"(新产生)所在列。

⑦结果如图4.9所示,保存窗体,取名为"学生透视表"。

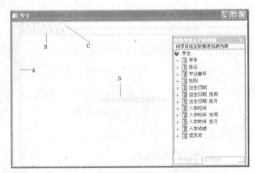

图4.9 学生透视表　　　　　　　　图4.10 数据透视表设计界面

用户可以利用"数据透视表"工具栏上的按钮编辑该透视表,也可以直接用透视表中行、列字段旁的+和-符号作显示和隐藏明细数据的操作。直接拖动行或列字段名可以改变字段的显示次序,在列字段"姓名的计数"处右击鼠标,弹出的快捷菜单中选择"属性",在"属性"对话框的"标题"选项卡下的"标题"文本框中编辑列标题的名字为"学生人数"等,此处不再赘述。

2. 创建数据透视图

数据透视图用以图形的方式表达数据。要创建数据透视图,可以将一个已经设计好的数据透视表转换成相应的数据透视图。方法是:打开数据透视表,单击"数据透视表"工具栏上"视图"按钮右侧的三角符号,在弹出的下拉列表中选择"数据透视图视图",即可生成数据透视图,如图4.11所示。反之,也可以将一个已经设计好的数据透视图转换成相应的数据透视表。

如果不是通过数据透视表转换成透视图,而是从头开始创建数据透视图,其方法类似于创建数据透视表,不同之处是设计界面的不同。

【例4.3】 要求同例4.2,创建一个数据透视图,如图4.11所示。具体步骤如下:
步骤①和步骤②同上例的步骤①和步骤②。
③在"新建窗体"对话框上方的列表框中,选择"自动窗体:数据透视图"。
④单击"确定"按钮,弹出数据透视图设计界面(如图4.12所示)以及与要创建窗体相关的"图表字段列表"窗口。
⑤从"图表字段列表"中拖放相关字段到数据透视图设计界面中的四个区域中:
- "将分类字段拖至此处":"专业编号"作为分类字段拖至此处,这里的"类"是指相邻的一组柱形图,相当于数据透视表中的行字段。
- "将系列字段拖至此处":"性别"作为系列字段拖至此处,不同系列在图形中用不同颜色来区分,相当于数据透视表中的列字段。
- "将筛选字段拖至此处":"团员否"作为筛选字段拖至此处,同数据透视表中的页字段。
- "将数据字段拖至此处":将"姓名"字段拖至此处,以计数方式统计不同姓名的人数。

⑥结果如图4.11所示,保存窗体,取名为"学生透视图"。

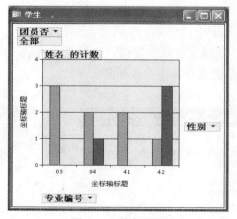

图4.11 学生透视图

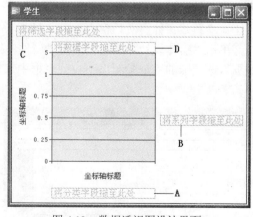

图4.12 数据透视图设计界面

用户可以利用"数据透视图"工具栏上的按钮编辑该透视图,也可以在透视图的"绘图区"或"图表区"右击鼠标,在弹出的快捷菜单中选择"属性"命令,出现"属性"对话框,在对话框的"常规"选项卡下的"选择"下拉列表框中选择"分类轴1标题",再切换到"格式"选项卡下,在"标题"文本框中修改"坐标轴标题"字样或删除,也可以在快捷菜单中选择"图表类型"更改已设计好的图表类型等。

除了以上三种向导创建窗体之外,在"新建窗体"对话框下,还可以选择"数据透视表向导"选项,创建一个数据透视表窗体如图4.12所示,也可以选择"图表向导"选项,根据向导对话框创建一个带有图表的窗体,通过图表可以直观地比较数据表中的数据值。

4.3 使用"设计视图"创建窗体

使用自动功能和向导可以快速创建比较简单的窗体。如果需要创建有个性的窗体,需要自定义窗体的布局和内容,或者修改已有的窗体,那么可以在设计视图中来完成,它提供了一种灵活的创建窗体的方法。也可以先利用向导创建窗体,然后用设计视图修改窗体,这个方法最为灵活方便。

使用设计视图创建窗体只能基于一个表或查询。如果要基于多个表,可以先建立基于多个表的查询,再创建基于该查询的窗体。

4.3.1 用设计视图创建窗体的一般过程

用设计视图可以随意地创建窗体,不同的窗体所包含的对象是不同的,其创建方法当然也不同,但步骤及操作顺序大致相同。下面介绍在设计视图中创建窗体的一般过程。

(1) 打开窗体设计视图

在"新建窗体"对话框中双击"设计视图"选项,或者在数据库窗口的"窗体"对象下,双击"在设计视图中创建窗体"选项,都可以打开窗体的设计视图,并在屏幕上出现"工具箱",如图4.13所示。如果没有出现"工具箱",可以执行菜单"视图"下的"工具箱"命令。

(2) 确定窗体的数据源

如果要创建一个数据窗体,必须指定一个表或查询作为窗体的数据源。确定窗体的数据源有以下两种途径:

① 在"新建窗体"对话框下方的下拉列表框中选择一个表或查询。

② 单击"窗体设计"工具栏中的"属性"按钮,出现窗体属性窗口,如图4.14所示,在"数据"选项卡的"记录源"下拉列表框中选择一个表或查询作为数据源。

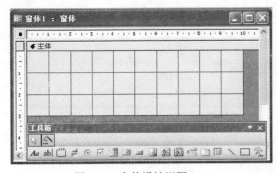

图4.13 窗体设计视图

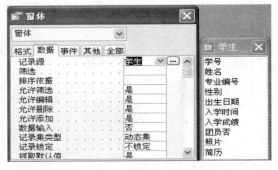

图4.14 窗体属性窗口

例如，选择"学生"表作为数据源时，屏幕上出现"学生"表的字段列表框，其中包含表中的所有字段。如果字段列表框没有打开，可以单击"窗体设计"工具栏中的"字段列表"按钮。

（3）在窗体中添加控件

常用下列两种方法在窗体中添加控件：

① 从数据源的字段列表框中选择需要的字段拖放到窗体上，Access 会根据字段的类型自动生成相应的控件，并在控件和字段之间建立关联。

② 从"工具箱"中将需要的控件添加到窗体。

例如，从字段列表中选择字段"学号"、"姓名"、"专业编号"、"性别"和"入学成绩"，将其拖动到窗体设计视图的主体节下方，注意控件的放置不要太靠近左边垂直标尺，如图 4.15 所示。

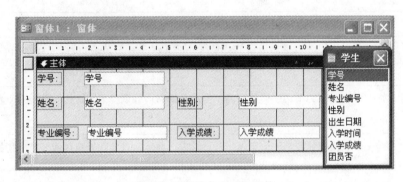

图 4.15　窗体中上添加控件

（4）设置对象的属性

激活当前窗体对象或某个控件对象，单击"窗体设计"工具栏中的"属性"按钮，设置窗体或控件的属性。

（5）查看窗体的设计效果

单击"窗体设计"工具栏上的"视图"按钮，切换到窗体视图查看设计效果。

（6）保存窗体对象

执行"文件"菜单下的"保存"命令，或单击工具栏的"保存"按钮，在弹出的"另存为"对话框中输入窗体名称，点击"确定"退出。

如果要修改已创建的窗体，则打开数据库窗口，先选择要修改的窗体名称，再单击窗口上方的"设计"按钮，将打开该窗体的设计视图，再作修改。

4.3.2　窗体设计视图中的对象

在设计视图中创建窗体，重要的是要熟悉设计视图以及设计视图中不同的操作对象。窗体设计视图中的对象有三类：窗体、节和控件。

1. 节

所有窗体都含有主体节，则创建窗体时，仅产生一个主体节。在窗体的组成中曾介绍过，窗体除了有主体节之外，还可以含有窗体页眉、窗体页脚、页面页眉和页面页脚共 5 个节（参见图 4.2）。当需要在窗体中添加这些节时，打开该窗体的设计视图，执行菜单"视图"下的

"窗体页眉/页脚"和"页面页眉/页脚"命令。其用途和区别前面已作介绍,要注意的是,窗体页眉和窗体页脚只能同时添加或删除,同样,页面页眉和页面页脚也只能同时添加或删除。如果仅仅添加其中一个节,不妨设置另一个节的高度为0。

每个节包括节栏和节背景区两个部分。节栏的左端显示了节的标题和一个向下箭头,用来指示下方为该节栏的背景区。

2. 窗体和节的选择与操作

窗体和节各有自己的选定器,用于选择窗体或某个节,从而调整节背景区的大小,进行显示属性表等操作,具体操作如表4.1所示。其中,显示属性表是为了设置窗体和节的属性,以便控制它们的特征和行为。

表 4.1   窗体和节的选择与操作

选择与操作	窗体	节
选定器的位置	在水平标尺与垂直标尺交叉处	在节栏左侧垂直标尺上
选择窗体或节	单击窗体选定器或窗体背景区外部(深灰色区)	单击节选定器、节栏或节背景区中未设置控件的部分
调整节的高度与宽度	拖动节的下边缘调整节高,拖动节的右边缘调整节宽,拖动节的右下角调整节高与节宽	
显示属性表	双击窗体或节的选定器;若属性表已显示,只要选择窗体或节就会切换到相应的属性表	

3. 控件

控件是窗体上的图形化对象,如文本框、复选框、滚动条或命令按钮等,用于显示数据、执行操作或使用户界面更加美观。

在窗体设计过程中,核心问题是对控件的操作,包括添加、删除、修改等。信息通过控件分布在窗体的各个节中。窗体中的控件有下述三种类型:

结合型控件:与表或查询中的某个字段相关联,可用于显示、输入及更新数据库中的字段值。

非结合型控件:与任何数据源都不相关,可用于显示提示信息、线条、矩形和图像等。

计算型控件:以表达式作为数据来源,表达式使用表或查询字段中的数据,或者使用窗体或报表上其他控件中的数据。

下面介绍控件类型和控件的有关操作。

(1)工具箱

工具箱用于创建控件。在窗体设计视图中,单击"窗体设计"工具栏中的"工具箱"按钮,或者执行"视图"菜单下的"工具箱"命令,就能显示或取消"工具箱"窗口。

工具箱中有20个按钮,如图4.16所示。将鼠标移至某个控件按钮上,鼠标下方显示该控件的名称。除了第一排的"选择对象"和"控件向导"两个按钮是辅助按钮外,其他都是控件定义按钮,各控件的作用如表4.2所示。

图 4.16 工具箱

表 4.2 工具箱中的控件及作用

控件名称	图标	作用
选择对象		选定窗体控件
控件向导		打开或关闭控件向导
标签		显示说明文本
文本框		显示、输入或编辑数据
选项组		与复选框、选项按钮或切换按钮配合使用,显示一组可选值
切换按钮		表示开或关两种状态
选项按钮		用于单项选择
复选框		用于多项选择
组合框		由一个文本框或一个列表框组成,可以输入和选择数据
列表框		从列表中选择数据
命令按钮		用来执行一项命令
图像		在窗体或报表中显示图像
未绑定对象框		显示未绑定型 OLE 对象
绑定对象框		显示绑定型 OLE 对象
分页符		创建多页窗体,或者在打印窗体及报表时开始一个新页
选项卡控件		创建一个带选项卡的窗体或对话框,显示多页信息
子窗体/子报表		在窗体或报表中显示来自多个表的数据
直线		绘制直线
矩形		绘制矩形框
其他控件		显示 Access 已经加载的其他控件

利用工具箱向窗体添加控件的基本方法是:在工具箱中单击要添加的控件按钮,将鼠标移动到窗体上,鼠标变为一个带"+"号标记的形状(左上方为"+",右下方为选择的控件图标,如添加标签控件时的鼠标形状为 ^+A),然后在窗体的合适位置单击鼠标,即可添加一个控件,控件大小由系统自动设定。

注意：如果要使用向导来帮助创建控件，需要按下工具箱中的"控件向导"工具。该工具在默认情况下是启动的，其作用是在工具按钮的使用期间启动对应的辅助向导，如文本框向导、命令按钮向导等。

在创建控件的过程中，还需要对控件进行一些必要的操作。

（2）选择控件

直接单击控件的任何地方，可以选择该控件。此时控件的四周出现八个控点符号，其中左上角的控点形状较大，称为"移动控点"，其他控点为"尺寸控点"。

如果要选择多个控件，可以按住 Shift 键，再依次单击各个控件，或者直接拖动鼠标使它经过所有要选择的控件。单击已选定控件的外部某处可以取消选定。

（3）移动控件

方法一：把鼠标放在控件左上角的"移动控点"处，当出现手形图标时，按住鼠标将其拖动到指定的位置。无论当前选定的是一个或多个控件，这种方法只能移动单个控件。

方法二：鼠标在选中的控件上移动（非"移动控点"处），当出现手形图标时，按住鼠标将其拖动到指定的位置。这种方法能对所有选中的控件一起移动。

（4）调整控件大小

选中要调整大小的一个或多个控件，将鼠标移动到尺寸控点上，鼠标变为双箭头时，拖动尺寸点，直到控件变为所需的大小。

当控件的标题长度大于该控件的宽度时，单击菜单"格式"下的"大小"选项，在子菜单中选择"正好容纳"命令，可以自动调整控件大小，使其正好容纳其中的内容。例如，标签标题的长度大于该标签控件的宽度时，执行此命令，标签控件就会自动加宽到正好完整显示标题。

（5）控件对齐

在设计窗体布局时，往往要以窗体的某一边界或网格作为基准对齐某（多）个控件，首先选择需要对齐的控件，再单击菜单"格式"下的"对齐"选项，在子菜单中用户可以选择"靠左"、"靠右"、"靠上"、"靠下"或"对齐网格"的选项。

说明：如果打开的窗体没有网格，可以执行菜单"视图"下的"网格"命令，在窗体中添加网格以作对齐参照。

（6）调整控件间距

使用"格式"菜单下的"水平间距"选项可以调整控件之间的水平间距。当选择子菜单中的"相同"命令时，系统将在水平方向上平均分布选中的控件，使控件间的水平距离相同；若选择"增加"或"减少"命令时，可以增加或减少控件之间的水平距离。

使用菜单"格式"下的"垂直间距"命令可以调整控件之间的垂直间距。当选择子菜单中的"相同"命令时，系统将在垂直方向上平均分布选中的控件，使控件间的垂直距离相同；若选择"增加"或"减少"命令时，可以增加或减少控件之间的垂直距离。

（7）删除控件

选中要删除的一个或多个控件，按 Delete 键，或者执行"编辑"菜单下的"删除"命令，可删除选中的控件。

（8）复制控件

选中一个或多个控件，执行"编辑"菜单下的"复制"命令，然后确定要复制的控件位置，再执行"编辑"菜单下的"粘贴"命令，可将已选中的控件复制到指定的位置上，再修改副本的相关属性，这样可大大加快控件的设计。

4.3.3 对象的属性

窗体的控件是窗体设计的主要对象，它们都具有一系列的属性，这些属性决定了对象的特征以及如何对对象进行操作。对窗体和控件的属性进行修改，是在窗体设计后一个非常必要的操作。图4.14所示的就是窗体的属性窗口。

1. 设置控件的属性

对于控件属性的设置，可以改变控件的大小、颜色、透明度、特殊效果、边框、文本外观等，控件属性的设置对于控件的显示效果起着重要的作用。

打开窗体的设计视图，选中要设置属性的控件，单击工具栏上的"属性"按钮，将弹出该控件的属性窗口。控件的属性窗口对话框中有五个选项卡：

（1）"格式"选项卡

设置控件的显示方式，如控件的大小、位置、背景色、标题、边框等属性。

（2）"数据"选项卡

设置控件的数据来源、有效性规则等。

（3）"事件"选项卡

设置控件可以的响应事件，如单击、双击、鼠标按下、鼠标移动、鼠标释放等。事件是Access预先定义好的、能够被对象识别的动作，每个对象都可以识别和响应多种事件，不同对象所能识别和响应的事件不完全相同。

（4）"其他"选项卡

设置控件的名称等属性。

（5）"全部"选项卡

包括了另外四个选项卡的所有属性内容。

不同的控件对象，其显示的属性名称会有所不同，后面会详细介绍常用控件的建立及其属性设置。

2. 设置窗体的属性

窗体的属性设置会影响对窗体的操作和外观显示，例如：是否允许对记录进行编辑，是否允许添加记录，是否允许删除记录，是否显示滚动条等。

打开窗体的设计视图，单击窗体选定器或窗体背景区外部（深灰色区）选中该窗体，单击工具栏上的"属性"按钮，将弹出该窗体的属性窗口。窗体的属性窗口同样有五个选项卡，下面主要介绍其中的格式属性和数据属性。

（1）"格式"选项卡

如图4.17所示，窗体"格式"选项卡列举的是若干格式属性。

① "标题" 指定窗体标题栏中显示的文字。

② "默认视图" 指定窗体的显示样式，例如"单一窗体"样式将显示窗体中所有已作设置的节，但在主体节中只显示数据表的一条记录。

③ "滚动条" 指定窗体上是否显示滚动条。

④ "记录选择器" 指定窗体上是否显示记录选择器，即窗体最左端的箭头标记。

⑤ "导航按钮" 指定窗体上是否显示导航按钮，导航按钮出现在窗体的最下端，利用

导航按钮可以方便地浏览窗体中的各条记录。如果用户自己创建了更为美观的按钮，则可在该属性下拉列表框中选择"否"，使系统导航按钮不出现。

⑥"分隔线" 指定窗体上是否显示各节之间的分隔线。

⑦"自动居中" 窗体显示时是否自动在 Access 窗口内居中。

⑧"边框样式" 指定窗体边框的样式，有"无边框"、"细边框"、"可调边框"、"对话框边框"四个选项。

⑨"宽度" 设置窗体中各节的宽度。

（2）"数据"选项卡

如图 4.18 所示，窗体"数据"选项卡列举的是若干数据属性。

①"记录源" 指定窗体信息的来源，可以是数据库中的一个表或查询。

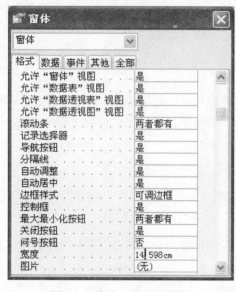

图 4.17 窗体"格式"属性

图 4.18 窗体"数据"属性

②"筛选" 对数据源中的记录设置筛选规则，打开窗体对象时，系统会自动加载设定的筛选规则。若要应用筛选规则，则可以执行菜单"记录"下的"应用筛选/排序"命令。

③"排序依据" 对数据源中的记录设置排序依据和排序方式，打开窗体对象时，系统会自动加载设定的排序依据。若要应用排序依据，则可以执行菜单"记录"下的"应用筛选/排序"命令。

④"数据输入" 若选为"是"，则窗体打开时只显示一个空记录，用户可以输入新记录值；若选为"否"，则打开窗体时显示数据源中已有的记录。默认取值为"否"。

⑤"记录集类型" 指定窗体数据来源的记录集模式，一般取默认值即可，不需要更改。

⑥"记录锁定" 指定在多用户环境下打开窗体后锁定记录的方式。

在窗体属性窗口中还列出了窗体能识别的所有事件，如打开、加载、单击等。当窗体的某个事件被触发后，就会自动执行事件响应代码，完成指定的动作。在 Access 中，有 3 种处理事件的方法：设置一个表达式，指定一个宏操作或编写一段 VBA 代码。

4.4 常用控件的创建及属性设置

本节学习控件的创建方法及相关属性。如图 4.19 所示为"学生信息浏览"的窗体示例，该窗体设计中应用了多种控件工具。本节分别介绍如下控件：
- 标签控件
- 文本框控件
- 组合框和列表框控件
- 命令按钮控件
- 选项组控件
- 选项卡控件
- 图像、未绑定对象框和绑定对象框控件
- 直线、矩形控件

图 4.19 "学生信息浏览"窗体示例

4.4.1 标签控件

标签（Label）是在窗体、报表或数据访问页上显示文本信息的控件，常用作提示和说明信息。标签不显示字段或表达式的数值，它没有数据来源，而且当从一个记录移到另一个记录时，标签的值都不会改变。例如，图 4.19 "学生信息浏览"窗体中的"学生信息浏览"字样就是一个标签。

标签可以附加到其他控件上，在创建结合型控件时，从字段列表框中将选定的字段拖到窗体中时用于显示字段名的控件就是标签，而用于显示字段值的控件则是文本框。例如，创建"学生信息浏览"窗体,从字段列表中选择"学号"等字段拖动到窗体的设计视图时,有一个标签附加在文本框控件上同时出现,且以默认字段名"学号"作为该标签标题。

标签控件的常用属性有:

①"名称" 名称是控件的一个标识符,在属性窗口的对象名称框和"其他"选项卡下的"名称"文本框中显示的就是各控件的名称,在程序代码中也是通过名称来引用各个控件的。按标签添加到窗体上的顺序,其默认的名称依次是 Label1,Label2……。同一个窗体中的各个控件的名称不能相同,用户可以重新指定标签的名称。

②"标题" 指定标签中显示的文本内容。

③"背景样式" 指定标签的背景是不是透明的。

④"前景色"、"背景色" 前景色是标签内文字的颜色,背景色是标签的底色。

⑤"宽度"、"高度" 设置标签的大小。

⑥"边框样式"、"边框颜色"、"边框宽度" 设置标签边框的格式。

⑦"字体名称"、"字号"、"字体粗细" 设置标签内文字的格式。

4.4.2 文本框控件

文本框(TextBox)是一个交互式控件,既可以显示数据,也可以接收数据的输入。在 Access 中,文本框有三种类型:结合型、非结合型和计算型文本框。创建哪种类型的文本框,取决于用户的需要。

1. 创建非结合型文本框控件

利用工具箱中的文本框工具,在设计视图中为窗体创建文本框控件,在窗体视图中用于显示或输入数据。

2. 创建结合型文本框控件

在设计视图中,先为窗体设置记录源,然后从字段列表中将字段拖到窗体中就会产生一个关联到该字段的文本框,或创建未结合型文本框,并在"控件来源"属性框中选择一个字段。在窗体视图下,结合型文本框用于显示字段值,并可以输入数据更改字段值。

3. 创建计算型文本框控件

在设计视图中,先创建非结合型文本框,然后在文本框中输入以等号"="开头的表达式,或在其"控件来源"属性框中输入等号"="开头的表达式,也可以利用该框右侧的生成器按钮来打开"表达式生成器"对话框来产生表达式。在窗体视图下,计算型文本框用于显示表达式计算结果,但不能在窗体视图中修改。

文本框控件的常用属性有:

①"控件来源" 对于结合型文本框,指定控件来源为表或查询数据源中的某个字段;计算型文本框的控件来源为一个计算表达式,表达式前必须以"="开头,而非结合型文本框不需要指定控件来源。

从窗体数据源的"字段列表"中将文本类型的字段拖放到窗体上时,会自动产生结合型文本框控件,并自动将其控件来源属性设置为对应的字段。

②"输入掩码" 设置结合型或非结合型文本框控件的数据输入格式,仅对文本型或日期型数据有效。可以单击属性框右侧的生成器按钮,启动输入掩码向导设置输入掩码。

③"默认值" 对计算型文本框和非结合型文本框控件设置初始值。

④"有效性规则" 设置在文本框控件中输入或更改数据时的合法性检查表达式。

⑤"有效性文本" 当在该文本框中输入的数据违背了有效性规则时,将显示有效性文本中填写的文字信息。

⑥"可用" 指定文本框控件是否能够获得焦点,只有获得焦点的文本框才能输入或编辑其中的内容。

⑦"是否锁定" 如果文本框被锁定,则其中的内容就不允许被修改或删除。

【例4.4】 创建"课程学分汇总"窗体,如图4.20所示。显示"课程"数据表中的所有记录,在窗体的最下方创建一个计算文本框,用于显示总学分;在窗体的最上方建立一个标签,内容为"课程学分汇总"。操作步骤如下:

①在"成绩管理"数据库窗口中,双击"使用向导创建窗体"选项。

②在"窗体向导"对话框中,选择"表/查询"下拉列表框中"表:课程",在"可用字段"列表框中选择字段"课程编号"、"课程名称"和"学分"并移动到"选定的字段"列表框,单击"下一步"按钮。

③选择"表格"式作为窗体的布局,单击"下一步"按钮,再选择"标准"样式,再单击"下一步"按钮,指定窗体标题为"课程学分汇总",同时选择"修改窗体设计",单击"完成"按钮,如图4.21所示。

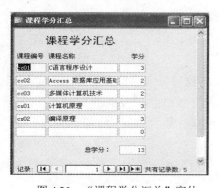

图4.20 "课程学分汇总"窗体

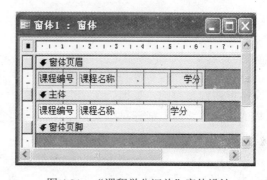

图4.21 "课程学分汇总"窗体设计

④在"课程学分汇总"窗体设计中扩大窗体页眉节的背景区,移动该节中的三个标签控件至窗体页眉节的最下方。

⑤在窗体的属性窗口下,设置格式属性"记录选择器"和"分隔线"均为"否"。

⑥在工具箱中选中"标签"控件,然后在窗体页眉节的中间位置单击鼠标,添加一个标签控件。可以直接在标签中输入文字"课程学分汇总",也可以在标签控件的"标题"属性框中输入该行文字。

⑦选中该标签控件,利用格式工具栏或属性窗口设置标签的显示格式:"字体名称"为黑体,字号为16。再执行菜单"格式"下的"大小"下的"正好容纳"命令,使标签自动调整大小以容纳其内容。

⑧在"控件向导"工具按钮未被选中的前提下,选择文本框控件,在窗体页脚节中选择一个合适位置,点击或拖动鼠标出现一个文本框和附加标签。

如果选择了"控件向导"工具按钮创建文本框,将会弹出两个"文本框向导"对话框。

"文本框向导"对话框之一,如图 4.22 所示,可以设置如下功能:字体、字号和字形,平面、凸起、凹陷、蚀刻、阴影、凿痕共六种边框的特殊效果,左、居中、右、分散共四种文本对齐方式,行间距,左、上、右、下共四种边距(表示文本与边框的距离),垂直文本框。每一个设置效果即时显示在左上方的"示例"区中。

"文本框向导"对话框之二,如图 4.23 所示,用于选择"输入法模式",其下拉列表框中有三个选项:"随意"、"输入法开启"和"输入法关闭"。若选择"输入法开启"选项,则当光标在该文本框中时,系统将自动打开中文输入法。

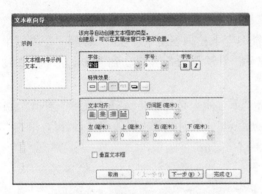 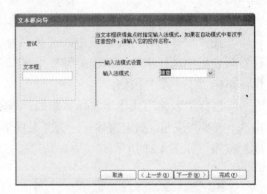

图 4.22 "文本框向导"对话框之一　　　　图 4.23 "文本框向导"对话框之二

⑨设置标签的"标题"为"总学分:",选中文本框控件(当前显示"未绑定"字样),在文本框属性窗口的"数据"选项卡下的"控件来源"框中输入"=sum(学分)",统计所有课程的总学分,即完成计算型文本框控件的创建。然后,将文本框的"是否锁定"属性设置为"是",不允许用户修改或删除该项数据。

说明:当表达式中包含窗体、报表、字段或其他对象的名称时,系统会自动在这些名称的外边加上方括号(如:=sum([学分]))。

⑩调整"总学分:"标签至合适位置,设置文本框为适当大小。

⑪保存退出,得到如图 4.20 所示的窗体。

4.4.3 组合框和列表框控件

组合框(ComBox)和列表框(ListBox)控件都提供一个值列表,通过从列表中选择数据完成输入工作。从列表中选择值,既可以保证输入数据的正确性,又可以提高数据的输入速度。

列表框在窗体中可以包含一列或几列数据,每行可以有一个或多个字段。组合框类似于文本框和列表框的组合,可以在组合框中输入新的值,也可以从列表中选择一个值。要确定创建列表框还是组合框,需要考虑有关控件如何在窗体中显示的问题,还要考虑用户如何使用。两者均有各自的优点,在列表框中,列表随时可见,但是控件的值只限于列表中的可选项,在用窗体输入或编辑数据时,不能添加列表中没有的值;在组合框中,由于列表只有在打开时才显示内容,因此该控件在窗体上占用的地方较小,用户可以选择组合框中已有的值,也可以输入一个新值并将其添加到列表中。

组合框和列表框的常用属性有:

① "列数"。该属性默认值为 1,表示只显示 1 列数据,如果属性值大于 1,则表示显示多列数据。

② "行来源类型" 指定数据类型,有三个选项:表/查询、值列表和字段列表。

③ "行来源" 为每一数据类型决定数据来源。

【例 4.5】 以"学生信息浏览"窗体(参见图 4.19)为例,说明如何创建"性别"列表框。操作步骤如下:

①打开"学生信息浏览"窗体的设计视图,先确保工具箱的"控件向导"按钮处于选中状态,再选择工具箱中的"列表框"控件按钮,在设计视图的合适位置单击鼠标,弹出"列表框向导"对话框之一,如图 4.24 所示,选择"自行键入所需的值"选项。

在具体创建时,选择什么选项,需要具体问题具体分析。如果用户创建输入或修改记录的窗体,一般情况下应选择"自行键入所需的值"选项,这样列表中列出的数据不会重复,使用时从列表中直接选择即可;如果用户创建的是显示记录窗体,可以选择"使用列表框查阅表或查询中的值"选项,这时列表框中将反映存储在表或查询中的实际值,如果设计"性别"列表框选择的是此选项,则窗体中"性别"列表框将列举出所有记录的性别字段值,即"男"和"女"值会重复出现;如果用户创建的窗体,能随着列表框选择的值而去查找相应记录,则选择"在基于列表框中选定的值而创建的窗体上查找记录"选项。

②单击"下一步"按钮,弹出"列表框向导"对话框之二,如图 4.25 所示。输入列表框所需的列数,在单元格中键入所需的值。这里选择"1"列,值为"男"、"女"。

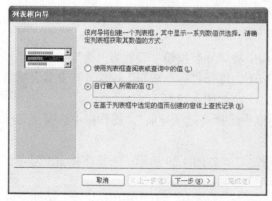 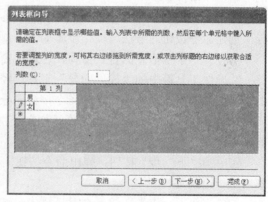

图 4.24 "列表框向导"对话框之一 　　　　图 4.25 "列表框向导"对话框之二

③单击"下一步"按钮,弹出"列表框向导"对话框之三,如图 4.26 所示。选择"将该数值保存在这个字段中:",在右边的下拉列表框中选择"性别"字段。这样,列表框就与"读者信息"表的"性别"字段关联起来,产生一个结合型列表框。

④单击"下一步"按钮,弹出"列表框向导"对话框之四,如图 4.27 所示。键入列表框标签:"性别"。

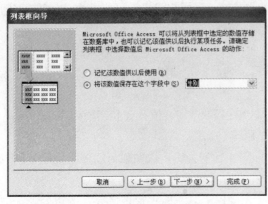

图 4.26 "列表框向导"对话框之三　　　　图 4.27 "列表框向导"对话框之四

⑤单击"完成"按钮。结合型列表框"性别"创建完毕。

这时,查看"性别"列表框的属性窗口,其"数据"选项卡下的"行来源类型"属性也为"值列表","行来源"为"男"或"女"。该结合型列表框控件与性别字段关联起来。

用类似的方法创建"专业编号"为组合框,在向导对话框中选择"自行键入所需的值"选项,依次输入各专业编号值 03、04、41、42,然后单击"将该数值保存在这个字段中:",选择"专业编号"字段,于是该组合框与学生表的专业编号字段关联起来,从而产生一个结合型组合框,其"行来源类型"属性为"值列表","行来源"为 03、04、41、42。

4.4.4　命令按钮控件

命令按钮(Command button)用来执行某个特定的操作,其操作代码通常放在命令按钮的"单击"事件中。

【例 4.6】 以"学生信息浏览"窗体(参见图 4.19)为例,说明如何使用"命令按钮向导"创建命令按钮的方法。操作步骤如下:

①打开"学生信息浏览"窗体,在属性窗口中将"导航按钮"设置为"否"。

②确保工具箱中的"控件向导"工具已经按下,选择"命令按钮"控件,在窗体页脚节的合适位置单击,系统自动启动命令按钮向导之一,如图 4.28 所示。

③定义按下按钮时产生的动作,如在类别框中选择"记录导航",操作框中选择"转至前一项记录"。

④单击"下一步"按钮,弹出命令按钮向导之二,如图 4.29 所示,选择在按钮上显示文本"上一记录"。

⑤单击"下一步"按钮,在对话框中为按钮命名以便于以后对该按钮的引用,这里给按钮命名为"previous"。

⑥单击"完成"按钮,结束"上一记录"命令按钮的创建。

⑦依次创建其他命令按钮。"下一记录"命令按钮的类别选择"记录导航",操作选择"转至下一项记录";"添加记录"命令按钮的类别选择"记录操作",操作选择"添加新记录";"保存记录"命令按钮的类别选择"记录操作",操作选择"保存记录";"退出"命令按钮的类别选择"窗体操作",操作选择"关闭窗体"。

第4章 窗 体

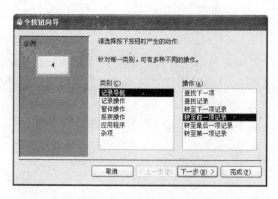

图4.28 命令按钮向导之一

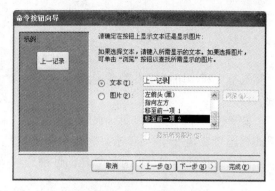

图4.29 命令按钮向导之二

⑧使用 Shift 键选择这五个命令按钮，在菜单"格式"下的"对齐"选项下选择一种对齐方式，执行菜单"格式"下的"水平间距"下的"相同"命令。

⑨保存，结束创建。

4.4.5 选项组控件

"选项组"控件（Frame）由一个组框架及一组选项按钮、复选框和切换按钮组成。选项组为用户提供必要的选择选项，用户只需进行简单的选取即可完成参数的设置。

【例4.7】 使用向导创建性别选项按钮，如图4.30所示。操作步骤如下：

①确保工具箱中的"控件向导"工具已经按下。

②单击工具箱中的"选项组"按钮，在窗体上单击要放置选项组的左上角位置，此时屏幕显示如图4.31所示。

③在"标签名称"框内分别输入"男"、"女"，单击"下一步"按钮，显示如图4.32所示。

图4.30 选项按钮

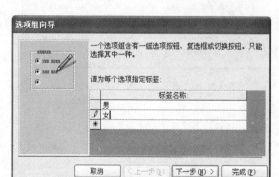

图4.31 "选项组向导"对话框之一

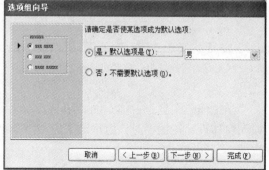

图4.32 "选项组向导"对话框之二

④系统要求用户确定是否需要默认选项，这里选择"是"，并指定"男"为默认项值。

⑤单击"下一步"按钮，显示如图4.33所示。这里为"男"选项赋值"1"，为"女"选项赋值"2"。

⑥单击"下一步"按钮,显示如图4.34。选择"在此字段中保存该值",并在右边的组合框中选择"性别"字段。

⑦单击"下一步"按钮,显示如图4.35。选项组中可选用的控件的类型有"选项按钮"、"复选框"和"切换按钮",左边有不同控件类型的示例。这里选择"选项按钮"类型和"蚀刻"样式。

⑧单击"下一步"按钮,显示如图4.36。在"请为选项组指定标题"文本框中输入选项组的标题"性别",然后单击"完成"按钮。

回到窗体视图中可以看到创建的性别选项按钮,如图4.30所示。

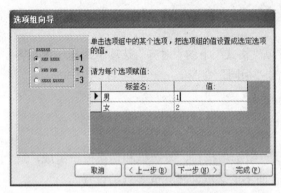

图 4.33 "选项组向导"对话框之三

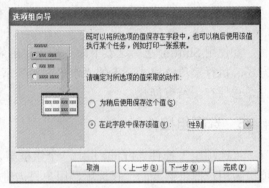

图 4.34 "选项组向导"对话框之四

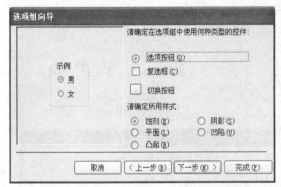

图 4.35 "选项组向导"对话框之五

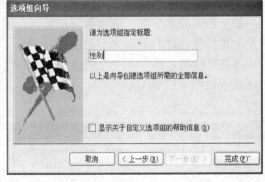

图 4.36 "选项组向导"对话框之六

"学生信息浏览"窗体中的"团员否"为复选框,当拖动"字段列表"中的"团员否"字段到窗体设计视图中时,由于该字段类型为"是/否"型,因此系统会自动产生一个结合型复选框。

4.4.6 选项卡控件

选项卡也称为页(Page),可以使用选项卡控件来分页显示单个窗体中的多个信息,用户只需要单击选项卡就可以切换到另一个页面。

【例4.8】 以"教师"表为数据源,创建一个"教师信息多页浏览"窗体,教师的基本信息和联系方式分别显示在窗体的两页上,如图4.37和图4.38所示。操作步骤如下:

①打开"设计"视图,在窗体属性中选择"教师"表作为数据的记录源。

②单击工具箱中的"选项卡控件"按钮,然后在窗体中单击要放置选项卡控件的位置,系统将添加有两页的选项卡控件。

③单击选项卡的第一页,将"教师姓名"、"性别"、"所属系"、"职称"和"基本工资"字段拖动到选项卡的第一页上。

④在第一页的选项卡名处双击,打开属性窗口,在"格式"下的"标题"属性中输入"基本信息"作为选项卡第一页的标签名称。

⑤单击选项卡的第二页,将"通信地址"、"邮政编码"、"电话"和"电子信箱"字段拖动到选项卡的第二页上。

⑥在第二页的选项卡名处双击,打开属性窗口,在"格式"下的"标题"属性中输入"联系方式"作为选项卡第二页的标签名称。

⑦适当调整选项卡控件的大小,切换到"窗体视图"中查看操作结果,如图 4.37 和图 4.38 所示。

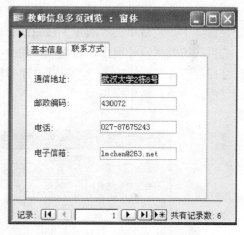

图 4.37　"基本信息"页　　　　图 4.38　"联系方式"页

注意:选项卡控件按钮默认产生两页,如果要添加更多的页,则可用右键单击选项卡,在弹出的快捷菜单中选择"插入页"即可在选项卡上增加新页。

4.4.7　图像、未绑定对象框和绑定对象框控件

1. 图像控件

图像控件是一个放置图形对象的控件。在工具箱中选取图像控件后,在窗体的合适位置上单击鼠标,会出现一个"插入图片"的对话框,用户可以从磁盘上选择需要的图形图像文件。图像控件的常用属性有:

①"图片"　指定图形或图像文件的路径和文件名。

②"图片类型"　指定图形对象是嵌入到数据库中,还是链接到数据库中。

③"缩放模式"　指定图形对象中图像框中的显示方式,有"裁剪"、"拉伸"和"缩放"三个选项。

2. 未绑定对象框控件

未绑定对象框控件显示不存储到数据库中的 OLE 对象。在工具箱中选中该控件后，在窗体的合适位置上单击鼠标，会出现一个"插入对象"对话框，用户可以通过选择"新建"或"由文件创建"两种方法插入一个对象。

3. 绑定对象框控件

绑定对象框控件显示数据表中 OLE 对象类型的字段内容，即在浏览不同记录时，对象是否会发生变化。

【例 4.9】 在"学生信息浏览"窗体中添加学生图片，参见图 4.19 所示。操作步骤如下：

①切换到"学生信息浏览"窗体的设计视图中，拖动"字段列表"中的"照片"字段到设计视图的合适位置，产生一个标题为"照片:"的绑定对象框。

②切换到窗体视图，光标定位到需要添加照片记录的"照片"字段处。

③选择"插入"菜单下的"对象"选项，或单击鼠标右键，在弹出的快捷菜单中选择"插入对象"命令，出现插入图片的对话框，如图 4.39 所示。

④选择"由文件创建"选项按钮，在"文件"框中输入或点击"浏览"按钮确定照片所在的位置，并选中"链接"复选框，使该图片与源文件保持链接，这样对文件的更改可以反映在窗体中，然后单击"确定"按钮即可以看到照片的效果。

⑤再次切换到设计视图，根据照片的大小，设置对象框控件的高度和宽度，或直接拖动"尺寸控点"改变控件的大小，或者设置图片的缩放模式，一般选择"拉伸"或"缩放"，直到图片满意为止，结束操作。

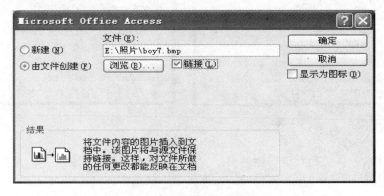

图 4.39 插入图片对话框

4.4.8 直线、矩形控件

在窗体上，按信息的不同类别，将控件放在相对独立的区域，这样窗体就不显得杂乱无章了。通常，线条和矩形框是区分信息类别的较好工具。

1. 直线控件

直线控件（Line）用在窗体中可以突出相关的或特别重要的信息，或将窗体分割成不同的部分。

如果要绘制水平线或垂直线，单击"直线"按钮，在窗体设计视图中拖动鼠标创建直线，如果要细微调整线条的位置，则选中该线条，同时按下 Ctrl 键和方向键；如果要细微调整线条的长度或角度,则选中该线条,同时按下 Shift 键和方向键。

如果要改变线条的粗细,可选中该线条,再单击"格式"工具栏中的"线条/边框宽度"按钮,然后选择所需的线条粗细。同样的方法,用其他的命令可以改变线条颜色,为线条设置特殊效果,也可以在线条的属性表中修改线条的属性如宽度、高度、特殊效果、边框样式、边框颜色、边框宽度等。

2. 矩形控件

矩形控件(Box)用于显示图形效果,可以将一组相关的控件组织在一起。例如,"学生信息浏览"窗体中就有两个矩形控件,分别组织学生的基本信息和一组按钮,这样显得整体布局紧凑而不零散。

如果要绘制矩形,单击"矩形"按钮,在窗体设计视图中拖动鼠标即可创建矩形。矩形控件的常用属性有宽度、高度、背景色、特殊效果、边框样式、边框颜色、边框宽度等。

4.5 使用窗体处理数据

对于与表或查询中的数据绑定的窗体,可以对其中的数据进行浏览、编辑、查找、替换、排序和筛选操作。当用户在数据库窗口下,打开某窗体时,窗体是以窗体视图的形式显示,并弹出"窗体视图"工具栏,如图 4.40 所示。利用工具栏上的这些按钮,可以方便地对窗体中的数据进行各种操作。

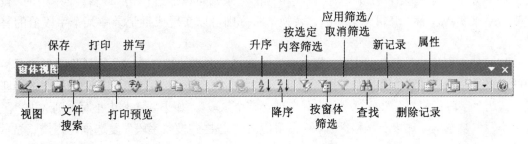

图 4.40 "窗体视图"工具栏

4.5.1 浏览记录

在默认设置下,窗体下方都有一个导航按钮栏,单击其中的各个按钮可以浏览记录,在导航栏中间的文本框中输入记录号则可以快速定位到指定记录。

4.5.2 编辑记录

1. 添加记录

单击窗体导航条上的"新记录"按钮,系统会自动定位到一个空白页或一个空白记录行,在窗体的各控件中输入数据后,单击工具栏的"保存"按钮,或者将插入点移到其他记录上,Access 都会将刚输入的数据保存到数据源表中,也就是在表中添加了一条新记录。

2. 删除记录

先将光标定位至需要删除的记录上,然后单击工具栏的"删除记录"按钮即可将该记录从数据表中删除。

3. 修改记录

在窗体的各控件中直接输入新的数据,然后单击工具栏的"保存"按钮,或者将插入点移动到其他记录上,即可将修改后的结果保存到数据表中。

注意,当有以下几种情况时,不允许对窗体中的数据进行编辑操作:
①窗体的"允许删除"、"允许添加"和"允许编辑"属性设置为"否"。
②控件的"是否锁定"属性设置为"是"。
③窗体的数据来源为查询或 SQL 语句时,数据可能是不可更新的。
④不能在"数据透视表"视图或"数据透视图"视图中编辑数据。

在添加和修改记录时,可以使用 Tab 键选择窗体上的控件,使焦点(光标插入点)从一个控件移动到另一个控件。控件的 Tab 键顺序决定了选择控件的顺序,如果希望按下 Tab 键时焦点能按指定的顺序在控件之间移动,可以设置控件的"Tab 键索引"属性。在控件的属性窗口,可以看到,默认情况下,第 1 个添加到窗体上的可以获得焦点的控件的 Tab 键索引属性为 0,第 2 个控件为 1,第 3 个控件为 2,依此进行。用户可以根据实际需要重新设置该属性值。例如,在"学生信息浏览"窗体的所有控件创建完毕之后,可以设置这些控件的"Tab 键索引"属性,从而人为改变焦点在控件间的移动次序。

4.5.3 查找和替换数据

如果知道表中的某个字段值,要查找相应的记录则可以通过单击"编辑"菜单中的"查找"命令来实现,而"编辑"菜单的"替换"命令则可以实现成批记录中某个字段值的替换。

打开某个窗体,执行"编辑"菜单中的"查找"命令,或者单击"窗体设计"工具栏中的"查找"按钮打开"查找和替换"对话框,如图 4.41 所示。在"匹配"列表框中选择匹配模式为"字段任何部分"或"字段开始"或"整个字段"。如果要区分大小写,则选中"区分大小写"复选框,如果要严格区分格式,则选中"按格式搜索字段"复选框,将按照显示格式查找数据。

如果要对查找的字段值作替换,则将"查找和替换"对话框切换到"替换"选项卡,在"替换值"文本框中输入要替换的新数据,单击"替换"按钮逐一替换,或单击"全部替换"按钮可替换所有查找到的内容。

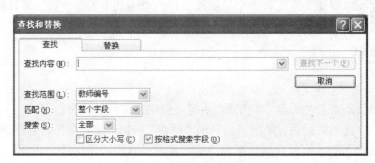

图 4.41 "查找和替换"对话框

4.5.4 排序记录

要依据一个字段设置窗体的浏览顺序,首先在窗体视图中打开要设置浏览顺序的窗体,然后选择要排序的字段,单击"记录"菜单下的"排序"选项,在子菜单中选择"升序排序"命令,记录的浏览顺序将依据该字段,按照从小到大的顺序排列;单击菜单"记录"下的"排序"选项,在子菜单中选择"降序排序"命令,记录的浏览顺序将依据该字段,按照从大到小的顺序排列。

如果要依据多个字段设置浏览顺序,则必须通过"高级筛选/排序"命令来实现。

4.5.5 筛选记录

Access 中可以使用 5 种方法对窗体记录进行筛选,分别是:按选定内容进行筛选、内容排除筛选、按窗体进行筛选、使用"筛选目标"进行筛选和使用"高级筛选/排序"完成筛选。不同的筛选方法适合不同的场合,这些筛选与第 2 章中介绍的数据表记录的筛选操作类似,不同的是此处的筛选在窗体视图下完成,筛选的结果也是在窗体视图下查看。读者可以参阅本书 2.5 节,这里不再作详细介绍。

4.6 主-子窗体和切换面板

我们已经学习了单个窗体的创建以及如何处理窗体中的数据,但是,数据库中的表通常是彼此有关系的,能不能同时在两个窗体中分别查看两个(或多个)相关联的表呢?例如,在一个窗体中查看某教师基本信息的同时可以打开另一个窗体,以便查看该教师的授课课程。还有,能不能把前面做的窗体都链接到一个主界面下,使查看不同的窗体更为方便?本节介绍主-子窗体和切换面板窗体。

4.6.1 创建主-子窗体

在 Access 中,有时需要在一个窗体中显示另一个窗体中的数据,窗体中的窗体称为子窗体,包含子窗体的窗体称为主窗体。使用主-子窗体的作用是:以主窗体的某个字段为依据,在子窗体中显示与此字段相关的记录,而在主窗体中切换记录时,子窗体的内容也会随着切换。因此,当要显示具有一对多关系的表或查询时,主-子窗体特别有效,但并不意味着主窗体和子窗体必须相关。

下面将用两种方法创建主-子窗体:一是同时创建主窗体和子窗体,二是单独建立子窗体和主窗体之后,再将子窗体插入到主窗体中。

1. 同时创建主窗体和子窗体

【例 4.10】 创建主-子窗体,要求主窗体显示"教师"表的"教师姓名"、"所属系"、"文化程度"和"职称"四个基本信息,子窗体中显示"教师任课表"的"课程编号"和"课程名称",如图 4.42 所示。操作步骤如下:

①在"成绩管理"数据库窗口下,双击"使用向导创建窗体",弹出确定数据源窗口,如图 4.43 所示。

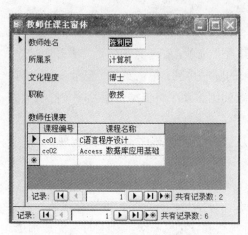

图 4.42 教师任课主-子窗体

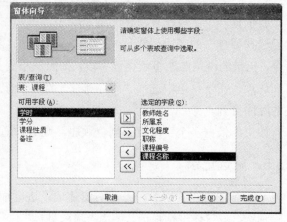

图 4.43 确定数据源窗口

②在"表/查询"下拉列表框中选择"表:教师",并将"教师姓名"、"所属系"、"文化程度"和"职称"四个字段添加到"选定的字段"框中。

③再次在"表/查询"下拉列表框中选择"表:课程",并将"课程编号"和"课程名称"两个字段添加到"选定的字段"框中。

④单击"下一步"按钮。如果两个表之间没有关系,则会出现一个提示对话框,要求建立两表之间的关系,确认后可打开关系视图,同时退出窗体向导。

如果两表之间已经正确设置了关系,则会进入窗体向导的下一个对话框,确定查看数据的方式,如图 4.44 所示。这里保留默认设置。

⑤单击"下一步"按钮,选择子窗体的布局,默认为"数据表",如图 4.45 所示。

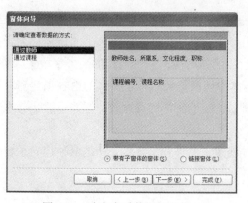

图 4.44 确定查看数据的方式

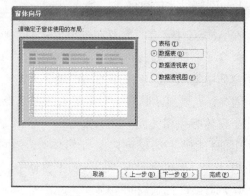

图 4.45 选择子窗体的布局

⑥单击"下一步"按钮,选择窗体的样式为"标准"样式。

⑦单击"下一步"按钮,为窗体指定标题,分别为主窗体和子窗体添加标题"教师任课主窗体"和"教师任课子窗体"。

⑧单击"完成"按钮,结束窗体向导,创建的主-子窗体如图 4.42 所示。

这时在"成绩管理"数据库窗口下会看到新增的两个窗体。如果双击"教师任课子窗体",则只打开单个子窗体;如果双击"教师任课主窗体",会打开主-子窗体,在主窗体中查看不同教师的记录时,子窗体中会随之出现该教师的任课课程。

2. 创建子窗体并插入到主窗体中

在实际应用中,往往存在这样的情况:某窗体已经建立,后来再将其与另一个窗体关联起来,这时就需要把一个窗体(子窗体)插入到另一个窗体中(主窗体)。使用工具箱上的"子窗体/子报表"控件按钮可完成此操作。

【例 4.11】 窗体"学生选课主窗体"仅有学生"学号"和"姓名"字段,窗体"学生选课子窗体"有学生选课的"课程编号"、"平时成绩"和"考试成绩"字段。要求将"学生选课子窗体"插入到"学生选课主窗体"中,以便查看每个学生的选课成绩。具体步骤如下:

①在设计视图中,以"学生选课"表为数据源,拖动"课程编号"、"平时成绩"和"考试成绩"字段到设计视图的主体节中,以纵向方式排列,命名为"学生选课子窗体",保存退出。

②再打开一个新的设计视图,以"学生"表为数据源,拖动"学号"和"姓名"字段到设计视图的主体节中,以横向方式排列,适当调整控件大小和位置。

③在工具箱中确保按下了"工具向导"按钮,再选择"子窗体/子报表"控件按钮,在窗体的主体节的合适位置单击鼠标,启动子窗体向导,如图 4.46 所示,在"使用现有的窗体"列表框中选择"学生选课子窗体"。

④单击"下一步"按钮,确定主窗体和子窗体链接的字段,如图 4.47 所示。这里选取默认设置,以学生表的"学号"为依据,在子窗体显示与此字段相关的记录。

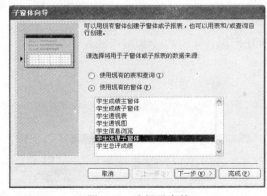

图 4.46 选择子窗体

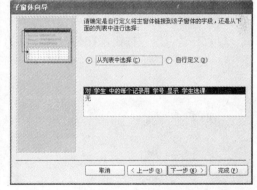

图 4.47 确定主窗体和子窗体链接的字段

⑤单击"下一步"按钮,指定子窗体的名称,取默认值"学生选课子窗体"。

⑥单击"完成"按钮,"学生选课子窗体"插入到当前窗体中,如图 4.48 所示。

⑦在当前窗体(主窗体)中适当调整子窗体对象的大小至满意为止,保存窗体,命名为"学生选课主窗体"。打开窗体,结果如图 4.49 所示。

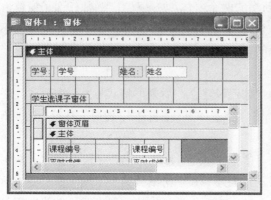
图 4.48 子窗体插入主窗体设计视图

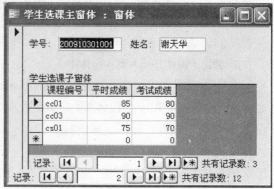
图 4.49 学生选课主-子窗体

4.6.2 切换面板窗体

切换面板是一种特殊的窗体,它的用途主要是为了打开数据库中其余的窗体和报表。因此,可以将一组窗体和报表组织在一起形成一个统一的与用户交互的界面,而不需要一次又一次地单独打开和切换相关的窗体和报表。

1. 创建切换面板窗体

【例 4.12】在前面的章节中已经建立了"学生信息浏览"窗体、"教师信息多页浏览"窗体、"学生选课主窗体"和"学生选课子窗体",要求用切换面板将这些窗体联系在一起,形成一个界面统一的数据库系统,所设计的切换面板如图 4.50 所示。操作步骤如下:

①打开"成绩管理"数据库窗口。

②执行菜单"工具"下的"数据库实用工具"命令,在子菜单中选择"切换面板管理器"命令。如果是第一次创建切换面板,会出现一个询问是否创建切换面板的对话框,选择"是"按钮,系统弹出"切换面板管理器"窗口。

③单击"新建"按钮,在弹出对话框的"切换面板页名"文本框内输入"学生信息管理系统",如图 4.51 所示。

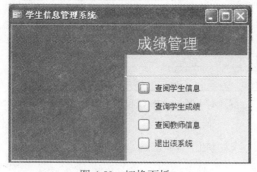
图 4.50 切换面板

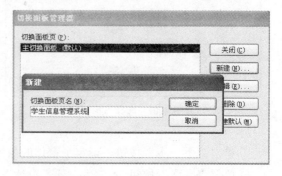
图 4.51 "切换面板管理器"窗口

④此时,在"切换面板管理器"窗口添加了"学生信息管理系统"项。

⑤选择"学生信息管理系统",单击"编辑"按钮,弹出"编辑切换面板页"对话框,如图4.52所示。

图4.52 "编辑切换面板页"对话框

⑥单击"新建"按钮,弹出"编辑切换面板项目"对话框,如图4.53所示。

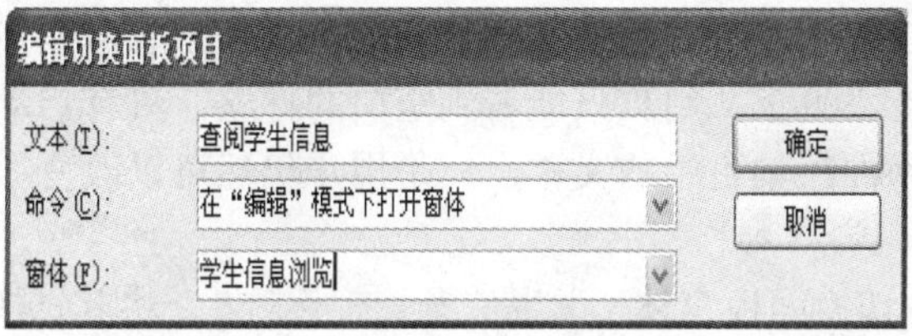

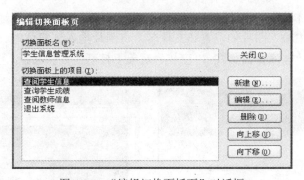

图4.53 "编辑切换面板项目"对话框

⑦在"编辑切换面板项目"对话框的"文本"框内输入"查阅学生信息",在"命令"下拉列表框中选择"在'编辑'模式下打开窗体",在"窗体"下拉列表框中选择已创建的"学生信息浏览"窗体,单击"确定",回到"编辑切换面板页"对话框,如图4.54所示。

图4.54 "编辑切换面板页"对话框

⑧此时,"编辑切换面板页"对话框中已经有了一个"查阅学生信息"项目。重复步骤⑥和步骤⑦,新建"查询学生成绩"项目,使其联系窗体"学生选课主窗体",新建"查阅教师信息"项目,使其联系"教师信息多页浏览"窗体,此时,"编辑切换面板页"下产生了三个项目。

⑨在"编辑切换面板页"对话框中,再次单击"新建"按钮,在"编辑切换面板项目"

的"文本"框内输入"退出系统",在"命令"下拉列表框中选择"退出应用程序"。

⑩单击"确定"按钮,回到"编辑切换面板页"对话框,如图 4.54 所示,生成了四个项目,单击"关闭"按钮。

⑪返回到"切换面板管理器"窗口,选择"学生信息管理系统",单击"创建默认"按钮,使新创建切换面板加入到数据库的"窗体"对象中,单击"关闭"按钮。

⑫切换面板的创建工作完成,在数据库窗口的"窗体"对象下,双击打开"切换面板"窗体,将出现如图 4.50 所示的切换面板。

在创建完切换面板窗体的同时,系统还生成一个名为"Switchboard Items"的表,里面记录着切换面板的信息,如果要删除"切换面板"窗体,一定要将表"Switchboard Items"表一同删除后才能再创建新的切换面板。

2. 修改切换面板窗体

如果要修改已创建的切换面板窗体,打开"切换面板管理器"窗口,单击"编辑"命令进行修改。

如果觉得创建的切换面板不美观,还可以在切换面板窗体的设计视图中对切换面板进行美化,"切换面板管理器"生成的"切换面板"窗体与一般的窗体有区别,在设计视图中切换面板项目有关的内容看不见了,用户只能看到空白的标签,只有启动切换面板之后,这些标签的内容才会变成切换面板项目中的文本,但是用户仍然可以改变这些空白标签的属性及标签文本的样式。

【例 4.13】修改切换面板窗体"学生信息管理系统",将其标题由默认的数据库名"成绩管理"改为"学生信息管理",并插入图片,如图 4.55 所示。操作步骤如下:

①在"成绩管理"数据库窗口的"窗体"对象下,选择窗体"切换面板",单击"设计"按钮。

②系统出现"切换面板:窗体",即切换面板窗体的设计视图,如图 4.56 所示。

③选中标签标题"成绩管理",在其"属性"窗口的"格式"选项卡下的"标题"框中输入"学生信息管理",还可以自行设置字体等其他属性。

④选择窗体主体节中的左边区域,该对象为图像控件,在其"属性"窗口的"格式"选项卡下"图片"框中输入图片的位置和文件名,将图片插入到窗体中。

⑤保存,返回数据库窗口,在"窗体"对象下打开"切换面板",如图 4.55 所示。

图 4.55 修改后的切换面板

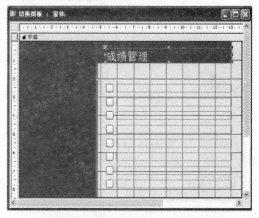

图 4.56 切换面板窗体的设计视图

4.7 综合示例

前面几节分别用不同的方法创建了多个窗体，下面以本书中"成绩管理"数据库为例，在前面创建窗体的基础上，制作一个完整的应用实例。

【例 4.14】 以"成绩管理"数据库为数据源，制作一个"教学管理系统"，包含四个主要的功能模块："查阅学生信息"、"查询学生成绩"、"查阅教师信息"和"查询教师任课情况"。要求在"查询学生成绩"模块中可以查看某学生选修的多门课程的课程名称、平时成绩、考试成绩以及总评成绩（总评成绩=平时成绩*0.3+考试成绩*0.7），其余模块对应前面创建的相关窗体，合理设计且美化窗体，使该应用实例界面美观且易于操作。

设计分析：该系统中要实现四个功能，其中，"查阅学生信息"模块可以在"学生信息浏览"窗体中查看学生的基本情况，"查阅教师信息"模块可以在"教师信息多页浏览"窗体中查看教师的基本情况，"查询教师任课情况"模块可以在"教师任课主窗体"中选择要查看的某教师基本情况的同时在"教师任课子窗体"中查询该教师的任课具体信息。以上这些窗体在前面已经详细介绍过创建过程，此例中将不再作细节描述，只是概括性说明操作步骤。

其中，"查询学生成绩"模块需要设计对应的窗体。根据要求，主窗体（命名为"学生成绩主窗体"）中显示学号和姓名，子窗体（命名为"学生成绩子窗体"）中显示课程名称、平时成绩、考试成绩以及总评成绩，这些字段来源于三张表：学生、课程和学生选课。除此之外，定义新字段"总评成绩"并写入计算公式。所有窗体准备就绪，最后创建切换面板，并定义面板中的项目与窗体间的关联。具体步骤如下：

（1）创建学生成绩主-子窗体

①在数据库窗口，双击"使用向导创建窗体"，弹出"窗体向导"对话框中，选取数据源。

②在"表/查询"下拉列表框中选择"表：学生"，移动"学号"和"姓名"字段到"选定的字段"列表框；选择"表：课程"，移动"课程名称"字段到"选定的字段"列表框；选择"表：学生选课"，移动"平时成绩"和"考试成绩"字段到"选定的字段"列表框。

③单击"下一步"，确定查看数据的方式，如图 4.57 所示，选取默认设置，通过学生表查看数据，创建"带有子窗体的窗体"。

④单击"下一步"，确定子窗体的布局为"数据表"选项；点击"下一步"，选择"标准"样式。

⑤单击"下一步"，为主-子窗体指定标题分别为"学生成绩主窗体"和"学生成绩子窗体"。单击"完成"按钮，在生成的主-子窗体中，子窗体中没有"总评成绩"。

⑥切换到"设计视图"，单击工具箱的"控件向导"按钮使之处于未选取状态，选择"文本框"控件按钮，在子窗体的合适位置单击，出现一个标签和未绑定的文本框。

⑦设置标签"标题"属性为"总评成绩"，文本框的"控件来源"框中写入："=format（平时成绩*0.3+考试成绩*0.7）"。保存退出，生成学生成绩主-子窗体，如图 4.58 所示。

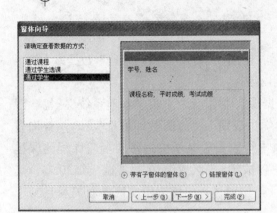
图 4.57 主-子窗体查看数据的方式

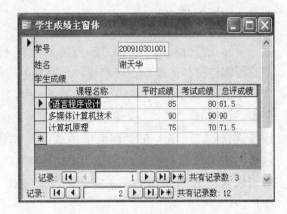
图 4.58 学生成绩主-子窗体

(2) 创建"学生信息浏览"窗体

①新建窗体,打开窗体设计视图。

②从学生表的"字段列表"中选择字段拖动到"设计视图"主体节中,用菜单"格式"下的"对齐"、"水平间距"和"垂直间距"等命令调整控件的位置。

③设计"专业编号"组合框和"性别"列表框。

④在窗体页眉节中添加标签"学生信息浏览",并设置字体等属性。

⑤在窗体页眉节中添加日期:使用菜单"插入"下的"日期和时间"命令,并拖动到合适位置。

⑥在"学生"的表设计视图中增加"照片"字段,数据类型为"OLE 对象",再拖动该字段到窗体的设计视图。

⑦在窗体视图中,添加照片对象框控件,使用"插入"菜单下的"对象"命令,注意图片的"缩放模式"属性。

⑧在窗体页脚节中添加五个命令按钮,注意,最好在"控件向导"的提示下完成。调整彼此的水平间距,并使之对齐。

⑨添加两个矩形控件,为了起到美观的作用,一个矩形控件框住所有字段控件,另一个矩形控件框住所有命令按钮。

⑩选择所有控件,执行菜单"格式"下的"大小"下的"正好容纳"命令。

⑪设置控件的"Tab 键索引"属性:在属性窗口的"其他"选项卡下的"Tab 键索引"文本框中,为可以获得焦点的控件输入相应的序号。

⑫设置窗体属性:"标题"为"学生信息浏览","记录选择器"、"导航按钮"和"分隔线"均设置为"否",即不被显示。

至此,"学生信息浏览"窗体创建结束,具体操作可参见本章前面几节。

(3) 创建"教师信息多页浏览"窗体

①新建窗体,打开窗体设计视图。

②选择"选项卡控件"按钮并在"设计视图"中单击,当前视图默认产生两个选项卡。

③分别将"教师"表的不同字段拖到两个选项卡对应的页面中。

④设置两个选项卡的"标题"属性。

具体操作可参见 4.4.6 节。

（4）创建教师任课主-子窗体

①使用向导创建窗体，从两个数据源表（教师表和课程表）中选择相关字段。

②按照向导对话框的提示确定查看数据的方式、选择子窗体的布局、窗体的样式等。

③分别为主窗体和子窗体设置标题，结束窗体向导。

具体操作可参见 4.6.1 节。

（5）创建切换面板为主界面

①打开"成绩管理"数据库窗口。

②执行菜单"工具"下的"数据库实用工具"命令，在子菜单中选择"切换面板管理器"命令。

③在"切换面板管理器"窗口单击"新建"按钮，在弹出"新建"对话框的"切换面板页名"文本框内输入"教学管理系统"，参见图 4.51。

④点击"确定"后，在"切换面板管理器"窗口选择"教学管理系统"，单击"编辑"按钮。

⑤在"编辑切换面板页"对话框中新建切换面板上的五个项目，如图 4.59 所示。在新建项目的同时，建立该项目的关联窗体，使"查阅学生信息"关联"学生信息浏览"窗体，"查询学生成绩"关联"学生成绩主窗体"，"查阅教师信息"关联"教师信息多页浏览"窗体，"查询教师任课情况"关联"教师任课主窗体"，使"退出系统"执行"退出应用系统"命令。

⑥单击"关闭"按钮，返回"切换面板管理器"窗口，选择"教学管理系统"，单击"创建默认"按钮。

⑦单击"关闭"，回到数据库窗口，在"窗体"对象下双击查看"切换面板"窗体。

注意：由于例 4.13 中修改了切换面板的标签标题和插入图片，该设置将应用到当前数据库中的所有切换面板。因此，当前切换面板的标签标题仍然为"学生信息管理"。

⑧在数据库窗口选择"切换面板"窗体，单击"设计"按钮，修改标签标题为"教学管理系统"，结束创建，"教学管理系统"主界面如图 4.60 所示。

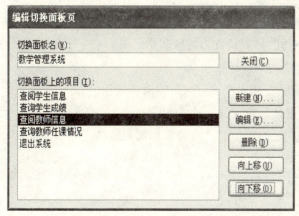 

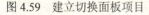

图 4.59　建立切换面板项目　　　　图 4.60　"教学管理系统"主界面

至此，在"成绩管理"数据库的数据基础上建立了一个完整的"教学管理系统"，它为用户提供了一个简单、易于操作的窗体界面，为不懂数据库操作的人员提供了直观的查询方式。

本 章 小 结

窗体是 Access 中的一种人机交互界面，其作用主要是用于在数据库中输入和显示数据，也可以用做切换面板来打开数据库中的其他窗体和报表，或者用做自定义对话框来接受用户的输入及根据输入执行操作。

本章首先介绍了什么是窗体，用多种方法，结合例题，由浅入深地讲解了窗体的建立过程以及在设计视图下合理使用控件并学会设置控件和窗体的属性从而使窗体更加丰富和美观。展示了"学生信息浏览"窗体，以其为主线，在介绍控件创建的同时，结合例子讲解操作过程。

在使用窗体处理数据这一节中，分别讲述了窗体中记录的浏览、编辑、查找和替换、排序和筛选操作，这些内容体现了窗体的数据处理功能。

除此之外，本章还介绍了主-子窗体和切换面板窗体。主窗体和子窗体可以同时创建，也可以将子窗体插入到已建立的主窗体中，文中分别以示例的形式作了介绍；切换面板窗体常用做应用系统的主界面，从而将多个窗体组织在一起，用户操作起来直观简单。

最后用窗体作操作界面分析并制作了一个"教学管理系统"的综合示例，给出完整的操作步骤，在总结前面知识点的同时，也为读者示范了窗体在应用系统中的实现过程。

上机实验

一、实验案例

在 D:\exercise\Chap05\samp\library.mdb 中，已创建有名为"编辑读者信息"的窗体，请按如下要求编辑该窗体：

（1）创建读者所属院系的结合型组合框，使之与"读者信息"表的"院系"字段关联起来。

（2）在窗体页眉区中，添加名为"reader_title"的标签，设置其标题为"读者信息"，字体设置为：隶书，24 号字，蓝色。同时将字体的外观设置为特殊阴影效果。

（3）将窗体边框样式设置为"细边框"。

（4）在窗体页脚区中，添加"添加记录"和"删除记录"的命令按钮。

（5）创建关于读者借阅信息的主-子窗体，主窗体：读者的图书证号、学号、姓名，子窗体：读者借阅的图书名称、借阅时间和归还时间信息，并计算借阅天数。

二、步骤说明

（1）创建"所属院系"组合框。

①打开"编辑读者信息"窗体的设计视图。

②确保工具箱的"控件向导"按钮处于选中状态，再选择工具箱中的"组合框"控件按钮，在设计视图的合适位置单击鼠标，弹出"组合框向导"对话框之一，选择"自行键入所需的值"选项。

③单击"下一步"按钮,弹出"组合框向导"对话框之二。输入列数"1",在单元格中键入组合框所需的列表值"计算机学院"、"生命科学学院"、"遥感与测绘学院"、"经济与管理学院"、"新闻与传播学院"、"基础医学院"等。

④单击"下一步"按钮,弹出"组合框向导"对话框之三。选择"将该数值保存在这个字段中:",在右边的下拉列表框中选择"院系"字段。这样,组合框就与"读者信息"表的"院系"字段关联起来,产生一个结合型组合框。

⑤单击"下一步"按钮,弹出"组合框向导"对话框之四。键入组合框标签为"所属院系:"。

⑥单击"完成"按钮。结合型组合框"所属院系"创建完毕。

(2) 添加标签。

选择工具箱中的"标签"控件按钮,在窗体页眉的合适位置单击鼠标,然后键入"读者信息",选择该标签,进行如下操作。

①在其属性对话框的"格式"选项卡下,设置字体为隶书,大小为24号字,"前景色"选择为蓝色,"特殊效果"框中选择"阴影";

②选择菜单"格式"下的"大小"下的"正好容纳"命令,再拖放到适当位置;

③在"其他"选项卡的"名称"框中输入"reader_title"。

(3) 在窗体的属性对话框的"格式"选项卡下,"边框样式"框中选择"细边框"。

(4) 窗体页脚中添加命令按钮。

先确保工具箱的"控件向导"按钮处于选中状态,再选择工具箱中的"命令按钮"控件,在窗体页脚的合适位置单击鼠标,弹出"命令按钮向导"对话框。

"添加记录"命令按钮:在向导对话框的"类别"框中选择"记录操作","操作"框中选择"添加新记录",为该按钮指定名称"addrecord"。

"删除记录"命令按钮:在向导对话框的"类别"框中选择"记录操作","操作"框中选择"删除记录",为该按钮指定名称"delrecord"。

保存,退出"编辑读者信息"窗体的设计。

(5) 创建主-子窗体。

在数据库的窗体对象下,双击"使用向导创建窗体",启动窗体向导对话框。

①在确定数据源的对话框中,依次添加以下字段后单击"下一步"按钮:

"读者信息"表:"图书证号"、"学号"和"姓名"。

"图书档案"表:"图书名称"。

"借阅信息"表:"借阅时间"和"归还时间"。

②弹出查看数据的方式对话框,选择"通过读者信息"查看数据,选择选项"带有子窗体的窗体",单击"下一步"按钮。

③在随后的对话框中,选择"数据表"布局和"标准"样式;

④指定主-子窗体标题为"读者借阅主窗体"和"读者借阅子窗体",并选择"修改窗体设计"选项,单击"完成"按钮;

⑤窗体向导结束,系统弹出创建的主-子窗体的设计视图;

⑥在"读者借阅子窗体"设计视图中,选择"文本框"控件按钮并在合适位置单击,则创建了一个标签和一个未绑定的文本框;

⑦标签标题改为"借阅天数";文本框属性窗口下的"控件来源"框中设置为"=[归还时

间]-[借阅时间]"。

⑧保存并退出窗体设计。

三、实验题目

在 D:\ exercise\Chap05\test\product.mdb 中已设计有表对象"tNorm"和"tStock"和以它们为数据源的窗体对象"fNorm"和"fStock",请按如下要求编辑该窗体:

（1）在"fStock"窗体对象的窗体页眉节区位置添加一个标签控件,其名称为"bTitle",设置标题为"库存浏览",字体为"黑体",18 号字并加粗。

（2）在"fStock"窗体对象的窗体页脚节区位置添加一个命令按钮,命名为"bList",按钮标题为"显示信息"。

（3）将"fStock"窗体的标题设置为"库存浏览"。

（4）将"fStock"窗体对象中的"fNorm"子窗体的浏览按钮去掉。

习　　题

一、单项选择题

1. 下面关于窗体的作用中叙述错误的是_____。
   A. 可以接收用户输入的数据或命令
   B. 可以编辑、显示数据库的数据
   C. 可以构造方便、美观的输入/输出界面
   D. 可以直接存储数据

2. Access 提供的窗体类型有_____。
   A. 纵栏式窗体、表格式窗体、数据表窗体、主/子窗体、图表窗体、数据透视表窗体
   B. 纵栏式窗体、表格式窗体、页眉式窗体、主/子窗体、图表窗体、数据透视表窗体
   C. 主题节窗体、表格式窗体、数据表窗体、主/子窗体、图表窗体、数据透视表窗体
   D. 纵栏式窗体、页眉式窗体、主题节窗体、表格式窗体、图表窗体、数据透视表窗体

3. 纵栏式窗体同时能显示_____。
   A. 1 条记录　　　　　　　　　　B. 2 条记录
   C. 3 条记录　　　　　　　　　　D. 多条记录

4. 表格式窗体同时能显示_____。
   A. 1 条记录　　　　　　　　　　B. 2 条记录
   C. 3 条记录　　　　　　　　　　D. 多条记录

5. 下列不属于 Access 窗体的视图是_____。
   A. 设计视图　　　　　　　　　　B. 窗体视图
   C. 版面视图　　　　　　　　　　D. 数据表视图

6. 用于创建窗体或修改窗体的视图是_____。
   A. 数据表视图　　　　　　　　　B. 窗体视图
   C. 设计视图　　　　　　　　　　D. 数据库视图

7. 创建窗体的数据来源不能是_____。
   A. 一个表　　　　　　　　　　　B. 基于单表的查询

C. 任意的数据 D. 基于多表创建的查询
8. 窗体中的信息来源主要有_____。
   A. 一类 B. 两类
   C. 三类 D. 四类
9. 下列关于数据表与窗体的叙述，正确的是_____。
   A. 数据表和窗体均能输入数据并且编辑数据
   B. 数据表和窗体均能以任何格式显示数据
   C. 数据表和窗体均只能以行和列的形式显示数据
   D. 数据表的所有功能都能用窗体实现
10. 使用窗体设计器，不能创建_____。
    A. 数据维护窗体 B. 开关面板窗体
    C. 报表 D. 自定义对话窗体
11. 使用"自动创建窗体"创建的窗体不包括_____。
    A. 纵栏式 B. 横向式
    C. 表格式 D. 数据表
12. _____是一种交互式的表，它可以实现用户选定的计算，所进行的计算与数据在数据表中的排列有关。
    A. 数据透视表 B. 窗体向导
    C. 图表向导 D. 数据表向导
13. 不是窗体组成部分的是_____。
    A. 窗体页眉 B. 窗体页脚
    C. 主体 D. 窗体设计器
14. 控件的类型可以分为_____。
    A. 结合型、对象型、非结合型 B. 对象型、非结合型、计算型
    C. 对象型、计算型、结合型 D. 结合型、非结合型、计算型
15. 关于控件的三个类型的说法错误的是_____。
    A. 结合型控件主要用于显示、输入和更新数据库中的字段
    B. 非结合型控件没有数据来源，可以用来显示信息、线条、矩形或图像
    C. 计算型控件用表达式作为数据源
    D. 以上说法不完全正确
16. 在计算型控件中，每个表达式前都要加上_____运算符。
    A. = B. !
    C. . D. Like
17. 用于设定控件的输入格式的是_____。
    A. 有效性规则 B. 有效性文本
    C. 是否有效 D. 输入掩码
18. 功能为用于选取控件、节或窗体的工具按钮名称是_____。
    A. 选择对象 B. 标签
    C. 文本框 D. 命令按钮
19. 当窗体中的内容需要多页显示时，可以使用_____控件来进行分页。

A. 组合框　　　　　　　　　　B. 子窗体/子报表
   C. 选项组　　　　　　　　　　D. 选项卡
20. 可以用来给用户提供必要的选择选项的控件是_____。
   A. 标签控件　　　　　　　　　B. 复选框控件
   C. 选项组控件　　　　　　　　D. 标签报表
21. 用于显示说明文本的控件的按钮名称是_____。
   A. 复选框　　　　　　　　　　B. 文本框
   C. 标签　　　　　　　　　　　D. 控件向导
22. 有关列表框与组合框的叙述，以下错误的是_____。
   A. 列表框可以包含一列或几列数据　B. 列表框只能选择值而不能输入新值
   C. 组合框的列由多行数据组成　　　D. 组合框只能选择值而不能输入新值
23. 组合框和列表框类似，其主要区别是_____。
   A. 组合框同时具有文本框和一个下拉列表
   B. 列表框只需要在窗体上保留基础列表的一个值所占的空间
   C. 组合框的数据类型比列表框多
   D. 列表框占内存空间少
24. 以下不是窗体的格式属性的是_____。
   A. 自动居中　　　　　　　　　B. 控制框
   C. 默认视图　　　　　　　　　D. 特殊效果
25. 如果将窗体背景图片存储到数据库文件中，则在"图片类型"属性框中应指定为_____。
   A. 嵌入　　　　　　　　　　　B. 链接
   C. 嵌入或链接　　　　　　　　D. 任意
26. "前景色"的属性值用于表示_____。
   A. 控件的底色　　　　　　　　B. 控件中文字的颜色
   C. 窗体的底色　　　　　　　　D. 以上均不是
27. 如果要细微调整线条的长度或角度，可以单击线条，然后_____。
   A. 同时按下 Shift+方向键　　　B. 同时按下 Tab+方向键
   C. 同时按下 Ctrl+方向键　　　 D. 同时按下 Alt+方向键
28. 假设已在 Access 中建立了包含"书名"、"单价"和"数量"这 3 个字段的数据表，以该表为数据源创建的"图书订单"窗体中，有一个计算订购总金额的文本框，其控件来源为_____。
   A. [单价]*[数量]
   B. =[单价]*[数量]
   C. [图书订单]![单价]*[图书订单]![数量]
   D. =[图书订单]![单价]*[图书订单]![数量]
29. 在"窗体视图"中显示窗体时，使窗体中没有记录选择器，应将窗体的"记录选择器"属性值设置为_____。
   A. 是　　　　　　　　　　　　B. 否
   C. 有　　　　　　　　　　　　D. 无

30. 不是窗体文本框控件的格式属性的选项是_____。
    A. 标题   B. 可见性
    C. 前景色   D. 背景色
31. 可以作为结合到"是/否"字段的独立控件的按钮名称是_____。
    A. 列表框   B. 复选框
    C. 选项组   D. 文本框
32. 有效性规则主要限制_____。
    A. 数据的类型   B. 数据的格式
    C. 数据库数据范围   D. 数据取值范围
33. 下面关于窗体的叙述中正确的是_____。
    A. 子窗体只能显示为数据表窗体   B. 子窗体里不能再创建子窗体
    C. 子窗体可以显示为表格式窗体   D. 子窗体可以存储数据
34. 创建基于多个表的主/子窗体的最简单的方法是使用_____。
    A. 自动创建窗体   B. 窗体向导
    C. 图表向导   D. 数据透视表向导
35. 我们要为图书馆管理系统创建一个"书籍归还"窗体，在该窗体中，我们可以首先查找借书的读者，当读者找到之后，将使用另外一个窗体显示该读者所有已经借阅的书籍，并且在该窗体中可以输入书籍的归还时间，这样就大大方便了我们的操作，为此我们应创建的窗口类型为_____。
    A. 表格式窗体   B. 图表窗体
    C. 数据透视表窗体   D. 主/子窗体
36. 在 Access2000 数据库表中，筛选操作有多种类型，在筛选的同时能作排序操作的是_____。
    A. 高级筛选/排序   B. 按选定内容筛选
    C. 按筛选目标筛选   D. 按窗体筛选
37. 在下述的筛选中，一次只能选择一个筛选条件的是_____。
    A. 按窗体筛选   B. 按选定内容筛选
    C. 高级筛选/排序   D. 内容排除筛选
38. 排序时如果选取了多个字段，则输出的结果是_____。
    A. 按设定的优先次序依次进行排序 B. 按最右边的列开始排序
    C. 按从左向右优先次序依次排序   D. 无法进行排序
39. 在创建主/子窗体之前，通常需要确定主窗体与子窗体的数据源之间存在着_____关系。
    A. 一对一   B. 一对多
    C. 多对一   D. 多对多
40. 如果要从主窗体的最后一个字段移到子窗体的第一个字段，可以按_____键。
    A. Tab   B. Shift
    C. Ctrl   D. Ctrl+Tab

二、填空题
    1. 设计窗体的目的有【1】、控制程序流程、接收输入、显示信息和打印数据。

2. 在纵栏式、表格式和数据表类型的窗体中，将窗体最大化后显示记录最多的窗体是【2】。
3. 纵栏式窗体将窗体中的一个显示记录按列分隔，每列的左边显示字段名，右边显示【3】。
4. 窗体的页眉位于窗体的最上方，是由窗体控件组成的，主要用于显示窗体【4】。
5. 窗体由多个部分组成，每个部分称为一个【5】。
6. 如果当前窗体中含有页眉，可将当前日期和时间插入到【6】，否则插入到主体节。
7. 如果不需要页眉或页脚，可以将不要的节的"可见性"属性设置为【7】，或者删除该节的【8】，然后将其高度属性设置为【9】。
8. 窗体中的数据来源主要包括表和【10】。
9. 如果用多个表作为窗体的数据来源，就要先基于【11】创建一个查询。
10. 使用窗体设计器，一是可以创建窗体，二是可以【12】。
11. 【13】属性值决定了窗体显示时是否具有窗体滚动条，该属性值有"两者均无"、"水平"、"垂直"、"水平和垂直"四个选项，可以选择其一。
12. 窗体属性包括格式、【14】、事件、其他和全部选项。
13. 【15】属性主要是针对控件的外观或窗体的显示格式而设置的。
14. 窗体的【16】属性是指明该窗体的数据源。
15. 【17】决定了对象的特征以及如何对对象进行操作。对其进行修改，是在窗体设计后一个非常必要的操作。
16. 设计窗体属性的操作是在窗体的【18】窗口中进行的。
17. 事件是 Access 预先定义好的，能够被对象识别的动作，最常用的事件是【19】事件。
18. 窗体中包含标签、【20】、复选框、列表框、组合框、选项框、命令按钮、图像等图形化的对象，这些对象称为【21】，在窗体中起不同的作用。
19. 在设计窗体时，使用标签控件创建的说明文字是独立的，不依附于其他控件。它在窗体的【22】视图中不能显示。
20. 组合框和列表框的主要区别为是否可以在框中【23】。
21. 控件窗体上的图形化对象，用于显示数据、【24】或使用户界面更加美观。
22. 组合框类似于文本框和【25】的组合，可以在组合框中输入新值，也可以从列表中选择一个值。
23. Access 数据库中，如果在窗体上输入的数据总是取自表或查询中的字段数据，或者取自某固定内容的数据，可以使用【26】控件来完成。
24. 如果选项组结合到某个字段，则只有组框架本身结合到此字段，而不是组框架内的【27】、选项按钮或切换按钮。
25. 【28】属性值需在"是"和"否"两个选项中读取，它决定窗体运行时是否有导航按钮，即数据表最下端是否有浏览记录按钮。如果不需要浏览数据或用户自己设置浏览按钮时，该属性值应设为否，这样就可以增加窗体的可读性。
26. Access 筛选方法一共有五种，即【29】、内容排除筛选、按窗体进行筛选、使用"筛选目标"进行筛选和使用"高级筛选/排序"进行筛选。
27. 【30】只能显示为纵栏式窗体，子窗体可以显示为数据表窗体。

三、简答题
　　1. 什么是窗体？窗体有哪几种类型？
　　2. 什么是窗体的数据源？当数据源中的记录发生变化时，窗体中信息是否会随之变化？
　　3. 工具箱中有哪些常用的控件对象？举例说明窗体中控件属性的作用。
　　4. 什么是子窗体？其作用是什么？如何将子窗体插入到已经创建的主窗体上？

第5章 报　　表

上一章介绍了如何利用窗体输入数据，而实际工作中，经常需要将数据库中的数据按一定的格式要求存档保存或打印输出，这项工作可以通过报表来完成。

报表是 Access 用来向用户提供格式化信息的一种对象，通过有目的地输出数据来实现用户所需求的信息检索。报表可以很好地解决数据的打印问题，并能够使数据库中的数据按用户的需要进行显示和打印，以供用户分析或存档；同时报表中还可以增加多级汇总、统计、图形图像等信息以丰富报表的内容，提供更加全面的信息检索服务。

本章主要介绍报表的功能、分类、组成、创建方法以及在报表中对数据进行分组、排序、计算和打印等操作。

5.1 报表概述

报表是 Access 的一个对象，能够根据指定的规则打印输出格式化的数据信息。报表的功能是：呈现格式化数据，分组组织数据并进行汇总，打印输出各种样式的报表，对输出数据进行各种统计计算，通过包含在报表中的子报表或嵌入的图片来表达更加丰富的报表内容。

大多数的报表都会被绑定到数据库中的一个或多个表或查询上，这样的报表称为绑定报表。绑定报表从基础记录源中获得数据（主要是引用基础表或查询中的字段），报表中不需要包含引用的基础表或查询中的所有字段。

5.1.1 报表类型

Access 提供四种类型的报表，分别是：纵栏式报表、表格式报表、图表报表和标签报表。

（1）纵栏式报表

也称为窗体式报表，一般一页只显示一条记录（若记录字段较少，也可以一页显示多条记录），其中每个字段占一行，左边为字段名称，右边为字段值，如图 5.1 所示。纵栏式报表适合在字段较多、记录较少的情况下使用。

（2）表格式报表

以整齐统一的行和列来显示记录数据，特别适合对数据进行分组，并对每组加以计算、显示统计数据的情况，可以方便地呈现汇总数据。表格式报表一行显示一条记录，一页多行显示多条记录，字段的名称显示在每页的顶部，如图 5.2 所示。表格式报表适合在字段较少、记录较多的情况下使用。

（3）图表报表

包含了图表内容的报表称为图表报表，报表中的图表能够直观地表示数据之间的关系，如图 5.3 所示。图表报表适合在需要综合、归纳、比较和进一步分析数据的情况下使用。

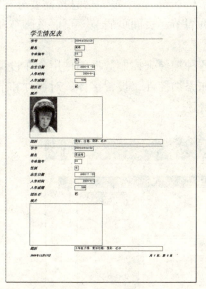

图 5.1 纵栏式报表

图 5.2 表格式报表

（4）标签报表

标签报表是一种特殊类型的报表，通过将数据源中的少量数据组织在一个卡片似的小区域中而形成报表，用户可根据需要自行定义自己所需要的标签形式，如图 5.4 所示。标签报表适合在需要显示或打印名片、书签、邮件地址等信息的情况下使用。

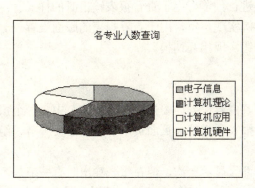

图 5.3 图表报表

图 5.4 标签报表

5.1.2 报表的视图

Access 提供三种不同的报表视图，分别是设计视图、打印预览视图和版面预览视图。设计视图用于创建或编辑报表，如图 5.5 所示。

和窗体一样，报表设计视图也被分为了若干个节，整个报表信息按需要分布在多个节中。每个报表都有一个主体节，还可以包含报表页眉节、页面页眉节、页面页脚节和报表页脚节等其他节。

每个节中都可以摆放若干个控件，通过各种控件来控制数据的使用。在设计视图中对报表控件的操作和在窗体里的操作基本相同，如添加控件、设置字体、对控件和节属性进行设置、控件布局、控件对齐方式等，本节不再赘述。

图 5.5　报表设计视图

无论用何种方式创建的报表，都可以通过"打印预览视图"或"版面预览视图"来预览打印效果。

打印预览视图提供不同的缩放比例对报表进行预览，用于查看报表输出时的样式。

版面预览视图通过显示若干条记录作为示例实现预览，用于查看报表的版面设置。

三种视图可以通过工具栏上的"视图"按钮实现相互切换。

5.1.3　报表的组成

整个报表是由多个不同的节组成，所有报表内容根据需要被放在不同的节中。一个报表最多可以包含 7 个节，分别是：报表页眉节、报表页脚节、页面页眉节、页面页脚节、组页眉节、组页脚节和主体节。

需要注意的是，任何一种节在设计视图中都只显示一次，但在报表输出时有些节是可以重复输出多次的。

下面按照各节在设计视图中出现的先后次序分别说明其功能。

（1）报表页眉节

位于设计视图的最上方，其内容出现在报表的开始部分，在第一页的页面页眉之前。一般而言，报表最顶端的内容（例如报表标题、公司名称、地址和徽标等）应该安排在报表页眉节中。

使用分页设置或分页控件可以使报表页眉节的内容占据一整页，这时的报表页眉节可以作为报表封面加以特殊设计。

（2）页面页眉节

位于设计视图中报表页眉节和主体节之间，其内容出现在报表每一页的顶端，需要在报表每页顶部显示的内容（例如各字段标题等）应该安排在页面页眉节中。如图 5.5 所示，页面页眉节中的"学号、姓名、性别、专业编号"等信息将出现在打印出来的报表的每一页顶端。

（3）组页眉节

组页眉节显示在新记录组的开头，用于显示适用于整个组的信息（如组名称等）。图 5.5 中未包含组页眉节。

（4）主体节

主体节包含报表中的主要信息，显示当前表或查询中记录的详细内容，每条记录的字段数据通过文本框或其他控件绑定显示，主体节在报表中重复出现。

（5）组页脚节

组页脚出现在每组记录的结尾，用于显示小计等项目。图 5.5 中未包含组页脚节。

（6）页面页脚节

页面页脚节中的内容出现在报表每一页的底部，可以通过它来显示页码、总计等项目。

（7）报表页脚节

报表页脚节的内容只在报表末尾出现一次。虽然是报表组成的最后一节，但它出现在报表最后一页的页面页脚之前。报表页脚节通常包含对整个报表的结论（例如总计或汇总说明等）。

在报表视图中，可以通过报表设计窗口的"可见性"属性来设置是否需要显示报表中的某个节。例如，可以通过关闭主体节的显示来设计显示一个不带主体节的总计报表。

节上方显示有文字的水平栏称为节栏，用来显示节的类型和名称，通过它也可以打开节的属性表。单击节栏并将鼠标移到节栏上，当鼠标指针变为 + 时拖动鼠标可以改变节区域的大小。

报表视图中可以实现对节的各种操作，包括隐藏节或调整节的大小、添加图片、设置节的背景色等，也可以通过设置节属性自定义节内容的打印方式。

5.1.4 报表与窗体的区别

实际上，报表除了不能进行数据输入之外，可以完成窗体的所有工作，而这也正是报表和窗体的主要区别——两者的使用目的不同：窗体主要实现数据输入，而报表主要实现数据输出。因为这种不同，可以把窗体保存为报表，然后在报表设计视图中按需求修改、定义其中的控件。

报表和窗体的另一个区别在于：窗体上的计算字段通常是根据记录中的字段值计算总数，而报表中的计算字段则是以记录分组的形式对组内所有记录进行统计处理。

5.2 创建报表

Access 中创建报表的方法主要有三种，分别是：自动创建报表、使用"报表向导"创建报表和使用设计视图创建报表。

自动创建报表是最快捷的创建方法,自动包含所选表或查询中的所有字段,类型为纵栏式或表格式。

"报表向导"提供一种分步快速创建各种不同类型报表的方法,可快速创建基于一个或多个表或查询的不同类型的报表。其中"标签向导"可以创建邮件标签,"图表向导"可以创建图表,"报表向导"可以创建标准报表。"报表向导"操作简单、易学,但报表形式固定、功能单一。

如果需要设计较复杂的报表,则需要通过设计视图。

提示:创建报表之前要预先准备好报表的数据来源,当需要使用来自多个表中的数据时,应该首先创建一个基于多个表的查询以便从这些表中检索出正确数据。

5.2.1 自动创建报表

Access 提供"自动创建报表"的功能,以帮助尚未很好掌握报表制作技术的初学者创建报表或需要快速浏览和查询表中的数据时使用。

"自动创建报表"功能自动地将报表数据来源(基本表或查询)中的所有字段都包含进报表中,产生的报表类型只能是纵栏式或表格式。报表创建完成以后,用户可以根据自己的需要,通过报表设计视图进行相应的修改。

"自动创建报表"的操作步骤为:

①在数据库窗口中单击"报表"对象,进入报表操作。

②在数据库窗口工具栏中单击"新建"按钮,弹出"新建报表"对话框,如图 5.6 所示。

③根据需要,在"新建报表"对话框中选择"自动创建报表:表格式"或"自动创建报表:纵栏式"选项,并在其下方的数据来源列表框中选择所需要的基本表或查询。

④单击"确定"按钮,系统将自动创建一个带有数据来源中所有字段的报表(报表的末尾将带上当前时间和页码的显示),并以打印预览的方式呈现出来。

⑤单击"文件"菜单下的"保存"命令,在弹出的"另存为"对话框中确定报表名称,单击"确定"按钮保存。

新建报表的名字将出现在数据库窗口中,可以通过其他操作来浏览或修改报表。

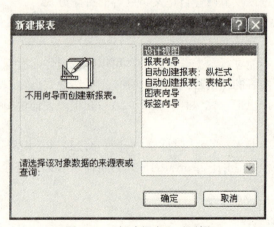

图 5.6 "新建报表"对话框

5.2.2 使用"报表向导"创建报表

"自动创建报表"确实能够方便、快捷地创建报表，但创建出来的报表类型单一，而且也不允许对报表中出现的字段加以挑选。"报表向导"弥补了这个不足，通过使用向导，不但可以自由选择在报表中出现的字段，而且还可以快速地创建出不同类型的报表，其中"报表向导"用于创建标准报表，"图表向导"用于创建图表，"标签向导"用于创建各种标签。

报表向导创建的报表可以基于一个或多个表，也可以基于一个或多个查询。在使用向导的过程中，可以按提示选择记录源、字段、版面以及所需格式，还可以实现对数据进行分组以及对分组数据进行排序和汇总的操作，针对同一数据源，可以按用户的不同要求创建出不同的报表。

使用"报表向导"创建报表的操作步骤为（以"报表向导"为例）：

①在数据库窗口中单击"报表"对象，进入报表操作。

②在数据库窗口工具栏中单击"新建"按钮，弹出"新建报表"对话框。

③根据需要，选择"报表向导"、"图标向导"或"标签向导"，并在其下方的数据来源列表框中选择所需要的基本表或查询（本例选择"报表向导"）。

④单击"确定"按钮，打开"报表向导"对话框，如图 5.7 所示。在"表/查询"下拉列表框中选择作为报表数据源的表，从可用字段中选择报表中需要使用的字段，单击 将选中的字段添加到"选定的字段"列表中（ 表示将所有字段添加到"选定的字段"列表中， 表示将"选定的字段"列表框中选中的字段移出， 表示将"选定的字段"列表框中所有的字段移出）。

如果所需报表中的字段来自多个表或查询，在选择完第一个报表或查询的字段后，重复执行选择表或查询的步骤，挑选出需要出现在报表中的字段，直到已选择好了所需的所有字段。

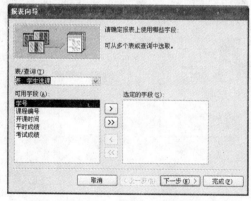

图 5.7 "报表向导"对话框图

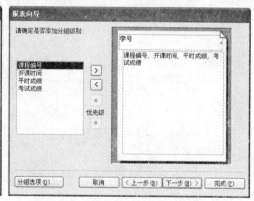

图 5.8 "添加分组级别"对话框

⑤单击"下一步"为报表数据添加分组级别，如图 5.8 所示。

提示：

● 只有具有重复值的字段才适合作为分组字段，否则分组没有意义。

● 当"报表"有多组分组级别时，可以利用两个优先级按钮来调整各个分组级别间的优先关系，排在最上面的优先级最高。

⑥单击"下一步",确定明细信息的排序次序和汇总信息,如图 5.9 所示。排序字段可以有多个,其顺序即为排序的优先次序。单击"汇总选项"按钮(若报表中不含数字类型字段,则"汇总选项"不会出现),可在弹出"汇总选项"对话框中对数字型字段进行计算和汇总,勾选所需的汇总类型即可,如图 5.10 所示。

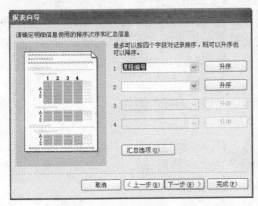

图 5.9 "添加排序方式"对话框

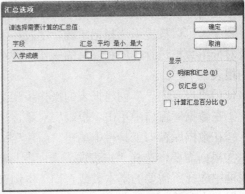

图 5.10 "汇总选项"对话框

⑦单击"下一步",确定报表布局方式,如图 5.11 所示。选中的每一种布局方式都能在左边看到其预览图,同时还可以确定报表数据在纸面上的排列方向。

⑧单击"下一步",确定报表样式,如图 5.12 所示。同选择报表布局一样,选中的每一种报表样式都能在左边看到其预览图。

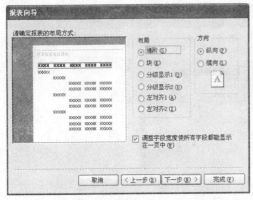

图 5.11 "添加布局方式"对话框

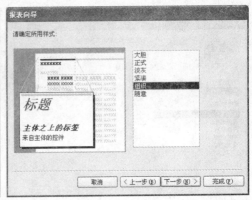

图 5.12 "添加报表样式"对话框

⑨单击"下一步",为报表指定标题,然后选择"预览报表"或"修改报表设计"最后单击"完成",系统将根据选择打开报表打印预览视图(选择"预览报表"时)或打开报表设计视图(选择"修改报表设计"时)。

"图标向导"的操作步骤中,①~④与报表向导相同,第⑤步为选择图标类型,第⑥步为指定数据在图表中的布局方式,然后直接执行第⑨步。

"标签报表"操作步骤中,①~③与报表向导相同,然后确定标签的类型、度量单位、文本的字体、颜色、标签报表所需字段、摆放方式、排序依据等，最后执行第⑨步。

5.2.3 使用设计视图创建报表

虽然"报表向导"可以快速创建不同类型的报表，也可以自行决定报表字段的组成，但仍然会有些用户的具体要求无法完全体现，这时可以通过设计视图对已生成的报表进行修改，当然也可以通过设计视图直接创建报表。

对于已经创建好的报表，选中该报表后，双击"在设计视图中创建报表"，系统将打开设计视图窗口，然后按需要进行修改（各报表控件的基本操作与窗体中的控件操作一样，与报表相关的特殊操作将在 5.3 节详细介绍）。

下面介绍用设计视图新建一个报表的操作步骤：

① 在数据库窗口中单击"报表"对象，进入报表操作。

② 在数据库窗口工具栏中单击"新建"按钮，弹出"新建报表"对话框。

③ 选择"设计视图"，并在其下方的数据来源列表框中选择所需要的基本表或查询；

提示：如果需要创建未绑定报表，则不要选择任何数据来源；如果要创建来自多表数据的报表，可以先建立一个基于多表的查询。

④ 单击"确定"按钮，打开的报表视图，如图 5.13 所示。

⑤ 用鼠标将报表所需字段逐一从"字段列表"中拖放到设计视图的主体节中（如果已确定某字段是要放在其他节中的，也可以直接拖入相对应的节），系统将为每一个拖放进来的字段自动创建标签和文本框，其中标签用于显示字段名称，文本框用于显示字段值。

对于在报表设计视图中被选中的控件，将在其周围出现 8 个黑点，表示可对该控件进行相关操作，具体操作方法和窗体中的操作相同，本章不再赘述。

⑥ 完成好对各控件的操作后，单击工具栏中的"保存"按钮。

这样就创建好了一个简单的报表。单击工具栏中的"视图"按钮，可以打开报表预览视图，查看报表的效果。

若要在设计视图中创建不带任何数据来源的报表，则直接在数据库窗口的报表操作中双击"在设计视图中创建报表"按钮打开一个空白报表设计视图，该设计视图窗口中没有字段列表出现（如图 5.14 所示），此时所创建的报表也不与任何数据相关，报表中所添加的各种控件也都是非绑定的。

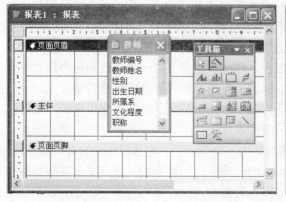

图 5.13 带数据源的新建报表设计视图

图 5.14 不带数据源的新建报表设计视图

若需要在不带数据来源的报表中将数据表或查询中的字段添加进去,则必须定义报表的数据来源。

下面介绍定义报表数据来源的操作步骤:

①在报表设计视图中双击标尺相交处的"报表选择器"打开报表属性对话框。

②单击"记录源"的下拉箭头,在其属性列表中选择需要绑定的表或查询,如图 5.15 所示。

③若需要将多个表或查询绑定到当前报表,单击"记录源"下拉箭头旁的"生成器"按钮,将打开"查询生成器"。在生成器中根据需要选择表或查询,即可作为当前报表的数据来源("查询生成器"的具体操作方法见第 4 章)。

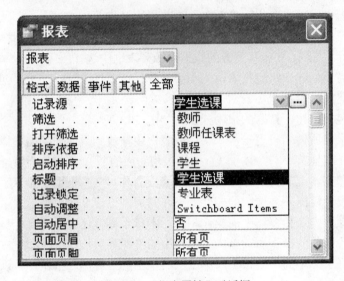

图 5.15 "报表属性"对话框

5.3 编辑报表

在 5.2 节中介绍了创建报表的各种方法,其中"自动创建报表"的方法最简单,但所创建的报表也最受限制;"报表向导"的方法虽然有了自主选择报表字段的操作,但用户仍然不能随意定义整个报表风格;使用"报表视图"的方法则给了用户极大的设计自由和操作空间,可以根据需要创建出样式复杂、极具个性的报表,满足不同用户的各种需要。

另外,无论使用哪种方式创建出来的报表,都可能还需要进一步修改和修饰以使报表完全符合用户的需求,例如给报表添加封面、标题,分隔报表各部分或调整各部分大小,更改报表格式,设置报表属性等。在报表的设计视图下,无论是新创建一个空白报表,还是修改已有报表,其控件的具体操作都是一样的,因此不再加以区分。许多控件的创建及设置方法(包括控件的边框设置、调整报表中字段的对齐方式及间距等)均与窗体中的对应操作相同,本章也不再赘述。本节仅对报表中有别于窗体的控件操作加以介绍,重点在于讲解如何在报表设计视图中对已存在的报表进行修饰,如报表的修饰、报表数据的排序和分组以及使用计算控件等。

5.3.1 修饰报表

1. 添加报表节

无论以何种方式创建报表,系统都自动包含了页面页眉节、主体节和页面页脚节这三个节。添加报表页眉节和报表页脚节的方法与添加窗体页眉节和窗体页脚节相同,而报表所特有的组页眉节和组页脚节必须在对报表中的数据进行分组后才能添加(见本书 5.3.2 小节)。

2. 自动套用格式

对于已经创建好的报表,可以使用系统提供的"自动套用格式"功能来实现对报表格式的快速设置。"自动套用格式"将针对所选定的对象,分别完成对整个报表、某个节或某个控件的格式设置。

使用"自动套用格式"的操作步骤如下:

① 在"设计视图"中打开报表。

② 选择需要设置格式的对象:整个报表、某一节或某一控件。

③ 单击菜单"格式"下的"自动套用格式"命令,打开"自动套用格式"对话框,如图 5.16 所示。在左边的"报表自动套用格式"中选择所需要的格式,该格式设置的预览效果呈现在右边的画面中。

④ 单击"选项"按钮,可以指定是否将该设置应用于对象的字体、颜色或边框属性。

⑤ 单击"自定义"按钮,可在打开的"自定义自动套用格式"对话框中选择所需的自定义选项。

⑥ 返回"自动套用格式"对话框,单击"确定"按钮,完成自动套用格式的设置。

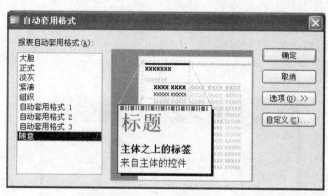

图 5.16 "自动套用格式"对话框

3. 自定义格式

若系统所提供的"自动套用格式"中没有满足需求的格式设置,用户可以通过设计视图自行设计所需格式来修饰报表。

报表中的每一个节和控件都有各自不同的属性,"自动套用格式"操作就是将系统提供的固定格式应用到这些对象上。在设计视图中如果针对所选中的对象进行对应的属性修改就能够实现自行定义对象格式的操作。

和窗体中操作对象属性一样,当需要查看或修改各个对象属性时,可以通过鼠标右键单击选中对象,然后在弹出的快捷菜单中选择"属性"即可打开该对象的属性对话框,如图 5.17

所示,也可以在选中对象后,单击工具栏上的属性图标来打开属性对话框,而针对节,还可以通过双击节名称或"节选择器"来打开节属性对话框。

提示:在属性对话框打开的情况下,通过单击鼠标选中其他对象时,对话框内容将会相应地变换成所选中对象的属性对话框。

属性对话框中各项目的设置方法及格式效果均与窗体类似,本节不再赘述。

图 5.17 各对象属性对话框

4. 添加背景图片

虽然报表设计不同于窗体,应以简洁、清晰、突出数据为主,但 Access 仍提供了为报表添加背景图片的操作,以帮助用户设计出极具个性化的报表。

在报表中添加背景图片的操作方法以及对背景图片的属性设置均与在窗体中的对应操作相同。

提示:由于报表和窗体的应用目的不同,因此 Access 为报表中所添加的背景图片增加了"图片出现的页"属性,通过设置该属性,可以选择图片在报表中出现的页,如图 5.18 所示。

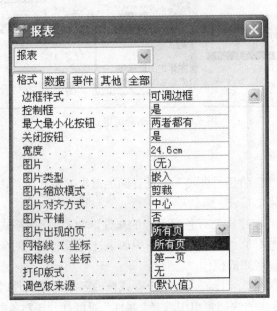

图 5.18 "报表属性"对话框

5. 添加当前日期和时间

报表的制作时间是非常重要的，它与报表数据的统计时间密切相关，特别是对于那些每天都要输出的报表或有具体实时性要求的报表，当前日期和时间是必不可少的组成部分，同时，含有日期和时间的报表对于文档的保存和查找也都是十分必要和方便的，因此 Access 提供了在报表中添加当前日期和时间的功能。

日期和时间的添加和设置与窗体中的对应操作相同。

提示：该操作所添加的日期和时间一般都放置在报表页眉节，若该报表没有报表页眉节，则直接添加在主体节中，用户需要根据实际要求来调整这些对象的位置。

6. 添加页码

报表是用来输出格式化数据的，对于包含了大量数据的报表来说，其输出页数比较多，为了更好地使用和管理报表，需要为报表添加页码。添加页码的操作与窗体中的对应操作相同。

7. 添加分页符

在报表输出数据时，一般同一节中的内容是输出在同一页的，如果需要将同一节中的内容输出在不同的页中（如报表页眉节中的报表标题和前言需要分别输出在第一页和第二页的情况），可以通过使用"分页符"控件来实现。

添加"分页符"控件的具体操作步骤如下：

①在设计视图中打开报表。

②单击工具箱中的"分页符"按钮。

③确定要放置分页符的位置，即在该位置设置了一个分页符（设计视图中能够看到报表的左边框处有一个短虚线，该短虚线即表示分页符）。

提示：分页符的位置一般位于两个控件之间，设置时要注意不能拆分控件中的数据。

若希望报表中的每一条记录都占据一页的位置，可以通过设置主体节的"强制分页"属性实现；若希望已分组报表中的每个记录组都占据一页的位置，可以通过设置组页眉节、组页脚节的"强制分页"属性实现。

8. 绘制线条和矩形

除了通过"自动套用格式"和"自定义格式"来修饰报表外，还可以在报表中自行绘制线条和矩形，自行定义报表的边框、分隔线等报表外观。

通过"工具箱"可以直接在报表中所需要的位置绘制线条和矩形，选中后可以对其进行边框样式、边框颜色和边框宽度等属性的设置。具体设置和操作方法与窗体中对应操作相同。

5.3.2 报表的排序和分组

报表可以按格式输出大量数据，但同时也需要对数据进行分组汇总或按一定顺序输出。经过分组和排序后的数据更具条理性，有利于用户对数据的查看、统计和分析。

对报表进行排序操作的步骤如下：

①在设计视图中打开报表。

②单击工具栏中的"排序与分组"按钮，弹出"排序与分组"对话框，如图 5.19 所示。

③在"字段/表达式"列的第一行，单击向下箭头，打开字段列表，选择所需设置排序的字段，如图 5.19 所示。

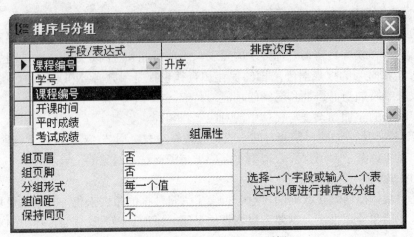

图 5.19 "排序与分组"对话框

④在"排序次序"列的第一行选择排序方式(升序或降序,系统默认为升序)。

⑤若还有字段参与排序,重复第③、④步。

设置完成后,报表数据将按所设置的排序字段的顺序输出。当有多个字段参与排序时,第一行字段或表达式具有最高排序优先级,第二行具有次高排序优先级,依此类推。

分组是将某一类具有相同字段值的数据组合在一起,以进行所需要的汇总、统计或其他计算。

对报表进行分组的操作紧跟在排序操作之后,在打开的"排序与分组"对话框中,在"字段/表达式"列中选定分组字段,并在其下方的"组页眉"和"组页脚"中选择"是",该字段即成为报表的分组字段,如图 5.20 所示。

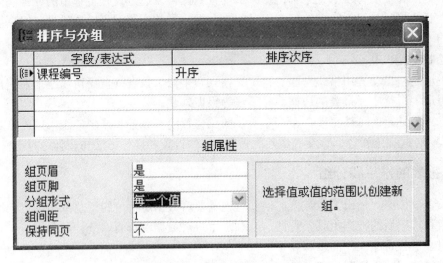

图 5.20 "排序与分组"对话框

设置完成之后,关闭"排序与分组"对话框,将会看到报表的设计视图中出现了"课程编号页眉"节和"课程编号页脚"节,它们就是组页眉节和组页脚节,如图 5.21 所示。

图 5.21 组页眉节和组页脚节

在组页眉节和组页脚节中添加所需要的控件（本例中将课程编号字段从字段列表拖至组页眉节中，同时删除页面页眉节中的"课程编号"标签和主体节中的"课程编号"文本框，在组页脚节中添加了一条直线用来分隔各组数据），即可完成在报表中的分组操作。分组后的报表预览见图 5.22。

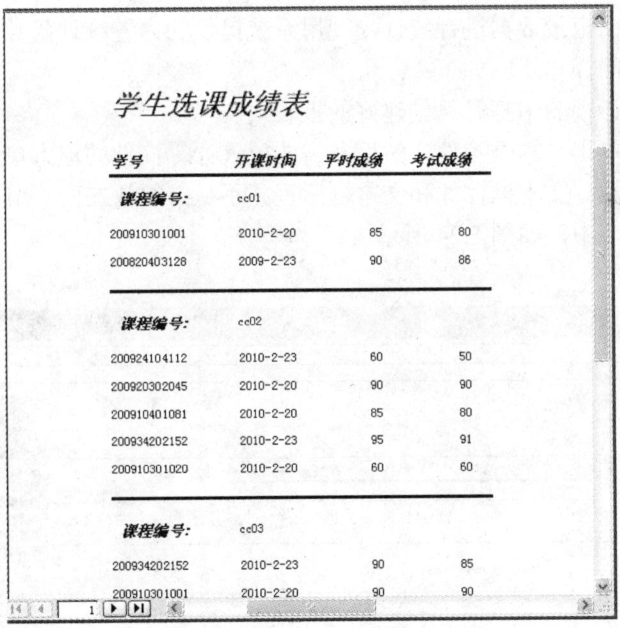

图 5.22 分组后的报表

数据分组后并不总是同时需要组页眉节和组页脚节，这时可以在"排序与分组"对话框中，将不需要的节设置为"否"，如图 5.23 所示。

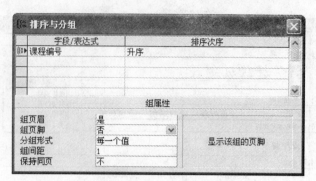

图 5.23 "排序与分组"对话框

5.3.3 使用计算控件

对于所有数据或已分组数据,可以通过计算控件来生成新的数据,从而在报表中实现计算、统计及输出结果的功能。

Access 提供两种方式使用计算控件。

方式一:在主体节内添加计算控件。此时计算控件完成对每条记录的若干字段值进行计算的操作,只要设置计算控件的控件源为不同字段的计算表达式即可。

方式二:在组页眉节内/组页脚节内或报表页眉节/报表页脚节内添加计算字段。此时计算控件完成针对分组后的记录的字段或所有字段进行计算的操作,这种形式的统计计算一般是对报表字段列的纵向记录数据进行统计,使用系统提供的内置统计函数来完成相应的计算。

添加计算控件的操作步骤如下:

① 在报表的设计视图中打开已创建好的报表。

② 在工具箱中单击文本框控件,然后在需要放置计算控件的地方单击来添加文本框控件和文本框标签。注意:文本框控件和文本框标签并不是必须放在同一节中,可以根据需要将它们放置在不同的节中,如图 5.24 所示。

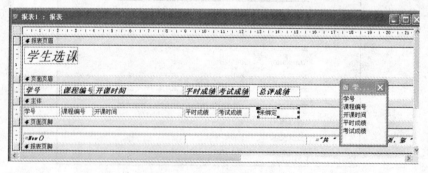

图 5.24 放在不同节中的文本框控件及文本框标签

提示:添加的文本框标签用来定义计算控件的名称,而文本框控件通常用来显示计算控件所计算出来的数值。也可以不用添加新控件的方式,而是直接使用有"控件来源"属性的其他控件作为计算控件。

③ 在文本框标签中输入计算结果的说明性标题。

④直接在文本框控件中输入计算公式，或通过设置文本框控件属性输入计算公式：在"数据"标签下的"控件来源"处直接输入计算公式（见图5.25），或单击其后的"生成"按钮，弹出"表达式生成器"，如图5.26所示，使用表达式生成器来生成计算公式。

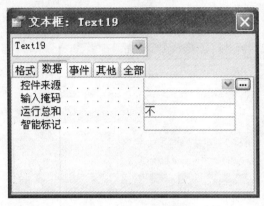

图 5.25　文本框属性

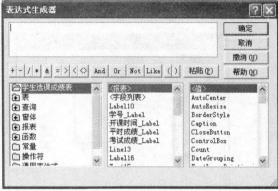

图 5.26　表达式生成器

5.3.4　预览、打印报表

无论使用哪种方式创建的报表，都可以通过"打印预览"视图或"版面预览"视图来浏览报表的实际输出效果。

"打印预览"视图呈现整个报表的打印外观，通过"打印预览"工具栏按钮可以设置不同的预览方式（如单页、双页、多页）和不同的预览缩放比例，如图5.27所示。

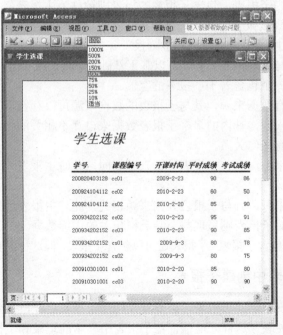

图 5.27　报表预览

"版面预览"视图用来预览报表的版式,并不显示报表中的所有数据记录,而是只显示几个记录作为示例。"版面预览"工具栏的组成和功能与"打印预览"一样。

单击"文件"菜单下的"打印"命令可直接按缺省设置打印报表,也可以单击"文件"菜单下的"页面设置"命令,在弹出的"页面设置"对话框中预先进行打印格式的设置,如图5.28所示。

图 5.28　页面设置对话框

5.4　创建高级报表

就像基础表数据之间有联系一样,报表数据之间也有联系。为了将来自不同数据源而彼此有密切联系的数据用一个报表体现出来,需要设计类似包含子报表的高级报表。包含在其他报表中的报表被称为子报表,包含子报表的报表则被称为主报表。

Access 提供创建高级报表的操作,包括在已有的报表中创建子报表、将已有报表添加到其他已有报表中形成主-子报表以及创建多列报表。

主报表中的数据与普通报表一样,可以基于基础表、查询或 SQL 语句,也可以不基于任何数据对象,仅仅是一个包含若干子报表的容器。

无论主报表是否有数据来源,其与子报表的数据来源可以存在以下三种关系:

①主报表无数据来源,其内的多个子报表数据来自互不相关的记录源,主、子报表之间以及子报表之间都没有任何关系。

②主报表有数据来源,且与子报表数据来源相同,此时主报表记录和子报表记录之间是一对多的关系。

③主报表有数据来源,且与子报表数据来源相关。此时主报表用来呈现来自一个或多个子报表的公用数据,而子报表则呈现与公共数据相关的详细数据。

提示:主报表可以包含子报表,子报表还可以包含子报表,但这种嵌套包含最多只能有两级。

5.4.1　在已有的报表中创建子报表

若要在已有的报表中创建子报表,必须首先确保子报表已经链接到主报表,并应确认已经与基础记录源建立关联,这样才能保证在子报表中显示的记录和主报表中显示的记录有正确的对应关系。

在已有的报表中创建子报表的操作步骤如下：

①在设计视图中打开主报表。

②单击工具箱中的"控件向导"按钮，确保该选项被选中。

③单击工具箱中的"子窗体/子报表"按钮，然后在报表上需要放置子报表的位置（一般在主体节中）单击鼠标并拖动，出现子报表控件，弹出"子报表向导"对话框，如图5.29所示。

④选择"使用现有的表和查询"后单击"下一步"按钮。

⑤在"表/查询"下拉列表框中选择所创建子报表的数据来源，并确定子报表中的字段组成（方法同使用"报表向导"创建报表），设置完成后单击"下一步"按钮。

⑥设置主子报表之间的关联，如图5.30所示，设置完毕单击"完成"按钮。

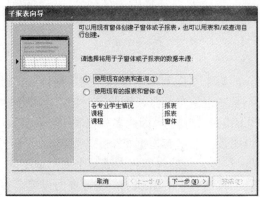
图 5.29 "子报表向导"对话框图

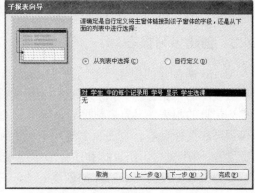
图 5.30 "设置主子报表关联"对话框

创建好的子报表将显示在报表设计视图中，添加了子报表的报表如图5.31所示。

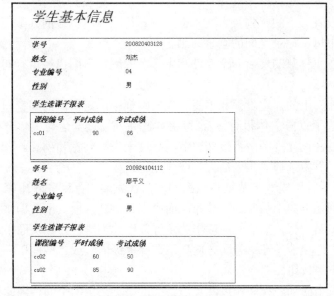
图 5.31 学生基本信息报表

5.4.2 将已有报表添加到其他已有报表中建立子报表

除了可以在已有的报表中创建子报表以外，还可以将已有的报表添加到其他已有报表中使其成为子报表。具体操作步骤如下：

①在设计视图中打开作为主报表的报表。
②单击工具箱中的"控件向导"按钮，确保该选项被选中。
③单击工具箱中的"子窗体/子报表"按钮，然后在报表上需要放置子报表的位置（一般在主体节中）单击鼠标并拖动，出现子报表控件，弹出"子报表向导"对话框。
④选择"使用现有的报表和窗体"，并在其下方的列表框中选择作为子报表的报表或窗体，然后单击"下一步"按钮。
⑤设置主子报表之间的关联，单击"下一步"按钮。
⑥确定子报表的名称（该名称将作为标题出现在子报表控件的上方），单击"完成"按钮。

5.4.3 创建多列报表

Access所创建的报表一般情况下只有一列，即整个页面宽度由单独一列数据构成。对于字段数较少的数据表示为报表，这样的格式既不紧凑也浪费纸张，因此有时用户需要创建包含多列信息的报表。因为多列报表是用多列来呈现记录数据的，因此多列报表中，报表页眉、报表页脚和页面页眉、页面页脚等用来标识和说明数据的内容占据整个报表的宽度（即纸张的宽度），而组页眉、组页脚和主体节中用来呈现具体记录的内容将占满整个列的宽度。

多列报表并没有什么特殊的创建方法，它是在普通报表的基础上，通过页面设置来实现的。

创建多列报表的步骤如下：
①在设计视图中打开报表。
②单击"文件"菜单下的"页面设置"命令，打开"页面设置"对话框。
③在"页面设置"对话框中选择"列"选项卡，如图5.32所示。
④在"网格设置"下的"列数"文本框中输入每一页所包含的列数，在"行间距"文本框中输入主体节中每条记录之间的垂直间距。

提示：如果在主体节的最后一个控件和主体节的底边之间已经留有间隔，则可以将"行间距"设置为"0"。

⑤在"列尺寸"下的"宽度"和"高度"文本框中确定所需的列宽和列高。

提示：若勾选了"与主体相同"，则可将列宽和列高设置为与主体节中的宽度和高度相等，此时可以通过在设计视图中直接调整节的高度来设置列宽和列高。

⑥在"列布局"中选择"先列后行"或"先行后列"；

提示："先列后行"模式下数据将按列的方向优先输出，即先输出第一列，再输出第二列，以此类推，列在页面中从左到右分布；而"先行后列"模式下数据将按行的方向优先输出，即先横向输出第一行，然后横向输出第二行，以此类推，行在页面中从上到下分布。

⑦单击"页"选项卡，在"打印方向"下选择"纵向"或"横向"（一般选"横向"）；
⑧单击"确定"按钮。

由于多列报表中的列、列间距以及页边距都占用了一定的空间，因此在打印或预览报表时，如果"页面设置"对话框中的设置和报表设计中的控件宽度设置导致某些信息与页面不匹配，Access 将会显示"有些数据可能无法显示"提示信息，此时需要微调页面设置，或在设计视图中调整控件尺寸。

图 5.32 页面设置

本 章 小 结

本章主要介绍了 Access 中报表的创建和编辑等方法。报表是专门为打印而设计的特殊窗体，Access 中使用报表对象来实现打印格式数据的功能，将数据库中的表和查询的数据进行组合，形成报表，还可以在报表中添加多级汇总、统计比较、图表等。报表向导可以快速创建报表，报表视图能根据用户的不同要求创建形式多样的报表。主报表中可以包含多个子报表和子窗体，而且子报表和子窗体中也可以包含子报表和子窗体，用户还可以创建多列报表和报表快照。通过本章的学习应能熟练地创建和使用报表及子报表。

上机实验

一、实验案例

在 Book 数据库中已经设计好报表"tReader"，在此基础上按照以下要求补充报表设计。

（1）在报表"tReader"的报表页眉节区内添加一个标签控件，其名称为"bTitle"，标题显示为"读者借阅情况浏览"，字体名称为"黑体"，字体大小为 22，同时将其安排在距上边 0.5cm，距左侧 2cm 的位置。

（2）设计报表"tReader"的主题节区为"tSex"文本框控件设置数据来源显示性别信息，并要求按"借书日期"字段升序显示，"借书日期"的显示格式为"长日期"的形式。

（3）在报表的页面页脚区添加一个计算控件，以输出页码。计算控件命名为"tPage"，规定页码显示格式为"当前页/总页数"，如 1/20、2/20、…、20/20 等。

二、步骤说明

（1）在 Book 数据库中单击"报表"对象，选择"tReader"报表，单击"设计"按钮，打开"tReader"报表设计视图。

将鼠标放在报表页眉与主体节之间的分割线上，向下拖出报表页眉空白区，单击工具箱中的标签按钮，在报表页眉空白处拖出一标签控件，在该控件的插入点处输入"读者借阅情况浏览"。

用鼠标右击该标签控件，在弹出的快捷菜单中选择"属性"命令，单击"其他"选项卡，将名称改为"bTitle"；单击"格式"选项卡，将字体名称设置为"黑体"，字体大小为 22；将左边距设置为 2cm，上边距设置为 0.5cm，关闭"属性"对话框。

（2）将鼠标放在报表"tReader"的主题节区中名称为"tSex"的文本框上，右击鼠标选择"属性"命令，系统弹出的"文本框：tSex"对话框中，选择"数据"选项卡，在"控件来源"处选"性别"，关闭"文本框：tSex"对话框。

单击"视图"菜单，选择"排序与分组"命令，弹出"排序与分组"对话框，选择"字段/表达式"第一行下拉列表中的"性别"字段，对应的"排序次序"选择"升序"选项，关闭"排序与分组"对话框；

将鼠标放在报表"tReader"的主题节区"借书日期"控件上，右击选择"属性"命令，在弹出的"文本框：借书日期"对话框的"格式"选项卡中，选择"格式"栏中的"长日期"，关闭"属性"对话框。

（3）单击工具箱中的文本框按钮，在报表页面页脚区拖出一文本框控件，在该文本框控件中输入"= [Page] & "/" & [Pages]"；

用鼠标右击该文本框控件，在弹出的快捷菜单中选择"属性"命令，单击"其他"选项卡，将名称改为"tPage"，关闭"属性"对话框。

单击"保存"按钮，保存"tReaderR1"报表，关闭报表设计视图。

三、实验题目

在 Student 数据库中已经设计好报表"rStud"，在此基础上按照以下要求补充报表设计。

（1）在报表的报表页眉节区添加一个标签控件，其名称为"bTitle"，显示标题为"团员基本信息表"。

（2）在报表的主题节区添加一个文本框控件，显示"性别"字段值，该控件放置在距上边 0.1cm，距左边 5.2cm，并命名为"tSex"。

（3）在报表页脚节区添加一个计算控件，计算并显示学生平均年龄。计算控件放置在距上边 0.2cm，距左边 4.5cm，并命名为"tAvg"。

（4）按"编号"字段前四位分组统计各组记录个数，并将统计结果显示在组页脚节区。计算控件命名 2 为"tCount"。

习　题

一、单项选择题

1. 下面关于报表对数据的处理的叙述中正确的选项是_____。

A. 报表只能输入数据 　　　　　B. 报表只能输出数据
C. 报表可以输入和输出数据 　　D. 报表不能输入和输出数据
2. 用来查看报表页面数据输出形态的视图是_____。
 A. "设计"视图 　　　　　　　B. "打印预览"视图
 C. "报表预览"视图 　　　　　D. "版面预览"视图
3. 报表的类型不包括_____。
 A. 纵栏式报表 　　　　　　　B. 表格式报表
 C. 数据表报表 　　　　　　　D. 图标报表
4. 如果我们要使报表的标题在每一页上都显示，那么应该设置_____。
 A. 报表页眉 　　　　　　　　B. 页面页眉
 C. 组页眉 　　　　　　　　　D. 以上说法都不对
5. 可设置分组字段显示分组统计数据的报表是_____。
 A. 纵栏式报表 　　　　　　　B. 图表报表
 C. 标签报表 　　　　　　　　D. 表格式报表
6. 在报表设计的工具栏中，用于修饰版面的控件是_____。
 A. 直线和圆形 　　　　　　　B. 矩形和圆形
 C. 直线和矩形 　　　　　　　D. 直线和多边形
7. 报表页脚的作用是_____。
 A. 用来显示报表的标题、图形或说明性文字
 B. 用来显示整个报表的汇总说明
 C. 用来显示报表中的字段名称或对记录的分组名称
 D. 用来显示本页的汇总说明
8. 在报表设计中，用来绑定控件显示字段数据的最常用的计算控件是_____。
 A. 标签 　　　　　　　　　　B. 文本框
 C. 列表框 　　　　　　　　　D. 选项按钮
9. 不但可以显示一条或多条记录，也可以显示一对多关系的"多"端的多条记录的区域的报表是_____。
 A. 纵栏式报表 　　　　　　　B. 表格式报表
 C. 图表报表 　　　　　　　　D. 标签报表
10. 报表进行分组统计并输出时，统计计算控件应放置在_____中。
 A. 主体节 　　　　　　　　　B. 报表页脚节
 C. 页面页脚节 　　　　　　　D. 组页脚节

二、填空题

1. Access 中提供了三种创建报表的方式：使用自动功能、使用向导功能和使用【1】创建。
2. 要在报表上显示形如"第 x 页共 y 页"的页码，则控件来源应设置为【2】。
3. 在报表设计中，可以通过添加【3】控件来控制另起一页输出显示。
4. 报表不能对数据源中的数据【4】。
5. 要设计出带表格线的报表，需要向报表中添加【5】控件，完成表格线的输出。
6. 报表页脚的内容只在报表的【6】打印输出。

7. 报表通过【7】可以实现同种数据的汇总和显示输出。
8. 页面页脚节一般包含【8】或控制项的合计内容。
9. 组页眉节和组页脚节可以根据需要【9】。
10. 可以将【10】转换成报表。

三、简答题

1. 如何对报表中的所有记录作为整体进行计数？
2. 如何在窗体或报表中添加页码？
3. 如何在报表中对记录进行排序？
4. 如何在报表中对记录进行分组？

第6章 数据访问页

通过前面几章的学习,我们已经掌握了许多 Access 数据库对象的操作方法。操作这些对象可以实现从表结构创建到数据输入、查询、显示以及输出等许多数据处理工作,但是这些对象都是集成在 Access 数据库中的,不能脱离数据库环境单独使用。而在网络技术高速发达的今天,通过网络实现对各种数据的动态处理是一个好的数据库管理系统所应该具备的功能,Access 提供数据访问页对象来实现这一功能。

6.1 数据访问页的基本概念

数据访问页实际上是一种特殊类型的脚本动态网页,用于连接数据库,使得数据库能够配合网页一起使用。实际上,数据访问页是通过 Access 来创建和发布一个将数据库中的数据动态地提供给 Web 页的网页,通过它可以实现对数据的实时查看、编辑、更新、删除、筛选、分组以及排序等操作;数据访问页中还可以包含电子表格、数据透视表或图表之类的组件,也可以包含来自其他数据源(如 Excel)的数据。

和 Access 中的其他对象不同,数据访问页并未集成在数据库文件里,而是直接以文件的方式保存在指定文件夹中,文件扩展名为.htm。使用数据访问页时可以完全脱离数据库文件,也不需要启动 Access,直接在网页浏览器中打开即可。数据库中页对象下仅仅包含的是指向该页所对应的 HTML 文件位置的快捷方式。

数据访问页有两种不同的视图模式,分别是页视图和设计视图。

6.1.1 页视图

数据访问页的页视图是用来浏览和操作数据的界面,是在浏览器中所看到的网页外观,如图 6.1 所示。

在页视图中,可以通过文本框、下拉列表框和复选框控件输入各种数据,还可以通过下方记录导航工具栏中的工具按钮对记录进行浏览、添加、删除、保存、排序和筛选操作,用户也可以自行设计其他动作按钮来实现各种操作。

6.1.2 设计视图

和其他对象的设计视图一样,数据访问页的设计视图(如图 6.2 所示)主要是用来设计和修改数据访问页的操作平台,在设计视图中可以通过对各种控件的操作及属性的设置来设计出所需要的网页外观。

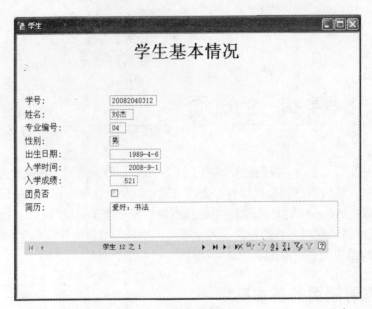

图 6.1　数据访问页页视图

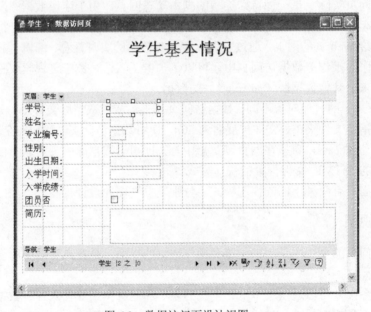

图 6.2　数据访问页设计视图

在设计视图下,可以看到数据访问页包括页标题、正文和记录导航节。

(1) 页标题

整个页面的标题,出现在页面顶端。

(2) 正文

数据访问页的基本设计部分,在支持数据输入的页上,可以用它来显示信息性文本、与数据绑定的控件以及节。

和报表类似,也可以在数据访问页中对记录进行分组,分组后的记录可创建分级结构,每个分组级别都有一个记录源,记录源的名称显示在用于分组级别的每一节的节栏上。已分组的数据访问页中可以设置组页眉节、组页脚节、标题节和记录导航节这四种节,也可以根据需要选择使用其中的部分节。

分组后的标题节:用于显示文本框和其他控件的标题。标题紧挨组页眉的前面出现,标题节中不能放置绑定控件。

组页眉节和组页脚节:用于显示数据和计算结果值。

分组后的记录导航节:用于显示分组级别的记录导航控件。组的记录导航节出现在组页眉节之后,记录导航节中不能放置绑定控件。

(3) 记录导航节

一般在页面底端,用来组合各种记录导航按钮。

6.1.3　数据访问页与窗体、报表的差别

数据访问页、窗体和报表都是 Access 的数据库对象,其外观也有相当程度的相似,但它们所实现的任务和目的是完全不同的。

①数据访问页可以在 Access 数据库或 Access 项目之外单独存在,可以通过 Internet 或 Intranet 来使用,而窗体或报表都是和其他数据库对象一样集成在数据库文件中的,不能够脱离 Access 环境使用,更不可以通过 Internet 或 Intranet 来使用。

②数据访问页是交互式的,用户可以按自己的需求对数据库中的数据进行筛选、排序或查看,窗体也具有此项功能,而报表却不具备这一功能。

③可以通过电子邮件以电子文件的方式将数据访问页发送出去,收件人打开邮件即可浏览当前数据,而窗体或报表都不具备此项功能。

6.2　创建数据访问页

创建数据访问页的方法很多,既可以通过自动创建的方法快速创建出一个数据访问页,也可以通过向导引导用户创建,还可以在设计视图中自行设计创建。

6.2.1　自动创建数据访问页

自动创建数据访问页可以方便、快速地创建出包含单个记录源中所有字段的数据访问页。具体操作步骤如下:

①在数据库窗口中单击"页"对象,进入数据访问页操作。

②在数据库窗口工具栏中单击"新建"按钮,弹出"新建数据访问页"对话框,如图 6.3 所示。

③选择"自动创建数据页:纵栏式",并在其下方的数据来源列表框中选择所需要的基本表或查询。

④单击"确定"按钮,系统将自动创建一个带有数据来源中所有字段的数据访问页,并以页视图的方式呈现出来,如图 6.4 所示,其中的每个字段都以左侧带标签的形式出现在单独的行上。

⑤单击"文件"菜单下的"保存"命令,在弹出的"另存为数据访问页"对话框(如图 6.5 所示)中确定数据访问页文件的保存位置及数据访问页文件名,单击"保存"按钮保存。

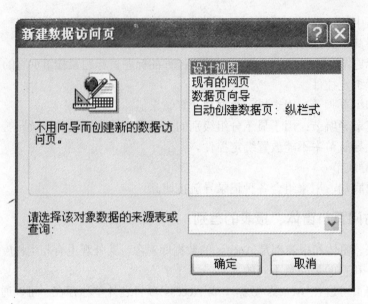

图 6.3 "新建数据访问页"对话框

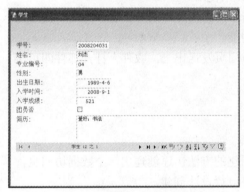

图 6.4 自动创建的数据访问页

图 6.5 "保存数据访问页"对话框

注意保存时要选择"保存类型"为"Microsoft 数据访问页（*.htm;*.html）"，页文件扩展名为 htm 或 html。

在所确定位置保存了数据访问页文件的同时，新建数据访问页的名字也将出现在数据库窗口中（这实际上是在数据库文件中创建了一个指向数据访问页文件的快捷方式），可以通过其他操作来浏览或修改数据访问页。

提示：数据访问页实际上并不存储在数据库文件中，而是以 HTML 文件的形式存储在本地文件系统、网络共享中的文件夹或 HTTP 服务器中，Access 不对数据访问页文件的安全性进行控制。

6.2.2 使用向导创建数据访问页

和窗体、报表的自动创建一样，自动创建数据访问页时无法自行选择页中所使用的字段，也无法创建出基于多个表或查询的数据访问页。若要实现这样的功能，可以通过向导来创建数据访问页。

使用向导创建数据访问页的操作步骤如下：

①在数据库窗口中单击"页"对象，进入数据访问页操作。

②双击右侧窗口中的"使用向导创建数据访问页"，弹出"数据页向导"对话框，如图6.6所示。

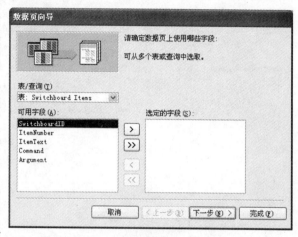

图 6.6　创建数据访问页向导

③根据需要，在"表/查询"的下拉列表框中选择所需要的数据来源，并从"可用字段"列表框中选择需要的字段填入"选定的字段"列表框。

④单击"下一步"，按需要为数据访问页添加分组级别并设置排序方式，具体方法请参见报表的相关操作。

⑤最后为数据访问页指定标题（此标题指定数据访问页在 Access 数据库中的名字），并选择打开方式为"打开数据页"（页视图）或"修改数据页的设计"（设计视图），然后单击"完成"，系统将根据选择打开对应的视图。

提示：在这一步中，有一个选项是和前面学过的窗体或报表的向导不一样的，窗体或报表向导的最后一页中，默认打开方式的选项直接打开向导所创建对象的浏览视图，而在数据访问页向导中却默认选择"修改数据页的设计"，这是因为数据访问页向导所创建的页面是不完整的，还有很多必需的控件需要添加。例如：在网页的最上部，有一排字"单击此处并建立标题文字"，这是输入网页标题的地方，直接单击这个位置，这一行文字将消失，同一位置上出现一个闪动的光标，可以用键盘输入所需要的页面标题。

⑥关闭视图时，系统提示是否保存数据访问页文件。和自动创建数据访问页中操作一样，选择保存地址、确定文件名称及保存类型后即可保存新创建的数据访问页。

6.2.3　使用设计视图创建数据访问页

在设计视图中创建数据访问页的方法与在设计视图中创建窗体和报表类似，也是通过设计、使用相关基本表或查询的字段列表、工具箱中的各种控件及属性设置来创建满足用户需求的数据访问页。

使用设计视图创建数据访问页的操作步骤如下：

①在数据库窗口中单击"页"对象，进入数据访问页操作。

②双击右侧窗口中的"在设计视图中创建数据访问页",弹出数据访问页的空白设计视图,同时数据库中所有的基本表和查询都列在窗口右侧,如图 6.7 所示。

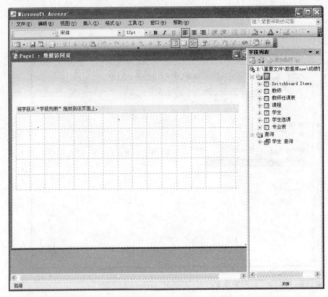

图 6.7　设计视图

③单击所需表或查询前的"+"展开字段列表,再将所需要的字段逐一拖放到设计视图的网格中。

④和窗体与报表中的控件操作方法一样,摆放好各控件并根据需要设置各控件的相关属性。

⑤单击"文件"菜单下的"保存"命令,在弹出的"另存为数据访问页"对话框中确定数据访问页文件的保存位置及数据访问页文件名,单击"保存"按钮保存。

6.3　编辑数据访问页

无论用哪种方式创建出的数据访问页都可以通过设计视图对其进行编辑加工,以满足用户需求。

所谓编辑数据访问页,实际上就是通过设计、编辑数据访问页中的控件来实现用户需求的操作,数据访问页中有许多控件,其属性和操作都与窗体和报表中的对应控件相同,如标签、命令按钮等,本节不再赘述,下面简单介绍一些数据访问页所特有的控件的操作方法。

6.3.1　记录导航控件的相关操作

无论用哪种方式创建数据访问页,系统都默认在页的下方创建好了一组记录导航按钮控件,可以根据需要删除或隐藏某些按钮,也可以随时添加或显示所需要的按钮。

(1)添加记录导航控件

①单击工具箱中的"记录浏览"按钮。

②在记录导航节中单击,即添加了一组记录导航按钮控件。

(2) 删除记录导航控件

①单击要删除的记录导航控件。

②按 Delete 键执行删除。

提示：当删除最后一个记录导航控件时，系统将弹出对话框询问分组级别的属性设置情况，如图 6.8 所示，选择"是"将分组级别的 DataPageSize 属性设置为"全部"，则在页视图下显示所有记录；若选择"否"，页视图下只显示第一条记录，此时在没有导航控件按钮的情况下，将无法查看所有记录。

图 6.8　选择分组级别属性提示框

(3) 显示/隐藏导航按钮

①右键单击记录导航工具栏，在弹出的快捷菜单中"导航按钮"的级联菜单里，包含了记录导航节中的所有记录导航按钮，如图 6.9 所示。

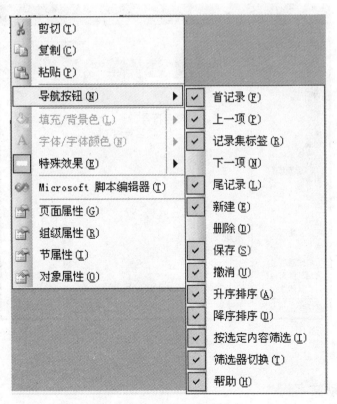

图 6.9　显示/隐藏导航按钮

（2）勾选所需要的项目，或去掉不需要的项目前面的勾，即可实现显示/隐藏导航按钮。

提示：如果项目左侧没有复选框，则表示该项目不可应用于该页。

6.3.2 应用、修改或删除主题

Access 提供的主题设置可以直接应用到数据访问页中，实现快速方便地设置统一的数据访问页外观。

（1）应用主题

有两种方法可以实现主题的应用。

方法一：在使用向导创建数据访问页的最后一步中勾选"为数据页应用主题"复选框并单击"完成"，在随后打开的"主题"对话框中选择所需主题，如图 6.10 所示。

方法二：在设计视图中打开数据访问页，单击"格式"菜单上的"主题"命令，在打开的"主题"对话框中选择所需主题，如图 6.10 所示。

（2）修改主题

在设计视图中打开数据访问页，单击"格式"菜单上的"主题"命令，在打开的"主题"对话框中选择所需主题，替换掉原主题。

（3）删除主题

在设计视图中打开数据访问页，单击"格式"菜单上的"主题"命令，在打开的"主题"对话框中选择"(无主题)"，则原来设置的主题内容全部被删除。

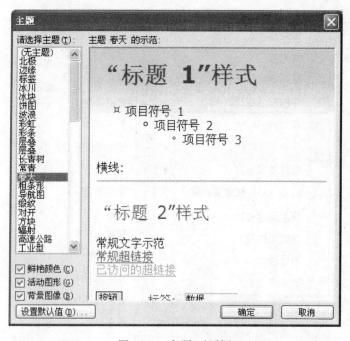

图 6.10 "主题"对话框

6.3.3 添加滚动文字

因为数据访问页是用于网络的，因此可以像设计网页一样给数据访问页添加一些动态元

素，如滚动文字。具体操作步骤如下：

①在设计视图中打开数据访问页，单击"工具箱"中的滚动文字按钮。

②若要创建显示数据源中数据的绑定控件，则从字段列表中将对应字段拖进页面即可；若要创建非绑定滚动控件，则直接在需要的位置单击鼠标。

③在非绑定滚动文字控件中输入需要滚动显示的文字。

和其他控件一样，创建好的滚动文字控件还可以对其属性进行相应的设置以满足用户需求。右键单击滚动控件，在弹出的快捷菜单中单击"元素属性"，打开滚动控件属性对话框，如图 6.11 所示。

下面介绍对滚动控件的一些属性操作：

- 控件大小即文字滚动的区域大小，可以像调整标签控件一样调整控件大小。
- 更改文字的滚动速度：

在"其他"选项卡中，TrueSpeed 选择 True，ScrollDelay 中输入滚动文字重复动作的延迟毫秒数，ScrollAmount 中输入滚动文字在一定时间内（该时间在 ScrollDelay 中指定）移动的像素数，如图 6.12 所示。

- 更改文字的滚动方式：

在"其他"选项卡中，设置 Behavior 属性可以改变文字的滚动方式。

Behavior：Scroll，文字连续滚动。

Behavior：Slide，文字从开始处滑动到控件的另一边，然后保持在屏幕上。

Behavior：Alternate，文字从开始处到控件的另一边往返滚动，并且总是保持在屏幕上。

- 更改文字滚动重复的次数：

在"其他"选项卡中，设置 Loop 属性可以更改滚动文字重复的次数。

Loop：-1，文字始终连续滚动

Loop：整数，文字滚动指定次数后消失

- 更改文字的滚动方向：

在"其他"选项卡中，设置 Direction 属性可以更改文字滚动的方向。

Direction：left，文字向左滚动。

Direction：right，文字向右滚动。

Direction：up，文字向上滚动。

Direction：down，文字向下滚动。

图 6.11　滚动控件属性对话框

图 6.12　滚动控件其他属性

6.3.4 设置背景

为了更好地美化数据访问页、突出页面内容，可以为数据访问页设置背景颜色和背景图片。具体操作步骤如下：

（1）在设计视图中打开数据访问页。

（2）右键点击数据访问页标题处，在弹出的快捷菜单中选择"页面属性"，打开页面属性对话框，如图6.13所示。

（3）在"格式"选项卡中进行所需要的背景设置。

相关参数解释如下：

● BackgroundColor：设置背景颜色，可自行输入颜色值，也可点击其后的按钮选择颜色。

提示：自行输入颜色时，可采用以下两种方式：

①输入系统认可的英文颜色名称，主要包括：Black、White、Green、Maroon、Olive、Navy、Purple、Gray、Yellow、Lime、Agua、Fuchsia、Silver、Red、Blue和Teal。

②输入六位十六进制数字表示的RGB（即红、绿、蓝）三色的组合颜色，注意必须以#开头。

● BackgroundImage：设置背景图片，输入背景图片的地址（注意：最好输入绝对地址）。

● BackgroundPositionX：设置背景图片的水平对齐方式，有left（左对齐）、center（居中对齐）、right（右对齐）三种。

● BackgroundPositionY：设置背景图片的垂直对齐方式，有top（顶端对齐）、center（居中对齐）、bottom（底端对齐）三种。

● BackgroundRepeat：设置背景图片是否重复，有repeat（重复）、repeat-x（水平重复）、repeat-y（垂直重复）、no-repeat（不重复）四种。

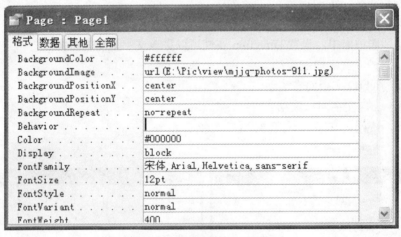

图6.13 "页面属性"对话框

本 章 小 结

使用数据访问页与使用窗体类似，可以查看、输入、编辑和删除数据库中的数据。但是，数据访问页是网页，用户可以通过 Internet 或 Intranet 浏览或更新数据。

数据访问页包括页标题和正文。正文是数据访问页的主体，主要由各种节组成。

使用节可以显示文字、数据库中的数据以及导航工具栏。和窗体或报表类似，节是数据访问页的一部分。通常有两种类型的节用在数据输入页上：页眉节和记录导航节。

在数据访问页中对记录进行分组类似于在报表中对记录进行分组。按字段逐级对记录进行分组，可以创建分级结构。

在对记录分组的数据访问页中有四种可用的节：组页眉、组页脚、标题和记录导航。可以只使用所需的节。

组页眉主要用于显示数据和计算总计。若要对数据进行分组，至少必须有两个分组级别。处在最低分组级别的组页眉类似于报表的主体节，它将重复显示直到当前组的所有记录都已输出为止。组页脚主要用于计算总计，它出现在分组级别的记录导航节的前面，组页脚对数据访问页中的最低分组级别不可用。

标题节用于显示数据列的标题，它紧挨组页眉的前面出现，此节仅当展开上一级分组级别时才显示，不能在标题节中放置绑定控件。

记录导航节用于显示分组级别的记录导航控件。如果分组级别没有页脚，则组的记录导航节在组页眉节后出现；如果分组级别有页脚，则出现在页脚后。不能在记录导航节中放置绑定控件。

上机实验

一、实验案例

在"成绩管理"数据库中已设计好"教师任课情况"数据访问页，按以下要求补充设计：

（1）在数据访问页"教师任课情况"中按"课程编号"排序，并在页标题中设置滚动文字"欢迎访问教师任课情况"。

（2）在数据访问页"教师任课情况"中应用一种主题样式。

（3）去掉上一步中应用的主题样式，为数据访问页"教师任课情况"设置背景图片，属性为：不重复、居中对齐。

二、步骤说明

（1）在"成绩管理"数据库中，单击"页"对象，选择"教师任课情况"数据访问页，单击"设计"按钮，打开"教师任课情况"数据访问页的设计视图。

在设计视图上右键单击"课程编号"字段的文本框控件，在弹出的快捷菜单中选择"组级属性"，打开"组级属性"对话框，在"DefaultSort"属性后输入"[课程编号]ASC"，设置为按"课程编号"字段的升序排序。

单击"工具箱"中的滚动文字按钮后在页标题下单击，滚动文字控件将添加在页标题的最左边，输入"欢迎访问教师任课情况"替换掉原来控件中的"滚动文字"字样。

（2）在设计视图中，单击菜单"格式"下的"主题"，打开"主题"对话框，在"请选择主题"下的列表框中选择一种样式，如"常青树"，单击"确定"。

（3）在设计视图中，单击菜单"格式"下的"主题"，打开"主题"对话框，在"请选择主题"下的列表框中选择"无主题",单击"确定"。

右键单击数据访问页标题处,在弹出的快捷菜单中选择"页面属性",打开页面属性对话框。

在"BackgroundImage"属性后输入背景图片的绝对地址"E:\Pic\View\42.jpg",在"BackgroundRepeat"中选择"no-repeat",在"BackgroundPositionX"中选择"center",在"BackgroundPositionY"中选择"center",保存"教师任课情况"数据访问页,关闭数据访问页设计视图。

三、实验题目

在"成绩管理"数据库中,按照以下要求设计数据访问页。

(1) 根据"学生"表数据,使用向导创建一个显示学生基本情况的数据访问页,要求按"学号"排序,并应用一种主题样式。

(2) 根据"学生选课"表数据,使用设计视图创建一个数据访问页,要求按"课程编号"排序,并在页标题中设置滚动文字"欢迎访问学生选课情况"。

(3) 在以上两个数据访问页中,任选其一设置背景图片。

注意:

① 若选取的是已应用了主题样式的数据访问页,先去掉该主题样式。

② 根据选择图片的大小,决定是否需要设置重复属性,设置合适的图片对齐方式,图片颜色和内容的选取要适当,前景文字要突出,必要时修改前景文字颜色以达到突出文字的目的。

习　题

一、单项选择题

1. Access 通过数据访问页可以发布的数据是_____。
   A. 只能是静态数据
   B. 只能是数据库中保持不变的数据
   C. 只能是数据库中变化的数据
   D. 是数据库中任何保存的数据

2. Access 所创建的数据访问页是一个_____。
   A. 独立的外部文件   B. 独立的数据库文件
   C. 在数据库文件中的文件   D. 数据库记录的超链接

3. 打开数据库的"页"对象列表,单击对象后再单击"设计"按钮,属于_____。
   A. 打开选定的页对象的操作
   B. 快速创建数据访问页的操作
   C. 打开选定页的设计视图的操作
   D. 在 Web 浏览器中访问选定页的操作

4. 在 Access 2003 中的数据访问页的扩展名是_____。
   A. .MDB   B. .ADP
   C. .FRM   D. .HTM

5. 下列对数据访问页与 Access 数据库关系的描述中正确的是_____。
   A. 数据访问页不是 Access 数据库的一种对象
   B. 数据访问页与其他 Access 数据库对象的性质不同
   C. 数据访问页的创建和修改方式同其他 Access 数据库对象基本一致
   D. 数据访问页与 Access 数据库无关
6. 数据访问页的视图方式主要有_____种。
   A. 2   B. 3
   C. 4   D. 5
7. 数据访问页可以简单地认为就是一个_____。
   A. 网页   B. 数据库文件
   C. Word 文件   D. 子表
8. 若想改变数据访问页的结构需用_____方式打开数据访问页。
   A. 页视图   B. 设计视图
   C. 数据表视图   D. Internet 浏览器
9. 数据访问页包含_____。
   A. 与 Internet 的连接   B. 与网页的连接
   C. 与表格的连接   D. 与数据库的连接
10. 在 Access 数据库或 Access 项目之外，可以使用_____通过 Internet 访问数据库中的数据。
   A. 报表   B. 数据访问页
   C. 窗体   D. 视图

二、填空题

1. Access 中提供了三种创建数据访问页的方式，包括使用向导创建、使用设计视图创建和【1】创建。
2. 数据库文件中并不保存数据访问页文件，它保存的仅仅是【2】。
3. 数据访问页中的背景颜色可以使用六位十六进制数字表示的 RGB 三色组合，也可以使用【3】。
4. 数据访问页主要包括【4】和正文。
5. 数据访问页有两种不同的视图模式，分别是【5】和设计视图。

三、简答题

1. 如何打开数据访问页？
2. 如何创建一个用户可以输入和编辑数据的数据访问页？

第7章 宏与模块

宏操作，简称为"宏"，是 Access 中的一个对象，是一种功能强大的工具。用户在利用 Access 完成实际的工作时，常常会重复进行某一项工作，这将会浪费时间而且不能够保证所完成工作的一致性，此时可以利用宏来完成这些重复的任务，从而方便而快捷地操作 Access 数据库系统。

模块是 Microsoft Access 中的对象之一，是将 VBA 声明和过程作为一个单元进行保存的集合体。通过模块的组织和 VBA 代码设计，可以大大提高 Access 数据库应用的处理能力。

本章介绍 Access 中宏的基本概念，宏的创建、调试和运行，以及模块的基础知识。

7.1 宏的功能

7.1.1 宏的基本概念

宏是由一个或多个操作组成的集合，其中的每个操作都自动执行，并实现特定的功能。在 Access 中，可以定义各种操作，如打开或关闭窗体、显示及隐藏工具栏、显示提示信息等。通过直接执行宏或使用包含宏的用户界面可以完成许多复杂的操作，而无需编写程序。

宏是一种特殊的代码，它没有控制转移功能，也不能直接操纵变量，但它能够将各种对象有机地组织起来，按照某个顺序执行操作的步骤，完成一系列操作动作。

Access 中宏可以分为：操作序列宏、宏组和含有条件操作的宏。

宏可以是包含操作序列的一个宏，也可以是一个宏组，宏组是多个基本操作序列宏的集合。如果设计时将不同的宏按照分类组织到不同的宏组中将有助于数据库的管理。使用条件表达式的条件宏可以在满足特定条件时才执行对应的操作。

宏组类似于程序设计中的"主程序"，而宏组中"宏名"列中的宏类似于"子程序"，使用宏组既可以增加控制，又可以减少编制宏的工作量。

宏操作是宏最基本的单元，一个宏操作由一个宏命令完成。宏是宏操作的集合，有宏名。宏组是宏的集合，有宏组名。简单宏组（也叫操作序列宏）包含一个或多个宏操作，没有宏名；复杂宏组包含一个或多个宏（必须有宏名），这些宏分别包含一个或多个宏操作。可以通过引用宏组中的"宏名"（宏组名.宏名）执行宏组中的宏。执行宏组中的宏时，Access 系统将按顺序执行"宏名"列中的宏所设置的操作以及紧跟在后面的"宏名"列为空的操作。

在一定的条件下才执行的宏操作称为条件宏。

条件是一个运算结果为 True/False 或"是/否"的逻辑表达式，宏将根据条件结果的真或假而沿着不同的路径进行。

宏中包含的每个操作也有名称,都是系统提供的、由用户选择的操作命令,名称不能更改。一个宏中的多个操作命令在执行中按先后顺序执行,如果设计了条件宏,则操作会根据对应设置的条件决定是否执行。

Access 提供了很多个宏操作,每个操作都有自己的参数,可以按需要进行设置。其中几种常见的宏命令见表 7.1,更多的宏操作命令见附录 4。

表 7.1　　　　　　　　　　　　几种常见的宏命令

宏命令	说　　明
ApplyFilter	用来筛选、查询或将 SQL 的 Where 子句应用至表、窗体或报表,以限制或排序记录
Beep	通过计算机的扬声器发声
Close	关闭指定的 Microsoft Access 窗口,若无指定,则关闭使用中的窗口
CopyObject	将指定的数据库对象复制 Access 数据库或项目中
DeleteObject	删除指定的数据库对象
FindRecord	寻找符合由 FindRecord 自变量指定条件的第 1 条数据记录
MsgBox	显示包含警告或提示信息的消息框
OpenForm	打开在窗体视图、窗体设计视图、预览打印或数据表视图中的窗体
OpenQuery	打开数据表视图、设计视图或预览打印中是选择或交叉查询
OpenTable	在数据表视图、设计视图或预览打印中打开表
Quit	结束 Access
RunApp	执行 Windows 或 MS-DOS 环境下的应用程序
RunCommand	执行内置的 Microsoft Access 命令
RunMacro	执行宏
StopMacro	停止当前正在执行的宏

7.1.2 设置宏操作

一般情况下,宏或宏组的建立和编辑都是在"宏"设计窗口中进行。在数据库窗口中,单击"宏"对象,然后单击工具栏上的"新建"按钮可以打开"宏"设计窗口,如图 7.1 所示。

与"表"设计视图的结构相似,"宏"设计视图也分为上下两部分。上半部分包含宏名、条件、操作和注释四列。在"宏名"列中用户可以为每个基本宏指定一个名称;在"条件"列中可以指定宏操作的条件;如果设计窗口中没有这两列,可以单击工具栏上的"宏名"按钮和"条件"按钮将两列显示出来。在"操作"列中,可以为每个宏指定一个或多个宏操作;如果需要可以在"注释"列中对该操作进行必要的说明,以方便今后对宏进行修改和维护。下半部分是"操作参数"区,在此可以对操作参数进行设置,选择的操作不同,其参数内容有所不同。

与宏设计窗口相关的工具栏如图 7.2 所示,工具栏中主要按钮的功能如表 7.2 所示。

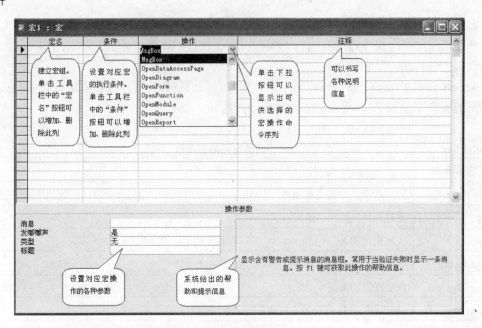

图 7.1 宏设计窗口

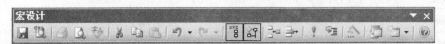

图 7.2 宏设计的工具栏

表 7.2　　　　　　　　　　　宏设计工具栏按钮的功能

按钮	名称	说明
	宏名	设置宏组名称。单击一次此按钮，在宏定义窗口中会增加/删除"宏名"列
	条件	设置条件宏。单击一次此按钮，在宏定义窗口中会增加/删除"条件"列
	插入行	在宏操作编辑区设定的当前行的前面增加一个空白行
	删除行	删除宏作编辑区的当前行
	运行	执行当前宏
	单步	单步运行，一次执行一条宏命令
	生成器	在设置条件宏的"条件"时，打开表达式生成器，帮助生成条件表达式

7.2 宏的创建

用户可以创建一个宏用以执行某个特定的操作，或者创建一个宏组用以执行一系列操作。在 Access 中创建宏不同于编程，用户可以不设计编程代码，没有太多的语法要掌握，所要做的就是在宏的操作列表中安排一些简单的选择。

7.2.1 创建操作序列宏

利用宏设计器窗口创建操作序列宏有两种方法：一种是在宏窗口中的"操作"下拉列表框中选择宏操作，另一种是通过拖曳数据库对象添加宏操作。

（1）创建"学生基本信息"宏

创建"学生基本信息"宏，通过"宏"窗口完成的操作步骤如下：

①在"成绩管理"数据库窗口中，单击对象栏中的"宏"选项卡，再单击"工具"栏中的"新建"按钮，弹出如图 7.1 所示的新建宏窗口。

②单击"操作"字段的第 1 个单元格，再单击右边的下拉箭头，在下拉列表框中，选择要使用的操作"OpenQuery"（打开查询）。

③在"注释"列中输入此操作的说明"打开学生基本信息查询"（可选）。

④在窗口的下部，可以设置操作参数（可选）。

在"查询名称"下拉列表框中，选择一个查询"学生基本信息查询"；在"视图"下拉列表框中选择一种视图"数据表"；在"数据模式"下拉列表框中选择一种模式"只读"，如图 7.3 所示。

⑤单击工具栏中的"保存"按钮，弹出如图 7.4 所示的"另存为"对话框，命名为"学生基本信息"，单击"确定"即可保存该宏。

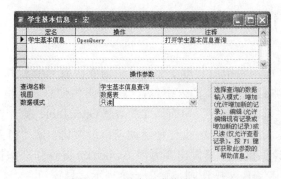
图 7.3 "学生基本信息"宏

图 7.4 "另存为"对话框

（2）创建"学生课程成绩查询"宏

创建"学生课程成绩查询"宏，通过拖曳数据库对象添加宏操作，步骤如下：

① 打开宏的编辑窗口。

② 单击"窗口"菜单，执行"垂直平铺"命令，数据库窗口和宏窗口将在屏幕上垂直平铺如图 7.5 所示。

③在数据库窗口中可以选择要打开的表、查询、窗体或报表，按住鼠标左键，拖曳到宏窗口的"操作"列的第一个空行，然后放开鼠标左键；在"操作参数"框中，依次设置该宏操作对应的各项参数。本例中，先单击"查询"对象中的"学生课程成绩查询"，将其拖曳到宏设计窗口的第一个空行的"操作"列，放开鼠标，则在"操作"列中会出现"OpenQuery"宏命令，在该命令的"操作参数"中会自动添加一部分参数，如图 7.5 所示。

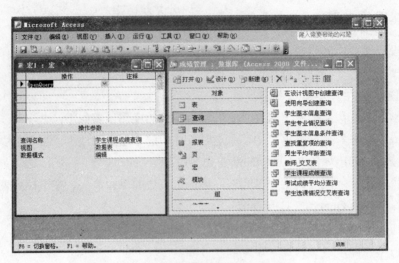

图 7.5　垂直平铺数据库窗口和宏窗口

④保存该宏，命名为"学生课程成绩查询"。

值得注意的是，拖曳数据库对象添加宏操作只能创建打开数据库对象的很少几个宏操作，除此之外的其他宏操作不能用这种方法创建。

运行宏是按宏名进行调用，命名为 Autoexec 的宏在打开该数据库时会自动运行。要想取消自动运行，打开数据库时按住 Shift 键即可。

7.2.2　创建宏组

如果要将相关的几个宏组织在一起，而不希望对其单个追踪，就需要构成一个宏组。

图 7.6 所示是宏组的例子。名为"基本信息宏组"的宏中包含"打开学生信息表"和"打开教师信息表"这两个宏。宏"打开学生基本信息表"里有两个操作：OpenTable 操作在数据表视图中以编辑数据模式打开"学生"表；Maxmize 操作使活动窗口最大化。宏"打开教师信息表"里有三个操作：Beep 操作使计算机扬声器发出嘟嘟声；OpenTable 操作在数据表视图中以编辑数据模式打开"教师"表；MsgBox 操作则是弹出一个提示信息窗口。

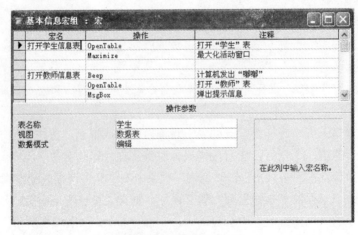

图 7.6　基本信息宏组

具体的操作步骤如下：

①在"成绩管理"数据库窗口中，单击对象栏中的"宏"选项卡，再单击"工具"栏中的"新建"按钮打开宏设计窗口。

②选择"视图"菜单中的"宏名"命令项，使此命令上带复选标记；或者单击"宏名"按钮，使按钮处于选中状态。此时"宏"设计窗口会增加一个"宏名"列。

③在宏组内第一个宏对应的"宏名"列内输入名字。添加需要执行的宏操作，并可设置操作参数、添加注释文字。

④如果希望在宏组内包含其他的宏，可重复步骤③。

⑤保存并命名设计好的宏组（如"基本信息宏组"）。

保存宏组时，指定的名字是宏组的名字，这个名字也是显示在"数据库"窗体中的宏和宏组列表中的名字。

宏组的命名方法与其他数据库对象相同，调用宏组中宏的格式为：宏组名.宏名。

7.2.3 创建条件操作宏

当需要根据某一特定条件来执行宏中某个或某些操作时，可以创建条件宏。在宏中添加条件的操作如下：

①选择"视图"菜单中的"条件"命令项，使此命令上带复选标记；或者单击"宏名"按钮，使按钮处于选中状态。此时"宏"设计窗口会增加一个"条件"列。这里的条件是一个运算结果为 True/False 或"是/否"的逻辑表达式，宏将根据条件结果的真或假决定是否执行对应的操作。

②将所需的条件表达式输入到"宏"窗体的"条件"列中。

在输入条件表达式时，可能会引用窗体或报表上的控件值。可以使用如下的语法：

Forms![窗体名]![控件名] 或 [Forms]![窗体名]![控件名]

Reports![窗体名]![控件名] 或 [Reports]![窗体名]![控件名]

③在"操作"列中选择条件式为真时要执行的操作。

设置条件的含义：如果这个条件的结果为真，Access 就会执行此行所设置的操作，若结果为 False，则忽略这行所设置的操作。如果下一行的操作条件跟上一行的相同，可在下一行的"条件"栏内输入省略号，就可以在上述条件为真时连续执行其所在行的操作。

在宏的操作序列中，如果既有带条件的操作又有不带条件的操作，那么带条件的操作是否执行取决于条件式结果的真假，而没有指定条件的操作则会无条件地执行。

【例 7.1】 在"成绩管理"数据库中创建一个条件操作宏，该宏打开"课程"窗体，当窗体中当前记录的"课程性质"为"选修课"并且"学分"的值为 3 时，将"学分"的值改为 2，修改完后显示消息提示框，并关闭"课程"窗体。

操作步骤如下：

①打开宏设计器，单击"宏名"按钮，使按钮处于选中状态，此时"宏"设计窗口会增加一个"条件"列。

②单击第 1 行的操作列，选择"OpenForm"；在第 2 行的操作列中选择"SetValue"操作；在第 3 行的操作列中选择"Msgbox"操作；在第 4 行的操作列中选择"Close"操作，设置结果如图 7.7 所示。

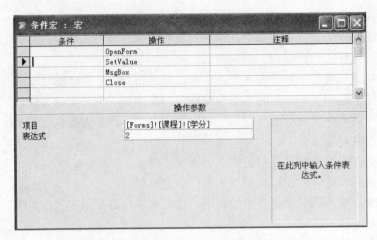

图 7.7 条件宏的操作设置

③单击"SetValue"操作行,单击"操作参数"区中的"窗体名称"行,这时右边出现一个向下箭头按钮,单击该按钮,弹出一个列表,从列表中选择"课程"窗体。

④单击"SetValue"操作行,设置"项目"和"表达式"两个参数,其中"项目"参数指定要设置的字段的名称,"表达式"参数指定该字段的新值。单击"项目"参数,在该列右侧显示出"表达式生成器"按钮,单击该按钮弹出"表达式生成器"对话框。在"表达式生成器"左下方的框中,双击"窗体"项,再双击"所有窗体"项,将打开窗体的列表。双击其中的"学分"控件,这时在对话框上面文本框中自动出现:[Forms]![课程]![学分],如图 7.8 所示。在"SetValue"操作的"表达式"参数框中输入"2"。

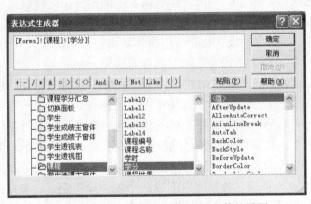

图 7.8 SetValue 操作中"项目"参数的设置

⑤右击"SetValue"操作行的"条件"列,在弹出的快捷菜单中选择"生成器"命令,打开"表达式生成器"对话框,在"表达式生成器"话框上面的文本框中输入"[Forms]![课程]![课程性质]="选修课" And [Forms]![课程]![学分]=3",如图 7.9 所示,点击"确定"按钮。

⑥单击 MagBox 操作行,将"消息"参数框中输入"学分更改完毕!",在"类型"参数框中选择"信息",在"标题"参数框中输入"更改完毕"。

⑦单击 Close 操作行,在"对象类型"参数框中选择"窗体",在"对象名称框"中选择"课程"。

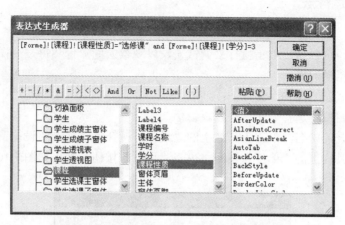

图 7.9　SetValue 操作中"条件"参数的设置

⑧单击工具栏上的"保存"按钮，系统弹出"另存为"对话框，在"宏名称"文本框中输入"更改学分"，单击"确定"按钮。

7.2.4　设置宏的操作参数

在宏中添加了某个操作之后，可以在"宏"设计窗体的下部设置与这个操作相关的参数。设置操作参数的方法简要介绍如下：

①可以在参数框中输入数值，也可以从列表中选择某个设置。

②如果操作中有调用数据库对象名的参数，则可以将对象从"数据库"窗体中拖动到参数框，从而由系统自动设置操作及其对应的对象类型参数。

③可以用前面加等号的表达式来设置操作参数，但不能对表 7.3 中的参数使用表达式。

表 7.3　　　　　　　　　　不能设置成表达式的操作参数

参　　数	说　　明
对象类型	Close，DeleteObject，GoToRecord，OutputTo，Rename，Save，SelectObject，SendObject，RepaintObject，TransferDatabase
源对象类型	CopyObject
数据库类型	TransferDatabase
电子表格类型	TransferSpreadsheet
规格名称	TransferText
工具栏名称	ShowToolbar
输出格式	Outputo，SendObject
命令	RunCommand

7.2.5 调试和运行宏

1. 宏的调试

在宏创建后,可以使用单步执行来调试宏,以观察宏的流程和每一个操作的结果,从而发现并排除导致错误的操作。

单步执行调试宏的操作步骤如下:

① 在数据库窗口中选择"宏"对象。

② 单击要打开的宏名,单击工具栏上的"设计"按钮,进入宏的设计窗。

③ 单击宏工具栏上的"单步"按钮,单击"运行"按钮,弹出如图 7.10 所示的对话框。

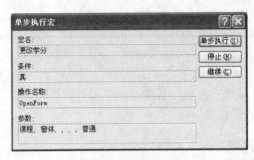

图 7.10 "更改学分"宏的"单步执行宏"对话框

在"单步执行宏"对话框中显示将要执行的下一个宏操作的相关信息,包括"单步执行"、"停止"、"继续"三个按钮。单击"停止"按钮,将停止当前宏的继续执行;单击"继续"按钮,将结束单步执行的方式,并继续运行当前宏的其余操作。在没有取消"单步"或在单步执行中没有选择"继续"前,只要不关闭 Access 2003,"单步"始终起作用。如果宏有错误,则会出现"操作失败"对话框。如果要在宏执行过程中暂停宏的执行,可按组合键 Ctrl+Break。

④ 根据需要,单击"单步执行"、"停止"、"继续"中的一个按钮,直到完成整个宏的调试。

2. 运行宏

宏有多种运行方式。可以直接运行宏,也可以运行宏组中的宏、另一个宏或事件过程中的宏,还可以为响应窗体、报表或窗体、报表的控件所发生的事件而运行宏。

(1) 直接运行宏

直接运行宏有以下几种方法:

① 打开宏的设计窗口,单击工具栏上的"运行"按钮。

② 打开数据库窗口,选择"宏"对象,双击要运行的宏名。

③ 单击"工具"菜单,选择"宏",运行"运行宏"命令,从"宏"名列表中选择宏。

(2) 从另一个宏或 Visual Basic 程序中运行宏

从另一个宏或 Visual Basic 程序中运行宏,需要向宏或过程添加 RunMacro 操作。

在宏中添加 RunMacro 操作,可以单击空白操作行,选择 RunMacro 宏命令,然后在"宏名"参数中输入要运行的宏名。

在 Visual Basic 过程中添加 RunMacro 宏操作,在过程中添加 DoCmd 对象的 RunMacro

方法，并指定要运行的宏名，详细内容本章稍后介绍。

（3）响应窗体、报表或控件上发生的事件而运行宏

通常情况下直接运行宏或宏组里的宏是在设计和调试宏的过程中进行，只是为了测试宏的正确性。在确保宏调试正确并且设计无误后，可将宏附加到窗体、报表或控件中，以对多种类型的事件作出响应，如鼠标单击、数据更改、打开窗体、报表等。

通过设置窗体、报表或控件上发生的事件来响应宏或事件的操作步骤如下：

打开宏的设计窗口，单击工具栏上的"运行"按钮。

打开数据库窗口，选择"宏"对象，双击要运行的宏名。

①在"设计"视图中打开窗体或报表。

②设置窗体、报表或控件的有关事件属性为宏的名称或事件过程。

③在打开窗体、报表后，如果发生相应事件，则会自动运行设置的宏或事件。

7.3 通过事件触发宏

在实际应用系统中，设置好的宏通常是通过窗体、报表或查询产生的"事件"触发，使之投入运行。

7.3.1 事件的概念

事件（Event）是 Access 窗体或报表及其上的控件等对象可以辨别和检测的动作，当此动作发生于某一个对象上时，其对应的事件便会被触发，例如单击鼠标、窗体或报表打开等。如果事先已经给一个事件编写了宏或事件程序，此时就会执行宏或事件过程。例如，当使用鼠标单击窗体中的一个按钮时，会引起"单击"（Click）事件，此时事先编写的"单击"事件的宏或事件程序也就被投入运行。

在 Access 数据库系统里，可以通过两种方式来处理窗体、报表或控件的事件响应。一是使用宏对象来设置事件属性，二是为某个事件编写 VBA 代码过程，完成指定动作。

事件是预先定义好的活动，也就是说一个对象拥有哪些事件是由系统本身定义的，至于事件被引发后要执行什么内容，则由用户为此事件编写的宏或事件过程决定。事件过程是为响应由用户或程序代码引发的事件或由系统触发的事件而运行的过程。

宏运行的前提是有触发宏的事件发生。实际上，Access 窗体、报表和控件的事件有很多，一些主要对象事件参见附录5。

打开或关闭窗体，在窗体之间移动，或者对窗体中数据进行处理时，将发生与窗体相关的事件。窗体的事件比较多，在打开窗体时，将按照下列顺序发生相应的事件：

打开（Open）→加载（Load）→调整大小（Resize）→激活（Activate）→成为当前（Current）

如果窗体中没有活动的控件，在窗体的"激活"事件发生之后仍会发生窗体的"获得焦点"（GotFocus）事件，但是该事件将在"成为当前"（Current）事件之前发生。

在关闭窗体时，将按照下列顺序发生相应的事件：

卸载（Unload）→停用（Decativate）→关闭（Close）

如果窗体中没有活动的控件，在窗体的"卸载"（Unload）事件发生之后仍会发生窗体的"获得焦点"（LostFocus）事件，但是该事件将在"停用"（Decativate）事件之前发生。

引发事件不仅仅是用户的操作,程序代码或操作系统都有可能引发事件。例如,如果窗体或报表在执行过程中发生错误便会引发窗体或报表的"出错"(Error)事件,当打开窗体并显示其中的数据记录时会引发"加载"(Load)事件,关闭窗体时会引发"卸载"(Unload)事件。

7.3.2 通过事件触发宏

我们可以在窗体、报表或查询设计的过程中为对象的事件触发对应的宏或事件过程。下面通过一个示例进行说明。

【例 7.2】设计一个如图 7.11 所示的简单的信息查询窗体,通过宏实现其基本功能的连接和窗体转换。操作步骤如下:

① 新建一个窗体,其设计界面如图 7.11 所示。主体节中有 6 个命令按钮,名称依次为"Command1"…"Command6",并保存名为"信息查询"。

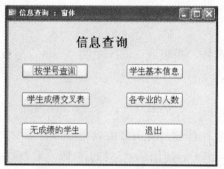
图 7.11 通过事件触发宏的示例:信息查询窗体

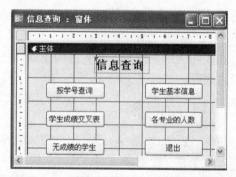
图 7.12 "信息查询"窗体设计界面

② 新建一个名为"学生信息浏览"的窗体,用于显示学生的信息,其设计界面如图 7.13 所示。其窗体页脚节中有 6 个命令按钮,名称依次为"previous"、"next"、"add"、"save"、"quer"、"return"。

图 7.13 "学生信息浏览"窗体设计界面

③新建两个条件查询，名称分别为"按学号查询学生信息"和"按学号查询学生选课信息"，其设计界面如图7.14和图7.15所示。

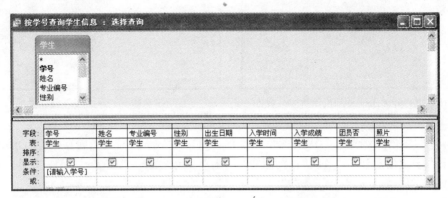

图7.14 "按学号查询学生信息"查询设计界面

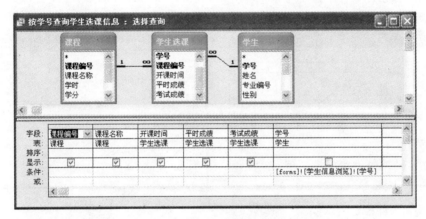

图7.15 "按学号查询学生选课信息"查询设计界面

④新建四个操作序列宏，其设计界面分别如图7.16、图7.17、图7.18和图7.19所示。

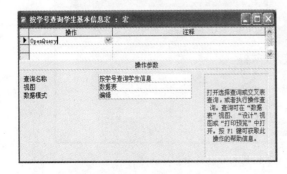

图7.16 "按学号查询学生基本信息宏"设计界面

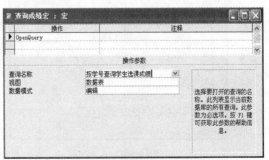

图7.17 "查询成绩宏"设计界面

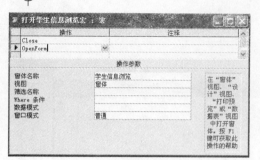
图7.18 "打开学生信息浏览宏"设计界面

图7.19 "返回宏"设计界面

"打开学生信息浏览宏"中有两个宏操作,"Close"操作关闭当前窗口,"OpenForm"操作打开"学生信息浏览"窗体;"返回宏"中有两宏操作,"Close"操作关闭当前窗口,"OpenForm"操作打开"信息查询"窗体。

⑤回到"信息查询"窗体,选中"Command1"按钮,设置属性窗口中的"单击"事件,单击下拉列表按钮,选择"按学号查询基本信息宏",如图7.20所示。

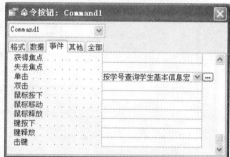

图7.20 为"Command1"按钮(按学号查询)设置单击事件

⑥在"信息查询"窗体,选中"Command2"按钮,选中属性窗口中的"单击"事件,单击下拉列表按钮,选择"打开学生信息浏览宏",如图7.21所示。

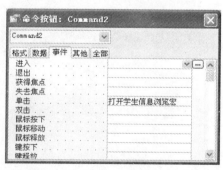

图7.21 为"Command2"按钮(学生基本信息)设置单击事件

⑦重新打开"学生信息浏览"窗体,选中"quer"按钮,将"单击"事件设置为"查询成绩宏";选中"return"按钮,将"单击"事件设置为"返回宏",如图7.22和图7.23所示,并保存。

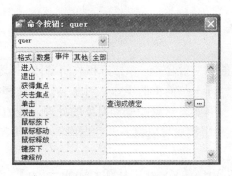
图 7.22　为"quer"按钮设置单击事件

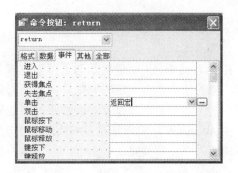
图 7.23　为"return"按钮设置单击事件

⑧新建如图 7.24 所示的"查询各专业人数"查询和如图 7.25 所示的"查询没选课的学生信息"查询。

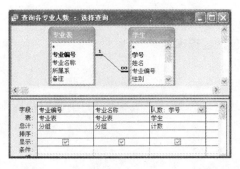
图 7.24　选择查询：查询各专业人数

图 7.25　选择查询：查询没有选课的学生情况

⑨新建三个操作序列宏，分别为：宏"查询学生成绩交叉表宏"中的操作为打开查询"学生选课情况交叉表查询"；宏"各专业人数宏"中的操作为打开查询"查询各专业人数"；宏"查询没选课的学生宏"中的操作为打开查询"查询没选课的学生信息"。回到"信息查询"窗体，分别将按钮"Command3"、"Command4"和"Command5"的"单击"事件设置为"查询学生成绩交叉表宏"、"各专业人数宏"和"查询没选课的学生宏"。

⑩新建一个条件宏，名为"退出系统"的宏，其设计界面如图 7.26 所示。重新打开"信息查询"窗体，将按钮"Command6"的"单击"事件设置为宏"退出系统"，如图 7.27 所示，最后保存窗体对象。

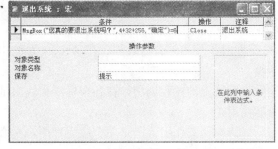
图 7.26　条件查询：退出系统

图 7.27　为"Command6"按钮设置事件

7.4 模块

在 Access 系统中，借助宏对象可以完成事件的响应处理，例如打开和关闭窗体、报表等。不过，宏的使用也有一定的局限性，一是它只能处理一些简单的操作，对于复杂条件和循环等结构则无能为力；二是宏对数据库对象的处理，例如表对象或查询对象的处理，能力也很弱。在 Access 中，编程是通过模块对象实现的，利用模块可以将各种数据库对象联接起来，从而构成一个完整的系统。

模块是 Access 系统中的一个重要对象，它以 VBA（Visual Basic for Application）语言为基础编写，以函数过程（Function）或过程（Sub）为单元的集合方式存储。模块是将 VBA 声明和过程作为一个单元进行保存的集合，它是由声明和过程组成的，一个模块可能含有一个或多个过程，其中每个过程都是一个函数过程或者子程序。

与宏相比，VBA 模块在以下的几个方面具有优势：
①使用模块可以使数据库的维护更加简单。
②用户可以创建自己的函数，用来执行复杂的计算或复杂的操作。
③利用模块可以操作数据库中的任何对象，包括数据库本身。
④可以进行系统级别的操作。
⑤可动态地使用参数，因此模块更具有灵活性。

在 Access 中，从与其他对象的关系来看，模块可以分为两种基本类型：类模块和标准模块。

7.4.1 类模块

类模块是可以定义新对象的模块，新建一个类模块也就是创建了一个新对象。模块中定义的过程将变成该对象的属性或方法。

窗体模块和报表模块都属于类模块，它们从属于各自的窗体或报表。在窗体或报表的设计视图环境下可以用两种方法进入相应的模块代码设计区域：一是鼠标点击工具栏"代码"按钮进入，二是为窗体或报表创建事件过程时，系统会自动进入相应代码设计区域。

窗体模块和报表模块通常都含有事件过程，而过程的运行用于响应窗体或报表上的事件。使用事件过程可以控制窗体或报表的行为以及它们对用户操作的响应。

窗体模块和报表模块中的过程可以调用标准模块中已经定义好的过程。

窗体模块和报表模块具有局部特性，其作用范围局限在所属窗体或报表内部，而生命周期则是伴随着窗体或报表的打开而开始、关闭而结束。

7.4.2 标准模块

标准模块一般用于存放供其他 Access 数据库对象使用的公共过程。在 Access 系统中可以通过创建新的模块对象而进入代码设计环境。

标准模块通常安排一些公共变量或过程供类模块里的过程调用，在各个标准模块内部也可以定义私有变量和私有过程仅供本模块内部使用。

标准模块中的公共变量和公共过程具有全局特性，其作用范围是整个应用程序，生命周期是伴随着应用程序的运行而开始、关闭而结束。

7.4.3 创建模块

过程是模块的单元组成,由 VBA 代码编写而成。过程分两种类型:Sub 子过程和 Function 函数过程。

1. 在模块中加入过程

模块是装载 VBA 代码的容器。在窗体或报表的设计视图里,单击工具栏上的"代码"按钮或者创建窗体或报表的事件过程可以进入类模块的设计和编辑窗口;单击数据库窗体中的"模块"对象标签,然后单击"新建"按钮即可进入标准模块的设计和编辑窗口。

一个模块包含一个声明区域,包含一个或多个子过程(以 Sub 开头)或函数过程(以 Function 开头)。模块的声明区域是用来声明模块使用的变量等项目。

(1) Sub 过程

又称为子过程。执行一系列操作,无返回值。定义格式如下:

Sub 过程名

[程序代码]

End Sub

可以引用过程名来调用该子过程。此外,VBA 提供了一个关键字 Call,可显式地调用一个子过程,在过程名前加上 Call 是一个很好的程序设计习惯。

(2) Function 过程

又称为函数过程。执行一系列操作,有返回值。定义格式如下:

Function 过程名

[程序代码]

End Function

函数过程不能使用 Call 来调用执行,需要直接引用函数过程名,并由接在函数过程名后的括号所辨别。

2. 在模块中执行宏

在模块的过程定义中,使用 DoCmd 对象的 RunMacro 方法,可以执行设计好的宏。其调用格式为:

DoCmd.RunMacro MacroName[,RepeatCount][,RepeatExpression]

其中 MacroName 表示当前数据库中宏的有效名称;RepeatCount 为可选项,用于计算宏运行次数的整数值;RepeatExpression 为可选项,为数值表达式,在每一次运行宏时进行计算,结果为 False(0)时,停止运行宏。

【例 7.3】 创建一个标准模块 A,在"模块 A"模块中创建一个 Welcome 过程,并执行该过程。

操作步骤如下:

①在"成绩管理"库中,选择"模块"对象,单击"新建"按钮,弹出如图 7.28 所示的模块代码窗口,在模块中代码窗口中输入代码,创建过程"Welcome",单击标准工具栏上的"保存"按钮,弹出"另存为"对话框,输入"模块 A"后单击"确定"按钮,如图 7.29 所示,创建模块 A。

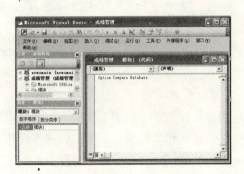

图 7.28 模块代码窗口

图 7.29 输入模块代码并保存

②在模块代码窗口，单击标准工具栏上的"运行"按钮或选择"运行"菜单→"运行子程序/用户窗体"或按 F5 键，弹出宏运行对话框，选择过程"Welcome"，确定后执行该过程，如图 7.30 所示。

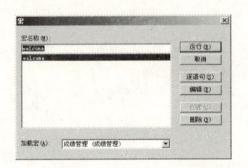

图 7.30 运行过程并显示结果

③回到"成绩管理"数据库窗口中，选择"模块"对象，新生成一个名为"模块 A"的模块。

【例 7.4】 在成绩管理数据库的"课程学分汇总"窗体中，设置一个窗体类模块，当用户单击"学分"输入控件时，可以弹出一个对话框，显示"可以修改该课程的学分"信息。

操作步骤如下：

①打开"成绩管理"数据库。

②在设计视图中打开"课程学分汇总"窗体，右击选择"学分"的控件，选择"属性"命令，在弹出的对话框中选择"事件"选项卡的"单击"事件，单击其右边的"生成器"按钮，打开"选择生成器"对话框。

③在"选择生成器"对话框中选择"代码生成器"，单击"确定"按钮，打开模块窗口，系统自动生成对应事件的过程头和过程尾，可以在模块窗口中输入要完成的事件过程。

④在过程头和过程尾之间输入下列语句"MsgBox"可以修改该课程的学分.""，保存该模块。

⑤在该窗体的运行模式下，单击"学分"控件，屏幕弹出对话框。

以上操作流程如图 7.31 所示。

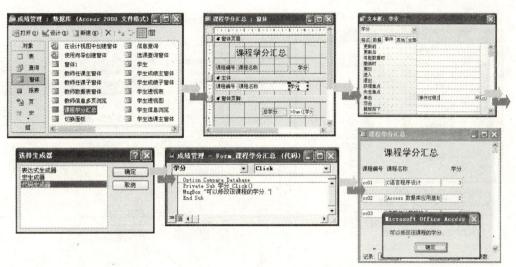

图 7.31　窗体类模块创建流程

【例 7.5】 在"成绩管理"数据库的"学生信息浏览"窗体中创建一个窗体类模块，当用户单击该窗体的"学生信息浏览"标签时运行"学生基本信息"宏打开一个查询："学生基本信息查询"。

操作步骤如下：

①在设计视图中打开"学生信息浏览"窗体。

②右击该窗体的"学生信息浏览"标签控件，选择"属性"命令，在弹出的对话框中，选择"事件"选项卡的"单击"，表示在单击该控件后将要执行的事件过程。

③单击属性框右边的"生成器"按钮，打开"选择生成器"对话框。

④在"选择生成器"对话框中选择"代码生成器"，单击"确定"按钮，打开模块窗口，系统自动生成对应事件的过程头和过程尾，在过程头和过程尾之间输入下列语句：

DoCmd.RunMacro "学生基本信息"

⑤保存该模块，并在窗体的运行模式下，单击"学生信息浏览"标签，则屏幕弹出一个查询。

以上操作流程如图 7.32 所示。

7.4.4　宏与模块之间的转换

在 Access 中，通过宏或者用户界面可以完成许多任务。而在其他许多数据库程序中，要完成相同的任务就必须通过编程。是使用宏还是模块编程，主要取决于所需要完成的任务。

如果应用程序需要使用 VBA 模块，则可以将已经存在的宏转换为 VBA 模块的代码，转换的方法取决于代码保存的方式。如果代码可被整个数据库使用，则从数据库窗口的宏选项卡中直接转换；如果需要代码与窗体或报表保存在一起，则从相关的窗体或报表的设计视图中转换。

Access 数据库应用基础

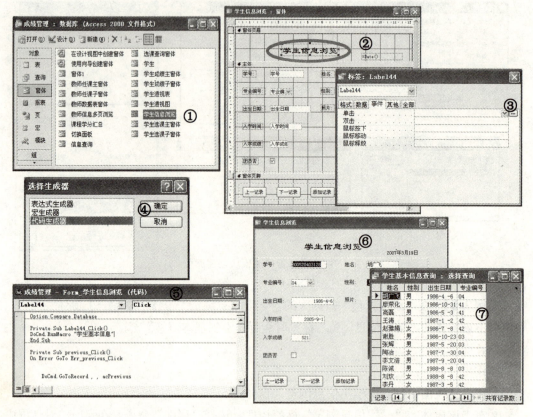

图 7.32 创建一个模块，并在模块中运行一个宏的流程

（1）从设计视图中转换宏

下面以项目为例，将如图 7.33 所示的"信息查询"窗体中的宏转换为 VBA 模块的代码，具体步骤如下：

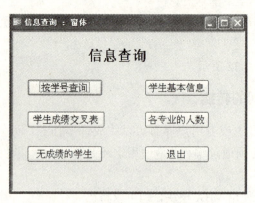

图 7.33 带有宏的"信息查询"窗体

①用设计视图打开该窗体。
②选择菜单中"工具/宏/将窗体的宏转换为 Visual Basic 代码"，弹出如图 7.34 所示的对

话框。

③在此对话框中，取消对"给生成的函数加入错误处理"选项的选择，选中"包含宏注释"复选框，然后单击"转换"按钮。

④弹出"将宏转换到 Visual Basic"对话框显示转换结束，如图 7.35 所示。

图 7.34 "转换窗体宏"对话框

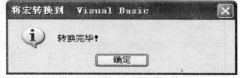

图 7.35 将宏转换到"Visual Basic"对话框

⑤单击"确定"按钮关闭对话框。当对话框关闭时，用户可以单击工具栏上的代码按钮，查看 Visual Basic 编辑器窗口，窗口中含有由宏转换的 Visual Basic 代码。

（2）从数据库窗口中转换

当从数据库窗口中转换宏时，宏被保存为全局模块中的一个函数并在数据库窗口的模块选项中列为转换的宏，以这种方式转换的宏可被整个数据库使用。宏组中的每个宏不是被转换成子过程，而是转换成语法稍有不同的函数。

下面以项目为例，将"学生成绩管理系统"中的宏组转换为 VBA 代码，具体步骤如下：

①在数据库窗口中选中宏名，在此选择基本信息宏组。

②选择菜单中"工具/宏/将宏转换为 Visual Basic 代码"。

③接下来的步骤和从设计视图中转换宏是一样的。

本 章 小 结

宏操作，简称为"宏"，是 Access 中的一个对象，是一种功能强大的工具。宏可以分为操作序列宏、宏组和含有条件操作的宏，用户可以创建一个宏用以执行某个特定的操作或者创建一个宏组用以执行一系列操作。

在 Access 中，编程是通过模块对象实现的。利用模块可以将各种数据库对象联接起来，从而构成一个完整的系统。模块可以分为两种基本类型：类模块和标准模块。

类模块是可以定义新对象的模块，窗体模块和报表模块都属于类模块，它们从属于各自的窗体或报表。窗体模块和报表模块中的过程可以调用标准模块中已经定义好的过程。

过程是模块的单元组成，由 VBA 代码编写而成。

上机实验

一、实验案例

在"成绩管理"库中创建一个操作系列宏，名为"学生选课查询宏"，该宏包含"打开查询"和"打开窗体"两个操作。"打开查询"（OpenQuery）操作以"只读"数据模式打开查询"学生选课成绩查询"（该查询已在第 3 章创建，其设计界面如图 7.36 所示）；"打开窗体"(OpenForm)操作打开"学生成绩主窗体"(该窗体已在第 4 章创建)。设计界面如图 7.37 所示,运行宏结果如图 7.38 所示。

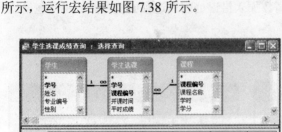

图 7.36 "学生选课成绩查询"设计界面   图 7.37 "学生选课查询宏"设计界面

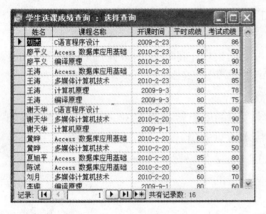
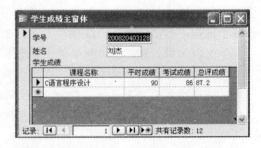

a. "打开查询"操作结果   b. "打开窗体"操作结果

图 7.38 学生选课查询

二、步骤说明

(1)打开"成绩管理"库,在"成绩管理"数据库窗口中单击对象栏中的"宏"选项卡,再单击工具栏中的"新建"按钮,系统弹出新建宏窗口。

(2)单击"操作"字段的第 1 个单元格,再单击右边的下拉箭头,在下拉列表框中选择要使用的操作"OpenQuery"(打开查询)。

(3)在"注释"列中输入此操作的说明(可选)。

(4)在窗口的下部,在查询名称下拉列表框中,选择要打开的查询"学生选课成绩查询",在"视图"下拉列表框中选择一种视图"数据表",在"数据模式"下拉列表框中选择模式为"只读"。

(5)把光标移到下一行,再单击右边的下拉箭头,在下拉列表框中,选择要使用的操作"OpenForm"(打开窗体)。

(6)在本行的"注释"列中输入此操作的说明(可选)。

(7)在窗口的下部窗体名称下拉列表框中选择要打开的窗体"学生成绩主窗体",在"视图"下拉列表框中选择视图为"窗体",在"数据模式"下拉列表框中选择模式为"只读",

设计界面如图 7.36 所示。

（8）单击工具栏中的"保存"按钮，弹出"另存为"对话框，命名为"学生选课查询宏"，单击"确定"，保存该宏。

（9）单击工具栏中的"运行"按钮，"学生选课查询宏"的运行结果为打开学生选课成绩查询和打开学生成绩主窗体两个操作。

三、实验题目

创建基于成绩管理的数据库，设计要求如下：

（1）创建一个窗体，名为"信息维护"，界面如图 7.39 所示。

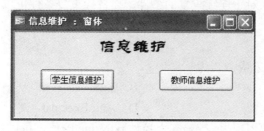

图 7.39　信息维护窗体

（2）创建一个宏组，名为"信息维护"，该宏组中的"学生信息维护"能打开"编辑学生信息"窗体，"教师信息维护"能打开窗体"教师数据表窗体"，并能对数据进行编辑。

（3）为确保信息表中"姓名"字段必须被填写，宏组中的"姓名维护"为条件宏，如果用户没输入"姓名"字段的值，出现警告信息"必须输入姓名！"。

（4）在"信息维护"窗口中单击"学生信息维护"（或教师信息维护）按钮，系统打开"编辑学生信息"（或教师数据表）窗体。在窗体中，如果将"姓名"字段的值删除则将焦点移到别处，将出现如图 7.40 所示的警告信息。

图 7.40　"信息维护"窗体运行界面

习 题

一、单项选择题

1. 要限制宏命令的操作范围，可以在创建宏时定义_____
   A. 宏操作对象　　　　　　　　B. 宏条件表达式
   C. 宏操作目标　　　　　　　　D. 窗体或报表的控件属性

2. OpenQuery 基本操作的功能是打开_____
   A. 表　　　　　　　　　　　　B. 查询
   C. 窗体　　　　　　　　　　　D. 报表

3. 在条件宏设计时，对于连续重复的条件，要替代重复条件可以使用下面的符号____
   A. =　　　　　　　　　　　　B. …
   C. ,　　　　　　　　　　　　D. ;

4. VBA 的自动运行宏应命名为_____
   A. Autorun　　　　　　　　　B. AutoExe
   C. AutoExec　　　　　　　　　D. AutoExec.bat

5. 在宏的表达式中要引用报表 exam 上控件 txtName 的值，可以使用的引用是_____
   A. txtName　　　　　　　　　B. exam!txtName
   C. Reports!exam! txtName　　D. Report! !txtName

6. 为窗体或报表上的控件设置属性值的宏命令是_____
   A. Beep　　　　　　　　　　　B. Echo
   C. MsgBox　　　　　　　　　　D. SetValue

7. 用于执行指定的外部应用程序的宏命令是_____
   A. RunSQL　　　　　　　　　　B. Requery
   C. Runapp　　　　　　　　　　D. Quit

8. 用于打开报表的宏命令是_____
   A. OpenForm　　　　　　　　　B. OpenReport
   C. OpenQuery　　　　　　　　D. OpenTable

9. 用于最大化激活窗口的宏命令是_____
   A. Minimize　　　　　　　　　B. Requery
   C. Maximize　　　　　　　　　D. Quit

10. 有关宏操作的叙述中，错误的是_____
    A. 宏的条件表达式中不能引用窗体或报表的控件值
    B. 使用宏可以启动其他应用程序
    C. 可以利用宏组来管理相关的一系列宏
    D. 所有的宏操作都可以转化为相应的模块代码

11. 有关条件宏的叙述中，错误的是_____
    A. 条件为真时，执行该行中对应的宏操作
    B. 宏在遇到条件内有省略号时，终止操作
    C. 如果条件为假，将跳过该行中对应的宏操作

D. 宏的条件内为省略号表示该行的操作条件与其上一行的条件相同
12. 在创建条件宏时，如果要引用窗体上的控件值，正确的表达式引用是_____
    A. [窗体名]![控件名]　　　　　　B. [窗体名].[控件名]
    C. [Form]![窗体名]![控件名]　　　D. [Forms]![窗体名]![控件名]
13. 创建宏时至少要定义一个宏操作，并要设置对应的_____
    A. 命令按钮　　　　　　　　　　　B. 条件
    C. 注释信息　　　　　　　　　　　D. 宏操作参数
14. 以下哪个数据库对象可以一次执行多个操作_____
    A. 数据库访问页　　　　　　　　　B. 宏
    C. 菜单　　　　　　　　　　　　　D. 报表
15. 在宏设计窗口中，可以隐藏的列是_____
    A. 宏名和参数　　　　　　　　　　B. 宏名和条件
    C. 条件　　　　　　　　　　　　　D. 注释
16. 宏是指一个或多个_____
    A. 命令集合　　　　　　　　　　　B. 操作集合
    C. 对象集合　　　　　　　　　　　D. 条件表达式集合
17. 有关宏的叙述中，错误的是_____
    A. 宏是一种操作代码的组合
    B. 建立宏通常需要添加宏操作并设置宏参数
    C. 宏具有控制转移功能
    D. 宏操作没有返回值
18. 创建宏时不用定义_____
    A. 宏名　　　　　　　　　　　　　B. 窗体或报表的属性
    C. 宏操作目标　　　　　　　　　　D. 宏操作对象
19. 宏组中宏的调用格式是_____
    A. 宏组名.宏名　　　　　　　　　　B. 宏组名!宏名
    C. 宏组名[宏名]　　　　　　　　　 D. 宏组名（宏名）
20. 运行宏时不能修改的是_____
    A. 宏本身　　　　　　　　　　　　B. 数据库
    C. 表　　　　　　　　　　　　　　D. 窗体
21. 一个非条件宏运行时系统会_____
    A. 执行部分操作　　　　　　　　　B. 执行全部宏操作
    C. 执行设置了参数的宏操作　　　　D. 等待用户选择执行每个操作宏
22. 如果不指定对象，Close 基本操作关闭的是_____
    A. 当前正在使用的数据库　　　　　B. 正在使用的表
    C. 当前窗体　　　　　　　　　　　D. 当前对象（窗体、查询、宏）
23. 宏中的每个操作都有名称，用户_____
    A. 不能更改操作名　　　　　　　　B. 能更改操作名
    C. 能对有些宏名进行更改　　　　　D. 能调用外部命令更改操作名
24. 下列操作适合使用 VBA 而非宏的是_____

A. 数据库的复杂操作和维护
B. 建立自定义菜单栏
C. 从工具栏上的按钮执行自己的宏或者程序
D. 将筛选程序加到各个记录中，从而提高记录的查找速度

25. 通过从数据库窗口拖运_____向宏添加操作，Access 将自动为这个操作设置适当的参数。
    A. 宏对象   B. 窗体对象
    C. 报表对象   D. 数据库对象

26. 可以用前面加_____的表达式来设置宏的操作参数。
    A. =   B. …
    C. ,   D. ;

27. 从 VBA 代码中直接运行宏，可以使用 DoCmd 对象的_____
    A. RunMacro 方法   B. Autoexec 方法
    C. RunCommand 方法   D. SendObject 方法

28. Close 命令用于_____
    A. 打开窗体   B. 打开报表
    C. 打开查询   D. 关闭数据库对象

29. RunSQL 命令用于_____
    A. 执行指定的 SQL 语句 B. 执行指定的外部应用程序
    C. 退出 Access   D. 设置属性值

30. 在 Access 系统中，宏是按_____。
    A. 名称调用的   B. 标识符调用的
    C. 编码调用的   D. 键调用的

31. 发生在控件接收焦点之前的事件是_____。
    A. GotFocus   B. LostFocus
    C. Enter   D. Exit

32. 关于类模块的说法，不正确的是_____。
    A. 窗体模块和报表模块都属于类模块，它们从属于各自的窗体或报表
    B. 窗体模块和报表模块都具有局部特性，其作用范围局限在所属窗体或报表
    C. 窗体模块和报表模块中的过程可以调用标准模块中已经定义好的过程
    D. 窗体模块和报表模块的生命周期伴随着应用程序的打开而开始、关闭而结束

33. 下列关于宏和模块的叙述中，正确的是_____。
    A. 模块是能够被程序调用的函数
    B. 通过定义宏可以选择或更新数据
    C. 宏或模块都不能是窗体或报表上的事件代码
    D. 宏可以是独立的数据库对象，可以提供独立的操作动作

34. 不能使用宏的数据库对象是_____。
    A. 数据表   B. 窗体
    C. 宏   D. 数据定义查询

35. 属于运行和控制流程的宏操作是_____。

A. Close B. Quit
C. RunCommand D. Restore

二、填空题

1. 宏是一个或多个【1】集合。
2. 如果要引用宏组中的宏，采用的语法是【2】。
3. 建立一个宏，执行该宏后首先打开一个表，然后打开一个窗体，那么在该宏中应该使用 OpenTable 和【3】两个操作命令。
4. 实际上所有的宏操作都可以转换为相应的模块代码，它可以通过【4】来完成。
5. 由多个操作构成的宏，在执行按【5】依次执行。
6. VBA 的自动运行宏必须命名为【6】。
7. 宏的使用一般通过窗体、报表中的【7】实现。
8. 定义【8】有利于数据库中宏对象的管理。
9. 当宏与宏组创建完成后，只有运行【9】，才能产生宏操作。
10. 宏组事实上是一个冠有【10】的多个宏的集合。
11. 宏以动作为基本单位，一个宏命令能够完成一个操作动作，宏命令是【11】组成的。
12. 在设计条件宏时，对于连续重复的条件，可以使用【12】符号代替。
13. 直接运行宏组时，只执行【13】所包含的所有宏命令。
14.【14】命令用于显示消息框。
15. Minimize 命令用于【15】。
16. 经常使用的宏运行方法是：将宏赋予某一窗体或报表控件的【16】，通过触发事件运行宏或宏组。
17. 在宏编辑窗口，可以完成【17】，设置宏条件、宏操作、操作参数，添加或删除宏，更改宏顺序等操作。
18. 运行宏有两种选择，一是依照宏命令的排列顺序连续执行宏操作，二是依照宏命令的排列顺序【18】。
19. SetValue 命令用于【19】。
20. 模块包含了一个声明区域和一个或多个子过程（以【20】开头）或函数过程（以 Function 开头）。
21. 窗体模块和报表模块属于【21】。
22. OpenReport 命令用于【22】。
23. Close 命令用于【23】。
24. RunApp 命令用于【24】。
25. Beep 命令用于【25】。

三、简答题

1. 简述什么是宏。
2. 宏分哪几类？
3. 运行宏有几种方法？各有什么不同？
4. 什么是模块？Access 中，模块分为哪几类？
5. 如何创建模块？

第 8 章 VBA 程序设计

Visual Basic for Applications（VBA）是微软 Office 套件的内置编程语言，其语法与 Visual Basic 编程语言互相兼容。在 Access 中，当某些操作不能用其他 Access 对象实现，或者实现起来很困难时，就可以利用 VBA 语言编写代码来完成这些任务，在 Access 中用好 VBA 可以方便地开发各式各样的面向对象的应用程序。

8.1 VBA 程序设计基础

Visual Basic 是微软公司推出的可视化 BASIC 语言，用它来编程非常简单，而且功能强大，所以微软公司将它的一部分代码结合到 Office 中，形成 VBA。VBA 的很多语法都继承自 VB，所以可以像编写 VB 程序那样来编写 VBA 程序来实现某个功能。

8.1.1 VBA 编程环境

Access 提供了一个编程界面 VBE（Visual Basic Editor），下面简单加以介绍。

1. 进入 VBE 编程环境

Access 模块的类模块和标准模块，它们进入 VBE 编程环境的方式有所不同。

对于类模块，可以直接定位到窗体或报表上，然后单击工具栏上的"代码"工具钮进入，或定位到窗体、报表和控件上通过指定的对象事件处理过程进入。方法有两种：一是单击属性窗体的"事件"选项卡，选中某个事件并设置属性为"（事件过程）"选项，再单击属性栏右侧的"..."按钮即可进入。二是单击属性窗体的"事件"选项卡，选中某个事件直接单击属性栏右侧的"..."按钮，打开如图 8.1 所示的"选择生成器"对话框，选择其中的"代码生成器"，单击"确定"按钮即可进入。

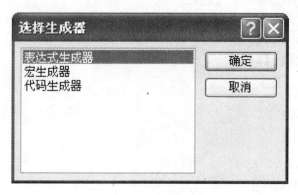

图 8.1 "选择生成器"对话框

对于标准模块,有三种进入方法:一是对于已存在的标准模块,只需在数据库窗体对象列表上选择"模块",双击要查看的模块对象即可进入;二是要创建新的标准模块,需从数据库窗体对象列表上选择"模块",单击工具栏上的"新建"按钮即可进入;三是在数据库对象窗体中,单级"工具"菜单中"宏"级联菜单的"Visual Basic 编辑器"选项进入。

类模块或标准模块利用上述方法,就进入到 VBE 窗口,如图 8.2 所示。

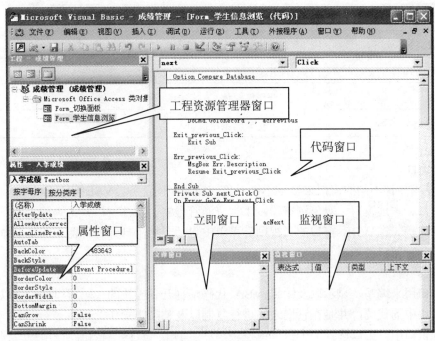

图 8.2　VBE 窗口

使用 Alt+F11 组合键,可以方便地在数据库窗口和 VBE 之间进行切换。

2. VBE 工具栏

VBE 中有多种工具栏,包括"调试"工具栏、"编辑"工具栏、"标准"工具栏和"用户窗体"工具栏,可以单击工具栏按钮来完成该按钮所指定的动作。如果要显示工具栏按钮的工具提示,可以选择"选项"对话框中"标准"选项卡中的"显示工具提示"。

"标准"工具栏包含几个常用的菜单项快捷方式的按钮。"标准"工具栏是 VBE 默认显示的工具栏。VBE 窗口中的标准工具栏如图 8.3 所示。

图 8.3　标准工具栏

"标准"工具栏中各图标及其功能分别如表 8.1 所示。

表 8.1　　　　　　　　　　　　　　　标准工具栏

图　　标	功　　能
Access 视图	切换 Access 数据库窗口
插入模块	用于插入新模块
运行子过程 / 用户窗体	运行模块程序
中断运行	中断正在运行的程序
终止运行 / 重新设计	结束正在运行的程序，重新进入模块设计状态
设计模式	设计模式和非设计模式之间切换
工程项目管理器	打开工程项目管理器窗口
属性窗体	打开属性窗体
对象浏览器	打开对象浏览器窗口

3. VBE 窗口

VBE 使用多种不同的窗口来显示不同对象或完成不同任务。VBE 中的窗口有：代码窗口、立即窗口、本地窗口、对象浏览器、工程资源管理器、属性窗口、工具箱、用户窗体窗口和监视窗口等。在 VBE 窗口的"视图"菜单中包括了用于打开各种窗口的菜单命令。下面分别介绍各种窗口的使用。

（1）代码窗口

代码窗口用来编写、显示以及编辑 VBA 代码。打开各模块的代码窗口后，可以查看不同窗体或模块中的代码，并且在它们之间进行复制以及粘贴等操作。

在工程窗口中，可以选择一个窗体或模块，然后单击"代码"按钮。在用户"窗体"窗口中，可以选中控件或窗体，也可以从"视图"菜单中选择"代码"命令。

编辑代码时可以将所选文本拖动到当前代码窗口中的不同位置、其他的代码窗口、立即窗口以及监视窗口或"回收站"中。

"代码窗口"如图 8.2 所示，其窗口部件主要有："对象"框、"过程/事件"框、拆分栏、边界标识条、"过程查看"图标和"全模块查看"图标等。

（2）立即窗口

使用立即窗口可以进行以下操作：输入或粘贴一行代码，然后按下 Enter 键来执行该代码；从立即窗口中复制并粘贴一行代码到代码窗口中。立即窗口中的代码是不能存储的。

立即窗口如图 8.2 所示。立即窗口可以拖放到屏幕中的任何地方，除非已经在"选项"对话框中的"可连接的"选项卡内，将它设定为停放窗口。可以按下关闭框来关闭一个窗口，如果关闭框不是可见的，可以先双击窗口标题行，让窗口变成可见的。

（3）监视窗口

监视窗口用于显示当前工程中定义的监视表达式的值。当工程中定义有监视表达式时，监视窗口就会自动出现。在监视窗口中可重置列标题的大小，往右拖动边线来使它变大，或往左拖动边线来使它变小。可以拖动一个选定的变量到立即窗口或监视窗口中。

监视窗口如图 8.2 所示。监视窗口的窗口部件作用如下：

① "表达式":列出监视表达式,并在最左边列出监视图标。

② "值":列出在切换成中断模式时表达式的值。可以编辑一个值,然后按下 Enter 键、向上键、向下键、Tab 键、Shift+Tab 键或在屏幕上单击,使编辑生效。如果这个值是无效的,则编辑字段值会以突出显示,且会出现一个消息框来描述这个错误,可以按下 Esc 键来中止更改。

③ "类型":列出表达式的类型。

④ "上下文":列出监视表达式的内容。

（4）本地窗口

本地窗口内部自动显示出所有当前过程中的变量声明及变量值,从中可以观察一些数据信息。

（5）工程窗口

工程窗口显示工程(即模块的集合)层次结构的列表以及每个工程所包含与引用的项目,即显示工程的一个分支结构列表和所有包含的模块,如图 8.2 所示。

（6）属性窗口

属性窗口列出了选定对象的属性,可以在设计时查看并改变这些属性。当选取了多个控件时,属性窗口会列出所有控件的共同属性。属性窗口的窗口部件主要有对象框和属性列表。

4. 在 VBE 环境中编写 VBA 代码

Access 的 VBE 编辑环境提供了完整的开发和调试工具,其中的代码窗口顶部包含两个组合框,左侧为对象列表,右侧为过程列表。操作时,从左侧组合框选定一个对象后,右侧过程组合框中会列出该对象的所有事件过程,再从该对象事件过程列表选项中选择某个事件名称,系统会自动生成相应的事件过程模板,用户只需添加代码即可。

双击工程窗口中的任何类或对象都可以在代码窗口中打开相应代码并进行编辑处理。

在使用代码窗口时提供了一些便利的功能,主要有:

（1）对象浏览器

使用对象浏览器工具可以快速对所操作对象的属性及方法进行检索。

（2）快速访问子过程

利用代码窗口顶部右边的"过程"组合框可以快速定位到所需的子过程位置。

（3）自动显示提示信息

在代码窗口内输入代码时,系统会自动显示关键字列表、关键字属性列表及过程参数列表等提示信息,这极大地方便了初学者的使用。

8.1.2 数据类型

在 VBA 中,程序是由过程组成的,过程由根据 VBA 规则编写的指令组成。一个程序包括语句、变量、运算符、函数、数据库对象和事件等基本要素。

在 Access 中可用的数据类型可以分为三种:标准数据类型、用户自定义数据类型和对象数据类型。

1. 标准数据类型

表 8.2 列出了 VBA 中七种标准数据类型。

表 8.2　　　　　　　　　　VBA 中的标准数据类型

数据类型	类型名称	类型符	字节数	取值范围
Integer	整型	%	2	-32768~32767
Long	长整型	&	4	-2147483648~2147483647
Single	单精度型	!	4	1.401298E-45~3.0402823E38（绝对值）
Double	双精度型	#	8	4.94065645841247E-324~1.79769313486232E308（绝对值）
String	字符型	$	不定	根据字符串长度而定
Currency	货币型	@	8	-922337203685477.5808~922337203685477.5807
Variant	变体型	无	不定	由最终的数据类型而定

其中，字符型数据又分为变长字符型（String）和定长字符型（String * 长度）。

说明：

①在 VBA 中，数值型数据都有一个有效的取值范围，程序中数据的取值如果超出该类型数据所规定的取值上限，则出现"溢出"错误，程序将终止执行；若小于取值下限，系统则按 0 处理。

②变量的初始化。VBA 在初始化变量时，将数值变量初始化为 0，变长字符串初始化为零长度字符串（""），对定长字符串都填上 0，将 Variant 变量初始化为 Empty，将每个用户定义的类型变量的元素都当成个别的变量来初始化。

③Variant 数据类型。如果未给变量指定数据类型，则 Access 将自动指定其为 Variant（变体）数据类型。Variant 是一种特殊的数据类型，除了定长 String 数据及用户定义类型外，可以包含任何种类的数据。可以用 Variant 数据类型来替换任何数据类型。

如果 Variant 变量的内容是数字，则可以用字符串来表示数字，或是用它实际的值来表示，这要由上下文来决定。

2. 用户自定义数据类型

Visual Basic 允许用户根据需要自定义数据类型，这种数据类型定义后，可以用来声明该类型的数据变量。

自定义数据类型的语句格式如下：

Type 数据类型名
　　数据元素名[（下标）] As 类型名
　　数据元素名[（下标）] As 类型名
…
End Type

例如：在数据库中定义学生的基本情况的数据类型如下：

Public Type 学生
　　学号 As String * 12
　　姓名 As String * 8
End Type

定义完自定义类型后，就可以声明该类型的变量了，例如，可以这样使用：

Dim student   As   学生
Student.学号="200920403128"
Student.姓名="刘杰"

可以用关键字 With 化简程序中重复的部分。例如，为上面 student 变量赋值可以用下面代码完成：

With student
    .学号=="200920403128"
    .姓名="刘杰"
End With

3. 对象数据类型

Access 中有 17 种对象类型，是在程序中操作数据库的途径，操作数据库都是通过操作各种数据库对象的属性和方法来实现的，它们分别为：Database，Workspace，Document，Container，User，Group，Form，Report，Control，TableDef，QueryDef，Recordset，Field，Index，Relation，Parameter，Property。

8.1.3 常量与变量

1. 常量

常量是在程序运行过程中值保持不变的量，常量在使用前必须予以声明。

声明一个常量，可以对有意义的名称赋予一个值。Const 语句用来声明常量并设置其值。例如，语句

Public Const PI＝3.1415926

声明了一个在所有模块中均可使用的常量 PI。

对于程序中经常出现的常数值以及难以记忆且无明确意义的数值，通过声明常量可使代码更容易读取与维护，常量在声明之后不能加以更改或赋予新值。

常量有三个范围级别：过程级别、私有模块级别和公共模块级别。在 Const 前有 Public，则表示该常量为公共模块级别，而 Private 则为私有模块级别，如果两者都没有则默认为私有级别。

2. 变量

变量在程序运行中其值可以改变。在 Visual Basic 中，每个变量都有一个名字，用以标识该内存单元的存储位置，用户可以通过变量标识使用内存单元存取数据。在对变量命名时，要定义变量的类型，变量的类型决定了变量存取数据的类型，也决定了变量能参与哪些运算。

（1）变量的命名原则

在 VBA 的代码中，过程、变量及常量的名称有如下规定：

①最长只能有 255 个字符。

②必须用字母开头，可以包含字母、数字或下画线，字符符号尽量避免使用。不能包含标点符号或空格。

③不能是 Visual Basic 的关键字，不能与函数过程、语句以及方法同名。

④变量名在同一作用域内不能相同。

（2）变量声明

①每一个变量都必须先声明才能使用。

②每一个变量在其范围内都有唯一标识符。变量的数据类型可以指定，也可以不指定。
③对变量进行声明可以使用类型说明符号、Dim 语句和 DefType 语句。

（3）变量的应用范围

在声明了变量之后，还要指明变量的应用范围，一旦超出了应用范围，就不能引用它的内容。变量的应用范围是在模块中声明确定的，声明变量时可以有四种不同的作用范围：Public、Private、Static 和 Dim。

另外，变量还有三个范围级别：过程级、私有模块级和公共模块级。

①过程级变量的定义。过程级变量是只有在声明它们的过程中才可以使用的局部变量，用户可以用 Dim 或 Static 关键字来声明这些变量。例如：

Dim userno As string

Static username As string

在整个应用程序运行时，用 Static 声明的局部变量中的值一直存在，而用 Dim 声明的变量只有在它所在过程的运行期间才会存在。

②私有模块级变量的定义。私有模块级变量对该模块的所有过程都可用，但对其他模块的代码不可用。可在模块的声明部分用 Private 关键字声明变量。例如：

Private userno As string

在模块级，Private 和 Dim 之间没有什么区别，但使用 Private 更好些，易于把它和 Public 区别开来，使代码更具有可读性。

③公有模块级变量的定义。公有模块级变量可被项目中所有的过程和其他模块所调用，声明公有模块级变量需用 Public 关键字声明。

3. 数组

数组是由一组具有相同数据类型的变量（称为数组元素）构成的有序序列，数组变量由变量名和数组下标组成。

（1）数组的声明

在 VBA 中不允许隐式说明数组，用户可用 Dim 语句来声明数组，声明方式为：

Dim 数组名（数组下标上界）As 数据类型

例如：

Dim intArray（10）As Integer

这条语句声明了一个有 11 个元素的数组，每个数组元素为一个整型变量。这是用只指定数组元素下标上界的方法来定义数组。

在使用数组时，可以使用 Option Base 来指定数组的默认下标下界是 0 或 1，默认情况下数组下标下界为 0。Option Base 能用在模块的通用声明部分。VBA 允许在指定数组下标范围时使用 to，例如：

Dim intArray（-3 to 3）As Integer

该语句定义一个有 7 个元素的数组，数组元素下标从-3 到 3。

如果要定义多维数组，声明方式如下：

Dim 数组名（数组第 1 维下标上界，数组第 2 维下标上界，…）As 数据类型

例如：

Dim intArray （2，3）As Integer

该语句定义了一个二维数组，第一维有 3 个元素，第二维有 4 个元素。

在 VBA 中，还允许用户定义动态数组。动态数组的定义方法是，先使用 Dim 来声明数组，但不指定数组元素的个数，而在以后使用时再用 ReDim 来指定数组元素个数，这称为数组重定义。在对数组重定义时，可以使用 ReDim 后加保留字 Preserve 来保留以前的值，否则使用 ReDim 后，数组元素的值会被重新初始化为默认值，以下例子说明了动态数组的定义方法：

Dim intArray（）As Integer   '声明部分
ReDim Preserve intArray （10） '在过程中重定义，保留以前的值
ReDim intArray （10）   '在过程中重新初始化

同样，用户可以使用 Public、Private 或 Static 来声明公共数组、私有数组或静态数组。

（2）数组的使用

数组声明后，数组中的每个元素都可以当作单个的变量来使用，其使用方法同相同类型的普通变量，其元素引用格式为：

数组名（下标值表）

其中：如果该数组为一维数组，则下标值表为一个范围为[数组下标下界，数组下标上界]的整数；如果该数组为多维数组，则下标值表为一个由多个（不大于数组维数）用逗号分开的整数序列，每个整数（范围为[该维数组下标下界，该维数组下标上界]）表示对应的下标值。

例如可以如下引用前面定义的数组：

intAma（2）   '引用一维数组 intAma 的第 3 个元素。
intArray（0，0） '引用二维数组 intArray 的第 1 行第 1 个元素。

例如，若要存储一年中每天的支出，可以声明一个具有 365 个元素的数组变量，而不是 365 个变量，数组中的每一个元素都包含一个值。下面的语句声明数组 A 具有 365 个元素。按照默认规定，数组的索引是从零开始，所以此数组的上界是 364 而不是 365：

Dim A（364）As Currency

若要设置某个元素的值，必须指定该元素的索引（即下标值表），下面的示例对数组中的每个元素都赋予一个初始值 20：

Sub FillArray（）
    Dim A（364）As Currency
    Dim intI As Integer
    For intI=0 to 364
        A（intI）=20
    Next
End Sub

4. 对象变量

Access 建立的数据库对象及其属性均可被看成 VBA 程序中的变量加以引用。例如，Access 中窗体与报表对象的引用格式为：

Forms（或 Reports）!窗体（或报表）名称!控件名称[.属性名称]

关键字 Forms 和 Reports 分别表示窗体或报表对象集合，感叹号"!"分割开对象名称和控件名称。如果"属性名称"缺省，则为控件基本属性。

如果对象名称中含有空格或标点符号，就要用方括号把名称括起来。

8.1.4 运算符和表达式

VBA 提供了丰富的运算符，可以构成多种表达式。表达式是许多 Access 操作的基本组成部分，是运算符、常量、文字值、函数和字段名、控件和属性的任意组合。可以使用表达式作为很多属性和操作参数的设置，可以使用表达式在窗体、报表和数据访问页中定义计算控件，可以使用表达式在查询中设置准则或定义计算字段以及在宏中设置条件等。

1. 运算符

根据运算的不同，运算符分为：算术运算符、关系运算符、逻辑运算符、连接运算符和对象运算符等。

（1）算术运算符

用于算术运算，主要有乘幂（^）、乘法（*）、除法（/）、整数除法（\）、求模运算（Mod）、加法（+）、减法（-）等运算符。

（2）关系运算符

用来表示两个或多个值或表达式之间的大小关系，主要有等于（=）、不等于（<>）、小于（<）、大于（>）、小于或等于（<=）、大于或等于（>=）等运算符。

比较运算的结果为逻辑值 True（真）或 False（假）。

（3）逻辑运算符

用于逻辑运算，主要有与（AND）、或（OR）、非（NOT）等运算符。

（4）连接运算符

字符串连接运算符具有连接字符串的功能，有&和+两个运算符。"&"用来强制两个表达式作字符串连接；"+"运算符是当两个表达式均为字符串数据时，才将两个字符串连接成一个新字符串。

2. 表达式

（1）表达式

表达式用来求取一定运算的结果，由变量、常量、函数、和圆括号组成。

需要注意的是，在 VBA 中，逻辑量在表达式里进行算术运算，True 被当成 1 处理，False 被当成 0 处理。

（2）运算符优先级

对于包含多种运算符的表达式，在计算时将按预定顺序计算每一部分，这个顺序被称为运算符优先级。

各种运算符的优先级顺序为从函数运算符、算术运算符、连接运算符、关系运算符、逻辑运算符逐级降低。

如果在运算表达式中出现了括号，则先执行括号内的运算，在括号内部仍按运算符的优先顺序计算。

8.1.5 VBA 常用的内部函数

在 VBA 程序语言中有许多内部函数，可以帮助程序员进行代码设计并减少代码的编写工作。函数一般用于表达式中，有的能和语句一样使用。其使用形式如下：

函数名（[参数 1][,参数 2][,参数 3][,参数 4][,参数 5]...）

其中，函数名必不可少，函数的参数在函数名后的圆括号中，参数可以是常量、变量或表达式，可以有一个或多个，少数函数为无参函数。每个函数被调用时，都会返回一个返回值。需要强调的是，函数的参数和返回值都有特定的数据类型对应。

下面分类介绍一些常用的 VBA 函数。

1. 数据的输入与输出函数

（1）InputBox（）函数

InputBox（）函数帮助我们建立一个最简单的输入窗体，它用于接受用户键盘输入的数据，在输入对话框中显示提示，等待用户输入或按下按钮，并返回包含文本框内容的字符串。InputBox（）函数也称为输入框。

格式：InputBox（Prompt[, Title][, Default][, Xpos][, Ypos][, Helpfile][, Context]）

说明：

Prompt　　　必要参数。作为对话框消息出现的字符串表达式。Prompt 的最大长度大约为 1024 个字符，由所用字符的宽度决定。如果 Prompt 包含多行，则可在各行之间用回车符（Chr（13））、换行符（Chr（10））或回车换行符的组合（chr（13）&Chr（10））来分隔。

Title　　　　可选参数。显示对话框标题栏中的字符串表达式。如果省略 Title，则把应用程序名"Microsoft office Access"放入标题栏中。

Default　　　可选参数。显示文本框中的字符串表达式，在没有其他输入时作为缺省值。如果省略 Default，则文本框为空。

Xpos　　　　可选参数。该参数为数值表达式，指定对话框的左边与屏幕左边的水平距离。如果省略，则对话框会在水平方向居中。

Ypos　　　　可选参数。该参数为数值表达式，指定对话框的上边与屏幕上边的距离。如果省略，则对话框被放置在距下边大约三分之一的位置。

Helpfile　　　可选参数。字符串表达式，帮助文件，用该文件为对话框提供上下文相关的帮助。如果已提供 Helpfile，则也必须提供 Context。

Context　　　可选参数。数值表达式，由帮助文件的作者指定给某个帮助主题的帮助上下文编号。如果已提供 Context，则也必须提供 Helpfile。

调用该函数，当中间若干个参数省略时，分隔符号","不能缺少。

例如，D = InputBox（"测试",, 1）

D 为整型变量时，D 输出的是默认数值 1；D 为日期型变量时，D 输出的是默认日期 1899-12-31；D 为 Boolean 变量时，D 输出的默认值为 True。

（2）MsgBox（）函数

MsgBox（）函数用于向用户发布提示信息，要求用户做出必要的响应，也称为消息框。在对话框中显示消息，等待用户单击按钮，并返回一个整数告诉用户单击了哪一个按钮。

格式：MsgBox（Prompt[, Buttons][, Title]）

说明：

Prompt　　　必要参数。作为对话框消息出现的字符串表达式。Prompt 的最大长度大约为 1024 个字符，由所用字符的宽度决定。如果 Prompt 包含多行，则可在各行之间用回车符（Chr（13））、换行符（Chr（10））或回车换行符的组合（chr（13）&Chr（10））来分隔。

Buttons		可选参数。数值表达式值的总和，指定显示按钮的数目及形式、使用的图标样式、缺省按钮是什么以及消息框的强制回应等。如果省略，则 Buttons 的缺省值为 0。具体取值如下或其组合：

常量	值	说明
VbOKOnly	0	只显示 OK 按钮
VbOKCancel	1	显示 OK 及 Cancel 按钮
VbAbortRetryIgnore	2	显示 Abort、Retry 及 Cancel 按钮
VbYesNoCancel	3	显示 Yes、No 及 Cancel 按钮
VbYesNo	4	显示 Yes 及 No 按钮
VbRetryCancel	5	显示 Retry 及 Cancel 按钮
VbCritical	16	显示 Critical Message 图标
VbQuestion	32	显示 Warning Query 图标
VbExceamation	48	显示 Warning Message 图标
VbInformation	64	显示 Information Message 图标

Buttons 的组合取值是上面单项常量的和。如消息框显示 Yes 和 No 两个按钮及问号图标，其 Buttons 参数取值为：VbYesNo+VbQuestion 或 4+43 或 36。

Title	可选参数。显示对话框标题栏中的字符串表达式。如果省略 Title，则把应用程序名"Microsoft office Access"放入标题栏中。
Helpfile	可选参数。字符串表达式，是帮助文件，用该文件为对话框提供上下文相关的帮助。如果已提供 Helpfile，则也必须提供 Context。
Context	可选参数。数值表达式，由帮助文件的作者指定给某个帮助主题的帮助上下文编号。如果已提供 Context，则也必须提供 Helpfile。

消息框一般有两种形式：子过程调用形式和函数过程调用形式。当以函数形式使用时，消息框会有返回值，其值为：

常量	值	说明
VbOK	1	OK 按钮
VbCancel	2	Cancel 按钮
VbAbort	3	Abort 按钮
VbRetry	4	Retry 按钮
VbIgnore	5	Ignore 按钮
VbYes	6	Yes 按钮
VbNo	7	No 按钮

调用该函数，当中间若干个参数省略时，分隔符号","不能缺少。

例如：debug.print MsgBox（"是否删除当前记录？"，vbYesNo＋vbQuestion,"退出"）。在调用时会出现一个消息框，如图 8.4 所示，在消息框中有"确定"和"取消"按钮。若用户按了"是"按钮，则 MsgBox 返回值为 vbYes（即数值 6）；若用户按了"否"按钮，则 MsgBox 返回值为 vbNo（即数值 7）。

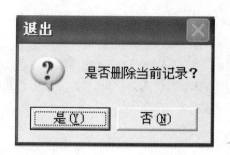

图 8.4　消息框

注意：

① InputBox 和 MsgBox 函数出现的对话框要求用户在应用程序继续执行之前做出响应，即不允许在对话框未关闭时就进入程序的其他部分。

② 有时我们不需要 MsgBox 函数的返回值，调用 MsgBox 函数时去掉括号，即为 MsgBox 语句。

【例 8.1】 使用 Inputbox 函数输入学生的年龄值，用 MsgBox 显示学生的年龄。在模块窗口中，编写程序如下：

Sub age（）
Dim n As Integer
n = InputBox（"请输入你的年龄值"，"输入年龄"）
MsgBox "你的年龄是" & n & "岁"
End Sub

程序运行后，弹出如图 8.5 所示的输入对话框，如果在该对话框的文本框中输入年龄的值为 20，则执行 MsgBox 语句后，弹出如图 8.6 所示的消息框。

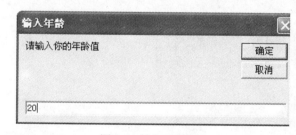

图 8.5　输入对话框

图 8.6　消息框

由于篇幅所限，下面简单列出 VBA 中一些常用的内部函数。

2. 测试函数

IsNumeric（x）　　　　'是不是数字，返回 Boolean 结果，True 或者 False
IsDate（x）　　　　　'是不是日期，返回 Boolean 结果，True 或者 False
IsEmpty（x）　　　　'是不是 Empty，返回 Boolean 结果，True 或者 False
IsArray（x）　　　　 '指出变量是不是一个数组
IsError（expression）'指出表达式是不是一个错误值
IsNull（expression）　'指出表达式是否不包含任何有效数据（Null）。

IsObject（identifier）   '指出标识符是否表示对象变量

3. 数学函数

Sin（X）、Cos（X）、Tan（X）、Atan（x）三角函数，单位为弧度

例如，求 Sin（30°）的 VBA 表达式为：Sin（3.14 * 30 / 180）

Log（x）返回 x 的自然对数

Exp（x）返回 ex

Abs（x）返回绝对值

Int（number）、Fix（number）都返回参数的整数部分，区别：Int 将 -8.4 转换成 -9，而 Fix 将-8.4 转换成 -8

Round（x）

Sgn（number）返回一个 Variant （Integer），指出参数的正负号

Sqr（number）返回一个 Double，指定参数的平方根

VarType（varname）返回一个 Integer，指出变量的子类型

Rnd（x）返回 0～1 之间的单精度数据，x 为随机种子

4. 字符串函数

Trim（string）去掉 string 左右两端空白

Ltrim（string）去掉 string 左端空白

Rtrim（string）去掉 string 右端空白

Len（string）计算 string 长度

Left（string，x）取 string 左段 x 个字符组成的字符串

Right（string，x）取 string 右段 x 个字符组成的字符串

Mid（string，start，x）取 string 从 start 位开始的 x 个字符组成的字符串

Ucase（string）转换为大写

Lcase（string）转换为小写

Space（x）返回 x 个空白的字符串

Asc（string）返回一个 integer，代表字符串中首字母的字符代码

Chr（charcode）返回 string，其中包含有与指定的字符代码相关的字符

5. 转换函数

CBool（expression）转换为 Boolean 型

CByte（expression）转换为 Byte 型

CCur（expression）转换为 Currency 型

CDate（expression）转换为 Date 型

CDbl（expression）转换为 Double 型

CDec（expression）转换为 Decemal 型

CInt（expression）转换为 Integer 型

CLng（expression）转换为 Long 型

CSng（expression）转换为 Single 型

CStr（expression）转换为 String 型

CVar（expression）转换为 Variant 型

Val（string）转换为数据型

Str（number）转换为 String

6. 时间函数

Now 返回一个 Variant（Date），根据计算机系统设置的日期和时间来指定日期和时间。
Date 返回包含系统日期的 Variant（Date）。
Time 返回一个指明当前系统时间的 Variant（Date）。
Timer 返回一个 Single，代表从午夜开始到现在经过的秒数。
TimeSerial（hour，minute，second）返回一个 Variant（Date），包含具有具体时、分、秒的时间。
DateDiff（interval，date1，date2[，firstdayofweek[，firstweekofyear]]）返回 Variant（Long）的值，表示两个指定日期间的时间间隔数目。
Second（time）返回一个 Variant（Integer），其值为 0 到 59 之间的整数，表示一分钟之中的某一秒。
Minute（time）返回一个 Variant（Integer），其值为 0 到 59 之间的整数，表示一小时中的某分钟。
Hour（time） 返回一个 Variant（Integer），其值为 0 到 23 之间的整数，表示一天之中的某一钟点。
Day（date）返回一个 Variant（Integer），其值为 1 到 31 之间的整数，表示一个月中的某一日。
Month（date）返回一个 Variant（Integer），其值为 1 到 12 之间的整数，表示一年中的某月。
Year（date）返回 Variant（Integer），包含表示年份的整数。
Weekday（date，[firstdayofweek]）返回一个 Variant（Integer），包含一个整数，代表某个日期是星期几。

8.1.6 域聚合函数

聚合函数提供关于记录集（一个域）的统计信息。例如，可以使用聚合函数计算特定记录集的记录数，或确定特定字段中数值的平均值。

有两种类型的聚合函数：域聚合函数和 SQL 聚合函数。两者提供相似的功能，但用于不同的场合。SQL 聚合函数可以在 SQL 语句的语法中使用，但不能直接从 VB 中调用。域聚合函数可以直接从 VB 代码中调用，并且也可以在 SQL 语句中使用，不过 SQL 聚合函数通常更为有效。

如果要在代码中执行统计运算，必须使用域聚合函数。使用域聚合函数还可以指定准则，更新数值，或在查询表达式中创建计算字段。在窗体或报表的计算控件中可以使用 SQL 聚合函数，也可以使用域聚合函数。

1. DCount 函数、DAvg 函数和 DSum 函数

DCount 函数用于返回指定记录集中的记录数，DAvg 函数用于返回指定记录集中某个字段列数据的平均值，DSum 函数用于返回指定记录集中某个列数据的和，它们均可以直接在 VBA、宏、查询表达式或计算控减中使用。

其使用语法如下：

DCount（表达式，记录集[，条件式]）

DAvg（表达式，记录集[，条件式]）

DSum（表达式，记录集[，条件式]）

其中，"表达式"用于标识将统计其记录数的字段，可以是一个标识表或查询中字段的字符串表达式，也可以是执行在域聚合函数中计算字段的表达式。表达式可以是表中字段的名称、窗体上的控件、常量或函数；记录集是一个字符串表达式，可以是表的名称或查询的名称；"条件式"一般要组织成 SQL 表达式中的 WHERE 子句，只是不含 WHERE 关键字，如果忽略，则函数在整个记录集的范围内计算。

【例 8.2】 设计一个窗体输出学生表中"03"专业学生的人数。

以"设计视图"的方式创建一个窗体，其中包含一个文本框 Text1。文本框 Text1 的"控件来源"属性设置为"=DCount（"专业编号","学生","专业编号='03'"）"。

2. DMax 函数和 DMin 函数

DMin 和 DMax 函数用于确定指定记录集（一个域）中的最小值和最大值，可以在 Visual Basic、宏、查询表达式或计算控件中使用 DMin 和 DMax 函数。

其使用语法如下：

DMax（表达式，记录集[，条件式]）

DMin（表达式，记录集[，条件式]）

其中，"表达式"用于标识将统计其记录数的字段，可以是一个标识表或查询中字段的字符串表达式，也可以是执行在域聚合函数中计算字段的表达式。表达式可以是表中字段的名称、窗体上的控件、常量或函数；记录集是一个字符串表达式，可以是表的名称或查询的名称；"条件式"一般要组织成 SQL 表达式中的 WHERE 子句，只是不含 WHERE 关键字，如果忽略，则函数在整个记录集的范围内计算。

【例 8.3】 设计一个窗体输出学生表中入学成绩的最高分和最低分。

创建一个名称为"示例窗体 4"的窗体，其中包含两个文本框（Text1 和 Text2）。文本框 Text1 的"控件来源"属性设置为"=DMax（"入学成绩","学生"）"，文本框 Text2 的"控件来源"属性设置为"=DMin（"入学成绩"）"。

3. DLookup 函数

DLookup 函数用于从指定记录集（一个域）获取特定字段的值，可以在 Visual Basic、宏、查询表达式、窗体或报表上的计算控件中使用 DLookup 函数。其使用语法如下：

DLookup（表达式，记录集[，条件式]）

其中，"表达式"用于标识将统计其记录数的字段，可以是一个标识表或查询中字段的字符串表达式，也可以是执行在域聚合函数中计算字段的表达式。表达式可以是表中字段的名称、窗体上的控件、常量或函数；记录集是一个字符串表达式，可以是表的名称或查询的名称；"条件式"一般要组织成 SQL 表达式中的 WHERE 子句，只是不含 WHERE 关键字，条件式中有字符串型条件值时，字符串的单引号不能丢失，条件式中有日期条件值时，日期的#号不能丢失，如果条件式忽略，则函数在整个记录集的范围内计算。

如果有多个字段满足"条件式"，DLookup 函数将返回第 1 个匹配字段所对应的检索字段值。

【例 8.4】 设计一个"VBA 窗体-课程查询"的窗体，根据窗体上一个文本框控件（名为 tNum）中输入的课程编号，将"课程表"里对应的课程名称显示在另一个文本框控件（名为 tName）中。

在窗体的设计视图中，用鼠标右击 tName 控件，选择属性，在事件选项卡的"获得焦点"事件中，添加其窗体事件过程：

Private Sub tName_GotFocus（）
　　Me!tName = DLookup（"课程名称"，"课程"，"课程编号=' " & Me!tNum & " ' "）
End Sub

切换到窗体视图中，输入课程编号，按下回车键，使 tName 控件获得焦点，程序的运行结果如图 8.7 所示。

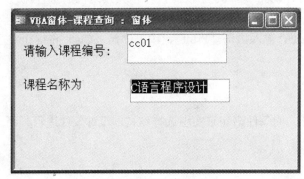

图 8.7　课程查询窗体

以上的域聚合函数是 Access 为用户提供的内置函数，通过这些函数可以方便地从一个表或查询中取得符合一定条件的值赋予变量或控件，而无需进行数据库的连接、打开等操作，这样所写的代码要少许多。

但是如果需要更灵活的设计，比如所查询的域不在一个固定的表或者查询里，而是一个动态的 SQL 语法，或是临时生成的复杂的 SQL 语句，此时还是需要从 DAO 或 ADO 中定义记录集来获取值。

8.2　VBA 的基本控制结构

VBA 程序语句按照功能的不同可以分为两大类型：一是声明语句，用于给变量、常量或过程定义命名；二是执行语句，用于执行赋值操作，调用过程，实现各种流程控制。

执行语句又分为顺序结构、选择结构和循环结构。

8.2.1　顺序结构

简单的程序大多为顺序结构，整个程序按书写顺序依次执行。

1. 注释语句

注释语句以 Rem 开头，但一般用撇号"'"引导注释内容，用撇号引导的注释可以直接出现在语句后面。

2. 声明语句

声明语句用于命名和定义常量、变量、数组和过程。

3. 赋值语句

赋值语句是任何程序设计中最基本的语句，赋值语句为变量指定一个值或表达式。赋值语句的形式如下：

   变量名=表达式

表达式可以是任何类型的表达式，一般其类型应与变量名的类型一致。

  赋值语句的作用是先计算右边表达式的值，然后将值赋给左边的变量。

  顺序结构是最常用、最简单的结构，是进行复杂程序设计的基础，其特点是各语句按各自出现的先后顺序依次执行。顺序结构的执行流程如图 8.8 所示。

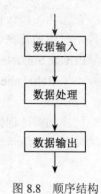

图 8.8 顺序结构

  顺序结构的语句还有输入语句（Print）、输出语句（Cls）和终止程序（End）等。

8.2.2 选择结构

  VBA 中有多种形式的条件语句来实现选择结构，即对条件进行判断，根据判断结果选择执行不同的分支继续执行。

1. 简单分支语句

语法形式如下：

If <条件> Then
  <语句序列>
End If

其中，"条件"可以是关系表达式或逻辑表达式，其运算结果为 True（真）或 False（假）。若"条件"为 True（真），则执行 Then 后面的语句序列，否则执行 End If 语句之后的语句。流程图如图 8.9（a）所示。

【例 8.5】 随机出一道两位数加法题让小学生回答，如答对了，显示"答案正确！"；答错了，显示"答错了！"并给出正确答案。程序如下：

Sub test（）
  Dim A As Integer，B As Integer，Sum As Integer
  Randomize Timer
  A = 10 + Rnd * 89: B = 10 + Rnd * 89
  Sum = InputBox（A & "+" & B & "=?"，"两位数加法"）
  If Sum = A + B Then MsgBox "答案正确！"
  If Sum <> A + B Then MsgBox "答错了！正确答案是" & A + B
End Sub

2. 选择分支语句

语法形式如下：

If <条件> Then
  <语句序列 1>
Else
  <语句序列 2>
End If

程序执行时，先判断"条件"是否成立，当"条件"成立时，执行<语句序列 1>中的语句，否则执行<语句序列 2>中的语句。执行完<语句序列 1>或<语句序列 2>中的语句后，都将执行 End If 后的语句。

流程图如图 8.9（b）所示。

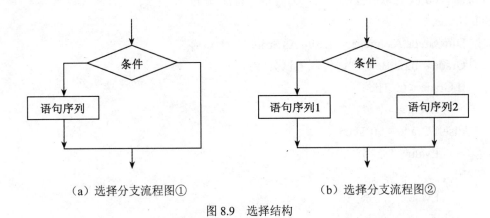

（a）选择分支流程图①　　　　　　　（b）选择分支流程图②

图 8.9　选择结构

3. iif 函数

iif 函数是 if 语句的一种特殊格式，它的使用语法如下：

varX=iif（条件，表达式 1，表达式 2）

iif 函数的作用是：先判断条件是否成立，如果条件为真，返回表达式 1 的值，否则返回表达式 2 的值。

例如：c=iif（a>b，a，b）

语句执行后，c 为 a 和 b 中的最大值。

4. 多重选择分支语句

语法形式如下：

If <条件 1> Then

　　<语句序列 1>

[ElseIf <条件 2> Then

　　<语句序列 2>]

…

[ElseIf <条件 n> Then

　　<语句序列 n>]

[Else

　　<语句序列 n+1>]

End If

程序执行时，首先判断"条件 1"，若"条件 1"成立，则执行<语句序列 1>，执行完毕后转到 End If 语句之后；若"条件 1"不成立，则继续判断"条件 2"，若"条件 2"成立，则执行<语句序列 2>，执行完毕后转到 End If 语句之后；否则继续判断下一个条件。如此下去，若前面的条件均不成立，则检查有无 Else 语句，如有 Else 语句，则无条件执行 Else 语句之后的<语句序列 n+1>；若无 Else 语句，则什么也不执行，程序直接跳转到 End If 语句之后继续执行。

【例 8.6】 编程序，按照输入的考试分数判断成绩的等级，等级划分的标准为：90 分以上为优秀，60 以下为不合格，其余为合格。程序如下：

Sub Grade（）
  Dim Grade As Integer，Evalu As String
  Grade = InputBox（"请输入考试分数："）
  If Grade < 60 Then
    Evalu = "不合格"
  ElseIf Grade < 90 Then
    Evalu = "合格"
  Else
    Evalu = "优秀"
  End If
  MsgBox Grade & "分的等级为" & Evalu
End Sub

5. 多重分支语句

语法形式如下：
Select Case <测试条件>
 Cese <值列表 1>
  <语句序列 1>
Cese <值列表 2>
 <语句序列 2>
…
Cese <值列表 n>
 <语句序列 n>
Case Else
 <语句序列 n+1>
End Select

Select Case 语句又称多重分支语句，它只根据一个测试条件并只计算一次，然后 VBA 将测试条件的值与结构中的每个 Case 的值进行比较，如果相等，则执行与该 Case 相关联的语句。如果不止一个 Case 的值与测试条件的值相匹配，则执行第一个相匹配的 Case 后的语句序列；若没有一个 Case 的值与测试条件的值相匹配，则执行 Case Else 子句中的语句。

测试条件的值可以是数值型或字符型，通常测试条件为一个数值型或字符型的变量。

多重分支语句的流程如图 8.10 所示。

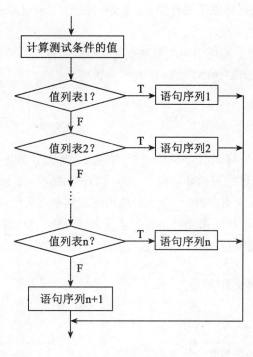

图 8.10 多重分支结构

【例 8.7】 将成绩的值分为 5 等：优秀、良好、中、合格、合格。要求输入的分数数值在 0~100 之间，否则给出"数据错误"的提示。程序如下：

```
Sub Grade1（）
    Dim Grade As Integer，Evalu As String
    Grade = InputBox（"请输入考试分数："）
    Select Case Grade
        Case 100: Evalu = "满分"
        Case 90 To 99: Evalu = "优秀"
        Case 80 To 89: Evalu = "良好"
        Case 70 To 79: Evalu = "中"
        Case 60 To 69: Evalu = "合格"
        Case Is < 60:   Evalu = "不合格"
        Case Else::Evalu = "数据错误"
    End Select
    MsgBox Grade & "分的等级为" & Evalu
End Sub
```

可以将本例与例 8.6 的程序进行比较，可以看出，对于多分支，Select Case 语句提供了更清晰的程序结构。

8.2.3 循环结构

顺序结构和选择结构在程序执行时，每条语句只能执行一次，循环结构可以控制程序重复执行某段语句。VBA 支持以下循环结构：For…Next、Do…Loop 和 While…Wend。

1. For…Next 循环

For…Next 语句常用于实现指定次数地重复执行一组操作，语法形式如下：

For <循环变量>=<初值> to <终值> [Step <步长>]

   <循环体>

   [Exit For]

Next <循环变量>

执行该语句时，首先将<初值>赋给<循环变量>，然后，判断<循环变量>是否"越过"<终值>，若结果为 True，结束循环，执行 Next 语句后的下一条语句；否则执行<循环体>内的语句后让当前的<循环变量>增加一个步长值再重新判断当前的<循环变量>值是否"越过"<终值>，若结果为 True，则结束循环，否则重复上述过程，直到结果为 True。

这里所说的<循环变量>"越过"<终值>，是指当步长为正值时，大于<终值>；当步长为负值时，小于<终值>。

For 循环的流程如图 8.11 所示。

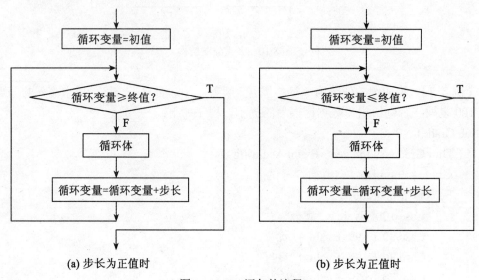

(a) 步长为正值时　　　　　　　　　　(b) 步长为正值时

图 8.11　For 语句的流程

2. Do … Loop 循环

用 Do…Loop 语句可以定义要多次执行的语句序列，也可以定义一个条件，当这个条件为 False 时，就结束这个循环。Do…Loop 语句有以下两种形式。

形式 1：

Do [{While | Until} <条件>]

[<语句序列 1>]

[Exit Do]

[<语句序列 2>]

Loop

形式 2：
Do
[<语句序列 1>]
[Exit Do]
[<语句序列 2>]
Loop [{While | Until} <条件>]

其中，"条件"是可选参数，是数值表达式或字符串表达式，其值为 True 或 False。如果条件为 Null（无条件），则被当作 False。While 子句和 Until 子句的作用正好相反，如果指定了前者，则当<条件>是真时继续执行，如果指定了后者，则当<条件>为真时循环结束。如果把 While 或 Until 子句放在 Do 子句中，则必须满足条件才执行循环中的语句；如果把 While 或 Until 子句放在 Loop 子句中，则在检测条件前先执行循环中的语句。

【例 8.8】 用 Do…Loop 循环控制结构编程，寻找乘积为 399 的两个相邻奇数。

解：界面设计如图 8.12 所示。一个标签控件 label0（标题属性为"寻找乘积为 399 的两个相邻奇数"），一个命令按钮（Caption 属性为"计算"），另一个标签 label1（用于显示两个奇数值和乘积）。

程序代码如下：

Command1 的 click 事件代码：

```
Private Sub Command1_Click（）
  Dim s As Integer
    s = 1
    Do While s * (s + 2) < 399
      s = s + 2
    If s * (s + 2) = 399 Then
      Label1.Caption = s & ", " & (s + 2)& "   " & s & "*" & (s + 2)& "=" & s * (s + 2)
    End If
    Loop
End Sub
```

运行结果如图 8.12 所示。

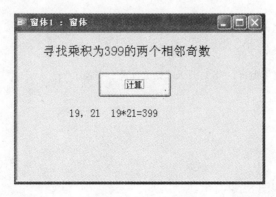

图 8.12 运行结果图

3. While…Wend 循环

While…Wend 循环是一种"当"型循环语句，其语法格式如下：

While 循环条件
　　循环体
Wend

功能：当循环条件为真时，则执行循环体中的语句，当遇到 Wend 语句时，控制返回到 While 语句并对循环条件进行判断，如仍然为真，则重复上述过程；如果条件为假，则不执行循环体，而执行 Wend 后面的语句。

While…Wend 循环与 For 循环的区别是 For 循环对循环体指定次数，While…Wend 循环则是在给定的条件为真时重复执行循环体。

While…Wend 循环与 Do…Loop 语句比较相似，其区别仅仅是在 While…Wend 循环体语句中不能使用循环出口语句 Exit 退出循环，而 Do…Loop 语句可以。

4. 循环的嵌套

多重循环就是一个循环体内又包含另一个完整的循环结构，或者一个循环结构被完整地包含在另一个循环体之中。

必须要特别强调的是，在嵌套循环中，各层循环结构的循环变量名不得同名，否则会引起循环交叉而造成语法错误。

多重循环的执行过程为：当外层循环的循环变量每取一个值时，其内层循环都必须从循环开始直到循环终止执行一遍，然后再回到外层循环，并使外层循环的循环变量取下一个值，然后再次进入内层循环执行一遍，如此直到外层循环执行完毕。

对于一个 m 行 n 列的表格来说，常常需要用双重循环才能访问到表中的每一个数据；对于一个外层循环有 m 次、内层循环有 n 次的双重循环，其核心循环体将重复执行 m×n 次。多重循环指三重循环或更多层次嵌套的循环。

【例 8.9】 在立即窗口中输出如图 8.13 格式的"九九"乘法表，在模块窗口中，输入程序如下：

```
Sub squaretable（）
    For i = 1 To 9
        For j = 1 To 9
        m = i * j
        Debug.Print Tab（j * 8）; i & "*" & j & "=" & i * j;
    Next j
        Debug.Print
    Next i
End Sub
```

程序的运行结果如图 8.13 所示。

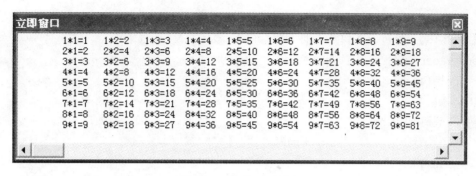

图 8.13 "九九"乘法表

8.2.4 常用算法

算法是对某个问题求解过程的描述,算法也可以理解为有基本运算及规定的运算顺序所构成的完整的解题步骤,或者看成按照要求设计好的有限的确切的计算序列,并且这样的步骤和序列可以解决一类问题。

1. 算法和算法分析

(1) 算法的特性

一个算法应该具有以下五个重要的特征:

有穷性:一个算法必须保证执行有限步之后结束。

确切性:算法的每一个步骤必须有确切的定义。

输入:一个算法有 0 个或多个输入,以刻画运算对象的初始情况,所谓 0 个输入是指算法本身指定初始条件。

输出:一个算法有一个或多个输出,以反映对输入数据加工后的结果,没有输出的算法是毫无意义的。

可行性:算法原则上能够精确地运行,而且人们用笔和纸做有限次运算后即可完成。

(2) 算法分析

算法分析的两个主要方面是分析算法的时间复杂度和空间复杂度,其目的不是分析算法是否正确或是否容易阅读,主要是考察算法的时间效率和空间效率,以求改进算法或对不同的算法进行比较。一般情况下,由于运算空间(内存)较为充足,所以把算法的时间复杂度作为分析的重点。

算法的执行时间主要与问题规模有关。问题规模是一个和输入有关的量,如数组的元素个数等。所谓一个语句的频度,即指该语句在算法中被重复执行的次数,算法中所有语句的频度之和记做 $T(n)$,它是该算法所求解问题规模 n 的函数。当问题的规模 n 趋向无穷大时,$T(n)$ 的数量级称为渐进时间复杂度,简称为时间复杂度,记作 $T(n)=O(f(n))$。

上述表达式中"O"的含义是 $T(n)$ 的数量级。由于算法的时间复杂度主要是分析 $T(n)$ 的数量级,而算法中基本运算的频度与 $T(n)$ 同数量级,所以通常采用算法中基本运算的频度来分析算法的时间复杂度,被视为算法基本运算的一般是最深层循环内的语句。

用数量级形式 $O(f(n))$ 表示算法执行时间 $T(n)$ 的时候,函数 $f(n)$ 通常取较简单的形式,如 1、$\log_2 n$、n、$n\log_2 n$、n^2、n^3、2^n 等。在 n 较大的情况下,常见的时间复杂度之间存在下列关系:

$O(1)<O(log2n)<O(n)<O(nlog2n)<O(n2)<O(n3)<O(2n)$

【例 8.10】 分析以下算法的时间复杂度。

```
for i=1 to n                            **①
    for j=1 to n                        **②
        c(i, j)=0                       **③
        for k=1 to n                    **④
            c(i, j)=c(i, j)+a(i, k)*b(k, j)  **⑤
        next k
    next j
next i
```

解：这里采用两种方法分析算法的时间复杂度。

方法 1：语句①的执行频度为 n+1(i≤n 需执行 n+1 次)，语句②的执行频度为 n(n+1)，语句③的执行频度为 n^2，语句④的执行频度为 $n^2(n+1)$，语句⑤的执行频度为 n^3，算法的执行时间是其中每条语句频度之和，故：

$T(n)=2n^3+3n^2+2n+1=O(n^3)$

方法 2：上述算法中的基本运算是语句⑤，其执行频度为 n^3。则：

$T(n)=n^3=O(n^3)$

从本例中可以看到，两种方法的结果相同，而方法 2 更加简洁。

2. 累加与累乘

在循环结构中，最常用的算法是累加和累乘。累加是在原有的基础上一次一次地每次加一个数，累乘则是在原有乘积的基础上一次一次地每次乘以一个数。

例如，下面的程序段是求 1~100 的 5 的倍数或 7 的倍数之和。其中 sum 为累加和变量，i 为循环控制变量。

```
Sub Command1_click( )               '单击命令按钮运行该事件代码
    sum=0                           '为累加和变量赋初值
    for i=1 to 100                  '计数循环，循环次数为 100 次
        if i mod 5=0 or i mod 7=0 then   '判断 i 是否为 7 或 7 的倍数
            sum=sum+i               'i 能被 5 或 7 整除，累加
        end if
    next i
    debug.print sum                 '在立即窗口中输出累加和
end sub
```

【例 8.11】 求 T = 8! = 1×2×3×⋯×8

采用 debug.Print 直接在立即窗口上输出结果，程序代码如下：

```
Sub Command1_click( )               '单击命令按钮运行该事件代码
    t = 1                           '为累乘变量赋初值
    For c = 1 To 8
        t = t * c                   '用乘法器累乘
    Next c
    Debug.Print "T="; t             '在立即窗口中输出结果
```

End Sub

程序运行结果是：

T＝40320

语句 t=t*c 也称乘法器，先将 t 置 1（不能置 0）。在循环程序中，常用累加器和累乘器来完成各种计算任务。

3. 求素数

素数，也称质数，就是一个大于 2 且只能被 1 和自身整除的整数。

判别某数是否为素数的方法很多，最简单的是从素数的定义来求解，其算法思想是：

对于 m 从 i=2，3，…，m-1 判断 m 能否被 i 整除，只要有一个能整除，m 就不是素数，否则 m 是素数。

【例 8.12】求 100 以内的素数。采用 debug.Print 直接在立即窗口上输出结果，完整的程序如下：

```
Private Sub Command1_click()         '单击命令按钮运行该程序
    Dim i as integer，m as integer
    For m=2 to 100                   '对 100 以内的每个数判断是否为素数
        For i=2 to m-1
            If m mod i=0 then exit   'm 能被 i 整除，不是素数，退出内循环
        Next i
        Debug.print m                'm 不能被 i=2，3，…，m-1 整除，是素数，显示
    Next m
End sub
```

这种算法比较简单，但速度慢。实际上 m 不可能被大于 $\sqrt{m}$ 的数整除，因此，稍加改进，即只要将内循环语句：

For i=2 to m-1

改为：

For i=2 to int(sqrt(m))

循环次数就会大大减少。

4. 穷举法

"穷举法"也称为"枚举法"，即将可能出现的各种情况一一测试，判断是否满足条件，一般采用循环来实现。

【例 8.13】 百元买百鸡问题。用 100 元买 100 只鸡，母鸡 3 元 1 只，小鸡 1 元 3 只，问各应买多少只?

其做法是从所有可能解中，逐个进行试验，若满足条件，就得到一个解，否则不是。直到条件满足或判别出无解为止。

令母鸡为 x 只，小鸡为 y 只，根据题意可知：

y = 100 − x

开始先让 x 初值为 1，以后逐次加 1，求当 x 为何值时，条件 3x+y/3=100 成立。如果当 x 达到 30 时还不能使条件成立，则可以断定此题无解。

采用 debug.Print 直接在立即窗口上输出结果，程序代码如下：

Private Sub Form_Load()

```
    Dim x As Integer, y As Integer
    For x = 1 To 30
        y = 100 - x
        If  3 * x + y / 3 = 100   Then
            Debug.Print "母鸡只数为: "; x,
            Debug.Print "小鸡只数为: "; y
        End If
    Next x
End Sub
```
程序运行结果：　　母鸡只数为：25　　　小鸡只数为：75

5. 递推法

递推法又称为迭代法，其基本思想是把一个复杂的计算过程转化为简单的多次重复，每次重复都从旧值的基础上递推出新值，并由新值代替旧值。

【例 8.14】猴子吃桃问题。小猴在一天吃了若干桃子，当天吃掉一半多一个，第 2 天接着吃了剩下桃子的一半多一个，以后每天吃尚存桃子的一半零一个，到第 7 天早上要吃桃子时只剩下一个了，问小猴那天共摘下多少个桃子？

这是一个递推问题，先从最后一天推出倒数第二天的桃子，再从倒数第二天的桃子推出倒数第三天的桃子，依此类推。

设第 n 天的桃子数为 x_n，那么它是前一天的桃子数的二分之一减一。

第 7 天桃子数为 a7=1，则第 6 天桃子数为 a6=(a7+1)*2，则第 5 天桃子数为 a5=(a6+1)*2，依此类推。

采用 debug.Print 直接在立即窗口上输出结果，程序代码如下：

```
Private Sub Form_Load()
    Dim n%, i%
    x = 1                                           '第 7 天的桃子
    Debug.Print "第 7 天的桃子数为：1 只"
    For i = 6 To 1 Step -1
        x = (x + 1) * 2
        Debug.Print "第" & i & "天的桃子数为：" & x & "只"
    Next i
End Sub
```

程序的运行结果如图 8.14 所示。

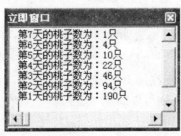

图 8.14　"小猴吃桃"问题运行结果

6. 排序

排序是将一组数按递增或递减的次序排列。排序的算法很多，常用的有选择排序法、冒泡排序法、插入排序法等，最简单的是选择排序法。

选择排序法的算法步骤是：

①将第 1 个数与第 2 个数到第 N 个数依次比较，找出第 1 个数到第 N 个数中的最小值，记下其位置 P_1，交换 x(1) 和 x(P_1) 的值，这时的 x(1) 为原 x(1) 到 x(N) 中的最小值。

②将第 2 个数与第 3 个数到第 N 个数依次比较，找出第 2 个数到第 N 个数中的最小值，记下其位置 P_2，交换 x(2) 和 x(P_2) 的值，这时的 x(2) 为原 x(2) 到 x(N) 中的最小值。

③重复以上步骤，将第 I 个数与第 I+1 到第 N 个数依次比较，找出第 I 个数到第 N 个数中的最小值，记下其位置 P_I，交换 x(I) 和 x(P_I) 的值。这时的 x(I) 为原 x(I) 到 x(N) 中的最小值。

共重复 N-1 轮，即经过 N-1 趟排序。

```
Private Sub Command1_Click()
  For i = 1 To N - 1
    p = i
    For j = i + 1 To N
      If x(j) < x(p) Then
        p = j
      End If
    Next j
    If p <> i Then
      temp = x(i): x(i) = x(p): x(p) = temp
    End If
  Next i
  For i = 1 To N
    txtChioce.Text = txtChioce.Text & Str(x(i))
  Next
End Sub
```

由此可见，数组排序必须两重循环才能实现，内循环选择最小数，找到该数在数组中的有序位置，执行 n-1 次外循环的 n 个数都确定了在数组中的有序位置。

若要按递减的次序排序，只要每次选最大的数即可。

冒泡排序法与选择排序法相似，选择排序法在每一轮排序时找到最小（递减次序）数的下标，出了内循环（一轮排序结束），再交换最小数的位置。而冒泡排序法在每一轮排序时将相邻的数比较，当次序不对就交换位置，出了内循环，最小数已冒出。

为节省篇幅，仅显示与选择排序不同的程序段如下：

```
For i = 1 To N-1
  For j = i To 1 Step -1
    If x(j + 1) < x(j) Then
      temp = x(j): x(j) = x(j + 1): x(j + 1) = temp
    Else
      Exit For
```

```
        End If
    Next j
Next i
```

8.3 过程调用和参数传递

VBA 应用程序是由过程组成的，过程是完成某种特殊功能的一组独立的程序代码。VBA 中的过程可以分为两大类：

$$\left\{\begin{array}{l}\text{事件过程}\\\text{通用过程}\left\{\begin{array}{l}\text{Sub过程}\\\text{Function过程}\end{array}\right.\end{array}\right.$$

事件过程是当某个事件发生时对该事件作出响应的程序段，它是 VBA 应用程序的主体；通用过程是独立于事件过程之外，可供其他过程调用的程序段，通用过程又分为 Sub（子程序）过程和 Function（函数）过程。

8.3.1 Sub 过程的定义和调用

1. Sub 过程的定义

[Private | Public | Static] Sub 过程名（[形参表]）
    [<过程语句>]
    [Exit Sub]
    [<过程语句>]
End Sub

说明：

① 可以定义局部（Private）过程、全局（公用， Public）过程和静态（Static）过程；

② 形式参数表定义格式：

    [ByVal | ByRef] 变量名 [（）][As 数据类型] …
    ByVal 表示该参数按值传递，ByRef 表示该参数按地址传递

③ 通过参数表传送参数 Sub 过程可以获取调用过程传送的参数，也能通过参数表的参数把计算结果传回给调用过程。

2. Sub 过程的建立

Sub 过程可以保存在两种模块中：窗体模块和标准模块。

（1）在标准模块中创建子程序和函数

在标准模块中创建自定义的子程序或函数可按以下步骤进行：

①在"数据库"窗口的对象栏中单击"模块"按钮。

②单击工具栏中的"新建"按钮创建新的模块，或者选择一个现有的模块并单击"设计"按钮，打开 VBE 窗口。

③选择"插入"菜单下的"过程"命令，或单击工具栏上的"插入模块"按钮的向下箭头，在弹出的下拉菜单中选择"过程"命令，打开"添加过程"对话框，如图 8.15 所示。

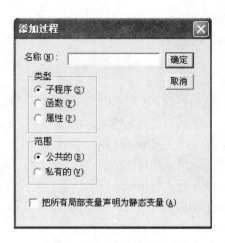

图 8.15 "添加过程"对话框

④输入过程名。

⑤选择过程的类型。可以选择新建过程类型为"子程序"、"函数"或者"属性"。

⑥选择过程作用范围。要使新建过程适用于整个应用程序,应将范围选为"公共的";如果要限定过程于当前模块,应该将范围选为"私有的"。

上述操作仅是建立了新过程的结构,过程的代码还需手工加入。例如,在对话框中选择创建一个静态的公共子程序,单击"确定"按钮后,VBE 自动在代码中加入如下语句:

Public Static Sub NewSub( )
    '此处输入代码
End Sub

光标停留在两条语句的中间,等待用户编辑过程代码。

(2) 在窗体类模块或报表类模块中创建子程序和函数

在窗体类模块或报表类模块中创建子程序和函数的步骤如下:

① 打开窗体或报表的"设计"视图,选择"视图"菜单下的"代码"命令或单击工具栏中的"代码"按钮,打开 VBE 编辑器。

② 单击工具栏的"新建"按钮创建新的模块,或者选择一个现有的模块并单击"设计"按钮,打开 VBE 代码窗口。

③ 选择"插入"菜单下的"过程"命令,或单击工具栏上的"插入模块"按钮的向下箭头,在弹出的下拉菜单中选择"过程"命令,打开"添加过程"对话框,如图 8.15 所示。

后面的操作与在标准模块中创建子程序和函数相同,这里不再赘述。

3. Sub 过程的调用

事件过程的调用可以称为事件触发。当一个对象的事件发生时,对应的事件过程会被自动调用。例如,在前面为窗体中的命令按钮创建了一个"单击"事件过程。那么,这个"单击"事件过程会在对应的命令按钮被用户单击之后被自动调用执行,而 Sub 过程则必须通过调用语句实行调用。调用 Sub 过程有以下两种方法:

(1) 使用 Call 语句

格式:Call 过程名([实参表])

(2) 直接使用过程名

格式：过程名［实参表］

例如，调用名为 NewSub 的过程为：

    Call   NewSub(10)

    NewSub   10

使用 Call 语句是显式地调用过程，使用 Call 显式地调用过程是值得提倡的设计程序的良好习惯，因为 Call 关键字标明了其后是过程名而不是变量名。

在 Access 中，打开窗体的命令是 DoCmd.OpenForm。

【例8.15】编写一个打开"学生信息浏览"窗体的过程 OpenForms( )。程序代码如下：

```
Sub OpenForms（strFormName As String）
'打开窗体过程，参数"strFormName"为需要打开的窗体名称
    If strFormName = "" Then
        MsgBox "打开窗体名称能够不能为空！"，vbCritical，"警告"
        Exit Sub            '若窗体名称为空，显示"警告"消息，结束过程运行
    End If
    DoCmd.OpenForm strFormName      '打开指定窗体
End Sub
```

如果此时需要调用该子过程打开名为"学生信息浏览"的窗体，只需在主调过程适合位置增添调用语句：

Call OpenForms("学生信息浏览")　或　OpenForms("学生信息浏览")

【例8.16】计算 5! + 10!

因为计算 5!和 10!都要用到阶乘 n! (n!＝1×2×3×…×n)，所以把计算 n!编成 Sub 过程。

为窗体中的命令按钮 command1 创建一个单击事件过程，采用 Debug.Print 将运行结果直接在立即窗口上输出，程序代码如下：

```
Private Sub command1_click( )
    Dim y As Long，s As Long
    Call   Jc(5，y)
    s = y
    Call   Jc(10，y)
    s = s + y
    Debug.print "5! + 10! = " & s
End Sub
```

程序运行结果：

5! + 10! ＝ 3628920

8.3.2　函数过程的定义和调用

可以使用 Function 语句定义一个新函数过程、接收的参数、返回的变量类型以及运行该过程的代码。其格式定义如下：

[Private | Public | Static] Sub 函数过程名（[形参表]) [as 数据类型]

    [<函数过程语句>]

    [Exit Sub]

[<函数过程语句>]
[函数过程名=<表达式>]
End Function

使用 Public 关键字，则所有模块的所有其他过程都可以调用。用 Private 关键字可以使这个函数只使用于同一模块中的其他过程，当把一个函数过程说明为模块对象中的私有函数过程时，就不能从查询、宏或另一个模块中的函数过程调用这个函数过程。

包含 Static 关键字时，只要含有这个过程的模块是打开的，则所有在这个过程中无论是显示还是隐式说明的变量都将被保留。

可以在函数过程名末尾使用一个类型声明字符或使用 As 子句来声明被这个函数过程返回的变量数据类型，否则 VBA 将自动赋给该函数过程一个最合适的数据类型。

函数过程的调用形式只有一种：函数过程名（[实参表]）

由于函数过程会返回一个数据，实际上，函数过程的上述调用形式主要有两种用法：一是将函数过程返回值作为赋值成分赋予某个变量，其格式为：

变量=函数过程名（[<实参表>]）

二是将函数过程返回值作为某个过程的实参成分使用。

【例 8.17】 判断输入字符是不是英文字母。

英文字母有大小写之分，只要将该字符转换为大写，再判断是不是处于"A"～"Z"范围内即可。若是，则是英文字母，否则不是。本例采用 InputBox 函数来输入字符，判断后结果用 MsgBox 输出。程序代码如下：

```
Private Sub command1_click( )
    Dim s As String
    s = InputBox("请输入一个字符")
    If Checha(s)  Then
        msgbox   "***输入的字符是英文字母***"
    Else
        msgbox "***输入的字符不是英文字母***"
    End If
End Sub
Function Checha（inp As String）As Boolean
    Dim upalp As String
    upalp = UCase（inp）
    If   "A" <= upalp   And   upalp <= "Z" Then
        Checha = True
    Else
        Checha = False
    End If
End Function
```

8.3.3 参数传递

在调用一个有参数的过程时，参数是在本过程有效的局部变量。

在被调过程中的参数是形参，出现在 Sub 过程和 Function 过程中。在过程被调用之前，形参未被分配内存，只是说明形参的类型和在过程中的作用。形参列表中的各参数之间用逗号分隔，形参可以是变量名和数组名，定长字符串变量除外。

实参是在主调过程中的参数，在过程调用时实参将数据传递给形参。形参列表和实参列表中的对应变量名可以不同，但实参和形参的个数、顺序以及数据类型必须相同，因为"形实结合"是按照位置结合的，即第一个实参与第一个形参结合，第二个实参与第二个形参结合，依此类推。

在创建过程时，如果没有声明形参的数据类型，则缺省为变体型。在实参数据类型与形参定义的数据类型不一致时，VBA 会按要求对实参进行数据类型转换，然后将转换值传递给形参。

在定义过程时，数组可以作为形参出现在过程的形参表中。

通过"形参与实参结合"传递信息，实现调用过程的实参与被调过程的形参之间的数据传递，数据传递有按值传递和按地址传递两种方式。

（1）按地址传递参数

在定义过程时，如果没有 ByVal 关键字，缺省的是按地址传递参数，或者用 ByRef 关键字指定按地址传递。

按地址传递参数是指把形参变量的内存地址传递给被调用过程。形参和实参具有相同的地址，即形参实参共享同一段存储单元。因此，在被调过程中改变形参的值，则相应实参的值也被改变，也就是说与按值传递参数不同，按地址传递参数可在被调过程中改变实参的值。

（2）按值传递参数

按值传递使用 ByVal 关键字。按值传递参数时，VBA 给传递的形参分配一个临时的内存单元，将实参的值传递到这个临时单元。

实参向形参传递是单向的。如果在被调用的过程中改变了形参值，则只是临时单元的值变动，不会影响实参变量本身；当被调过程结束返回主调过程时，VBA 将释放形参的临时内存单元。

【例 8.18】 参数传递方式示例。

设置两个通用过程 Test1 和 Test2，分别按值传递和按地址传递。

```
Private Sub command1_click( )
    Dim x As Integer
    x = 5
    Debug.Print    "执行 test1 前，x=" & x
    Call test1(x)
    Debug.Print    "执行 test1 后，test2 前，x="  &   x
    Call test2(x)
    Debug.Print "执行 test2 后，x="  & x
End Sub
Sub test1(ByVal t As Integer)
    t = t + 5
End Sub
Sub test2(s As Integer)
```

```
        s = s - 5
End Sub
```
程序运行结果：

执行 Test1 前，x=5

执行 Test1 后，Test2 前，x=5

执行 Test2 后，x=0

调用 Test1 过程时是按值传递参数的，因此在过程 Test1 中对形参 t 的任何操作不会影响到实参 x。调用 Test2 过程时是按地址传递参数的，因此在过程 Test2 中对形参 s 的任何操作都变成对实参 x 的操作，当 s 值改为 0 时，实参 x 的值也随之改变。

8.3.4 变量、过程的作用域

变量根据所处的位置或定义不同，其作用范围也不同。在声明变量作用域时可以将变量声明为 Locate（本地或局部）、Private（私有，Module 模块级）或 Public（公共或全局）。

1. 变量的作用域

（1）局部变量

在一个过程内部用 Dim 或 Static 声明的变量称为局部变量，局部变量只能在本过程中有效。在一个窗体中，不同过程定义的局部变量可以同名。例如，在一个窗体中定义：

```
Private Sub Command1_Click( )
     Dim Count As Integer
     Dim Sum As Integer
     …
End Sub
Private Sub Command2_Click( )
     Dim Sum As Integer
     …
End Sub
```

在不同过程中定义的这两个同名变量 Sum 没有任何关系。

（2）模块级变量

模块级变量可以在一个窗体的不同过程中使用。模块级变量在窗体模块的声明部分中声明，如图 8.16 所示。

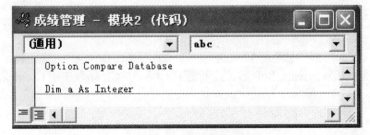

图 8.16　模块级变量

如果用 Private 或 Dim 来声明，则该变量只能在本窗体（或本模块）中有效，在其他窗体或模块中不能引用该变量;以 Public 声明的变量,允许在其他窗体和模块中引用。

(3) 全局变量

全局变量可以被应用程序中任何一个窗体和模块直接访问。全局变量要在标准模块中的声明部分用 Global 或 Public 语句来声明。

格式:

Global　变量名　As　数据类型
Public　变量名　As　数据类型

2. 变量的生存期

变量的生存期是从变量定义语句所在的过程第一次运行,到程序代码执行完毕并将控制权交回调用它的过程为止的时间。

按照变量的生存时间,可以将变量分为动态变量和静态变量。

(1) 动态变量

动态变量是指程序运行进入变量所在的过程时才分配给该变量的内存单元,经过处理退出该过程时该变量占用的内存单元自动释放,其值消失,当再次进入该过程时,所有的动态变量将重新初始化。

使用 Dim 关键字在过程中声明的局部变量属于动态变量。

(2) 静态变量

静态变量是指程序进入该变量所在的过程,经过处理退出该过程时其值仍被保留,即变量所占的内存单元没有释放。当以后再次进入该过程时,原来的变量值可以继续使用。

使用 Static 关键字在过程中声明的局部变量属于静态变量。

【例 8.19】 使用 Static Sub 语句的示例。

```
Static Sub Subtest( )
    Dim t As Integer                    't 为静态变量
    t = 2 * t + 1
    Debug.Print t
End Sub
Private Sub Command1_Click()
    Call Subtest                        '调用子过程 Subtest
End Sub
```

运行后,多次单击命令按钮 Command1,执行结果为:

　　　　　　　1
　　　　　　　3
　　　　　　　7
　　　　　　……

将 Static Sub 改为 Private Sub 后,运行过程中多次单击命令按钮 Command1,执行结果为:

　　　　　　　1
　　　　　　　1
　　　　　　　1
　　　　　　……

8.3.5 递归

过程的递归调用是指一个过程直接或间接地调用其自身,这样的过程称为递归过程。

递归是一种十分有用的程序设计技术,很多数学模型和算法设计本身就是递归的,因此用递归过程描述它们比用非递归方法简捷,且可读性和可理解性好。

下面以计算阶乘为例,介绍递归过程的编制方法。

【例 8.20】 采用递归方法求 n!(n>0)。

求 n! 可以采用下列递归公式:

$$n! = \begin{cases} 1 & n=1 \\ n \times (n-1)! & n>1 \end{cases}$$

此递归算法中,终止条件是 n=1。程序代码如下:

```
Private Sub command1_click()
    Dim n As Integer, m As Double
    n = Val(InputBox("输入 1~15 之间的整数"))
    If  n < 1 Or n > 15  Then
        MsgBox "错误数据", 0, "检查数据"
        End
    End If
    m= fac(n)
    msgbox  n & "!= " & m
End Sub
Private Function fac(n)As Double
    If  n > 1  Then
        fac = n * fac(n - 1)                    '递归调用
    Else
        fac = 1                                  'n=1 时,结束递归
    End If
End Function
```

说明:当 n>1 时,在 Fac 过程中调用 Fac 过程,然后 n 减 1,再次调用 Fac 过程,这种操作一直持续到 n=1 为止。例如,当 n=3 时,求 Fac(3)变成求 3×Fac(2),求 Fac(2)变成求 2×Fac(1),而 Fac(1)为 1,递归结束。以后再逐层返回,递推出 Fac(2)及 Fac(3)的值。图 8.17 描述了 n=4 时的执行过程。

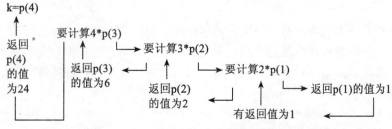

图 8.17　n=4 时例 8.20 程序递归的执行过程

注意，在某次调用 Fac 过程时并不是立即得到 Fac(n)的值，而是一次又一次地进行递归调用，到 Fac(1)时才有确定的值，然后逐层返回依次算出 Fac(2)、Fac(3)的值。

8.4 面向对象程序设计

面向对象技术是目前流行的系统设计开发技术，它包括面向对象分析和面向对象程序设计。面向对象程序设计技术的提出，主要是为了解决传统程序设计方法——结构化程序设计所不能解决的代码重用问题。

8.4.1 面向对象程序设计的基本概念

面向对象程序设计是一种围绕真实世界的概念来组织模型的程序设计方法，它采用对象来描述问题空间的实体。关于对象这一概念，目前还没有统一的定义，一般认为，对象是包含现实世界物体特征的抽象实体，它反映了系统为保存信息和（或）与它交互的能力。

类是一种抽象的数据类型，是面向对象程序设计的基础。每个类包含数据和操作数据的一组函数，类的数据部分称为数据成员或属性，类的函数部分称为成员函数，有时也称为方法，对象是类的实例。

关于面向对象程序设计需要掌握下述几个基本概念。

1. 抽象

抽象就是忽略一个主题中与当前目标无关的那些方面，以便更充分地注意与当前目标有关的方面。抽象并不打算了解全部问题，而只是选择其中的一部分，并不关心无关的其他部分。比如，我们要设计一个学生成绩管理系统，考查学生这个对象时，我们只关心他的班级、学号、成绩等，而不用去关心他的身高、体重这些信息。

2. 继承

继承是一种联结类的层次模型，并且允许和鼓励类的重用，它提供了一种明确表述共性的方法。对象的一个新类可以从现有的类中派生，这个过程称为类继承。比如说，所有的 Windows 应用程序都有一个窗口，它们可以看做都是从一个窗口类派生出来的，但是有的应用程序用于文字处理，有的应用程序用于绘图，这是由于派生出了不同的子类，各个子类添加了不同的特性。

3. 封装

封装是面向对象的特征之一，是对象和类概念的主要特性。所谓封装就是把数据和对数据的操作组合在一起成一整体，对数据的访问只能通过已定义的界面进行。事实上，封装保证用户对应用程序的修改仅限于类的内部，封装保证了模块具有较好的独立性，使得程序维护和修改较为容易，因而可以将应用程序修改带来的影响减少到最低程度。

4. 多态性

多态性是指允许不同类的对象对同一消息作出不同响应。比如同样的加法，把两个时间加在一起和把两个整数加在一起的内涵肯定完全不同。多态性包括参数化多态性和包含多态性。多态性语言具有灵活、抽象、行为共享、代码共享的优势，很好地解决了应用程序中的函数同名问题。

5. 集合和对象

Access 采用面向对象程序开发环境，其数据库窗口可以方便地访问和处理表、查询、窗体、报表、页、宏和模块对象。

一个对象就是一个实体,例如一个学生。每种对象都具有一些属性以相互区分,例如学生的学号、姓名等,即属性可以定义对象的一个实例。

对象的属性按其类别会有所不同,而且同一对象的不同实例属性的构成也可能有差异。

对象除了属性以外还有方法,对象的方法就是对象可以执行的行为。一般情况下,对象都具有多个方法。

Access 应用程序由表、查询、窗体、报表、页、宏和模块对象列表构成,形成不同的类。Access 数据库窗体左侧显示的就是数据库的对象类,单击其中的任一对象类就可以打开相应对象窗口。而且,其中有些对象内部,如窗体、报表等,还可以包含其他对象控件。在 Access 中,可以设置控件外观和行为。

集合表达的是某类对象所包含的实例构成。

6. 属性和方法

属性和方法描述了对象的性质和行为,其引用方式为:

对象.属性或对象.行为

Access 应用程序的各个对象都有一些方法可供调用,了解并掌握这些方法可以极大地增强程序功能,从而写出优秀的 Access 程序。

7. 事件和事件过程

事件是 Access 窗体或报表及其上的控件等对象可以识别的动作,例如,单击鼠标、窗体或报表打开等。在 Access 数据库系统里,可以通过两种方式来处理窗体、报表或控件的事件响应:一是使用宏对象来设置事件属性;二是为某个事件编写 VBA 代码过程,完成指定动作,这样的代码过程称为事件过程。

8.4.2 对象模型

VBA 中的应用程序是由很多对象组成的,如窗体、标签、命令按钮等。对象就是帮助构造应用程序的元素,以特定的方式组织这些对象或元素就形成了应用程序。常用的 VBA 对象数据类型和对象库中所包括的对象参见表 8.3。

表 8.3　　　　　　　　　VBA 支持的数据库对象类型

对象数据类型	对象库	对应的数据库对象类型
数据库,Database	DAO 3.6	使用 DAO 时用 Jet 数据库引擎打开的数据库
连接,Connection	ADO 2.1	ADO 取代了 DAO 的数据库连接对象
窗体,Form	Access 9.0	窗体、子窗体
报表,Report	Access 9.0	报表、子报表
控件,Control	Access 9.0	窗体和报表上的控件
查询,QueryDef	DAO 3.6	查询
表,TableDef	DAO 3.6	数据表
命令,Command 2.1	ADO 2.1	ADO 取代 DAO.QueryDef 对象
结果集,DAO.Recordset	DAO 3.6	表的虚拟表示或 DAO 创建的查询结果
结果集,ADO.Recordset	ADO 2.1	ADO 取代 DAO.rECORDSET 对象

本节主要针对窗体、报表和控件等 Access 对象进行介绍，DAO 和 ADO 对象的相关内容详见第 9 章。

1. Access 对象

Access 的每个对象都有各自的属性、方法和事件，如数据库、表、查询、窗体和报表等均有对应的 VBA 数据类型，通过 VBA 代码对这些对象进行构造可以完成对数据库的全部操作。

Form 对象是活动数据库中打开的窗体。VBA 中通常用 Forms 表示 Access 数据库中当前打开的所有 Form 对象。为了引用某个窗体，需要使用下面的语法：

Forms!窗体名称   '窗体名称中不包含空格

Forms![窗体名称]   '窗体名称中包含空格时，用方括弧定界

每个 Form 对象都有若干个 Control（控件），如标签、命令按钮等，这些控件用 Controls 表示。引用窗体上的控件，需要使用下面的语法：

Firms!窗体名称.Controls!控件名称   '显式引用

Forms!窗体名称!控件名称   '隐式引用

例如，引用"VBA 窗体"上名为 Text1 的控件的 VBA 代码如下：

Forms!VBA 窗体.Controls!Text1

引用报表对象上的控件，与引用窗体上控件的语法一样：

Reports!报表名称！控件名称

此外，可以使用 Set 关键字来建立控件对象的变量，当需要多次引用对象时，这样处理很方便。例如，要多次引用"学生信息浏览"窗体上"姓名"控件中的值时，可以使用以下处理方式：

Dim tName as Control   '定义控件变量

Set tName=Forms!学生信息浏览!姓名   '指定引用窗体控件对象

借助将变量定义为对象类型并使用 Set 语句将对象指派到变量的方法，可以将任何数据库对象指定为变量的名称。

【例 8.21】 基于学生表，创建一个参数查询 tquery，参数引用窗体对象"学生信息浏览"上文本框"姓名"对象的值。SQL 语句的代码如下：

SELECT 学生.* FROM 学生 WHERE （（学生.姓名）=[forms]![学生信息浏览]![姓名]）

该查询的结果是"学生"表中某学生的信息，而该学生的姓名参数引用的是已经打开的"学生信息浏览"窗体上"姓名"文本框中的显示的值。

2. 对象的属性

每个对象都有许多属性，属性是用来描述和反映对象特征的参数。第 4 章介绍了在设计视图中通过属性窗口直接设置对象属性的方法。在 VBA 代码中，是通过赋值的方式来设置对象的属性，其格式为：

对象.属性=属性值

在 VBA 环境下，属性值是英文显示的，控件的常用属性及其含义见表 8.4。

表 8.4　　　　　　　　　　控件的常用属性及其功能

类型	属性名称	属性标识	功能
格式属性	标题	Caption	设置对象的标题
	格式	Format	用于自定义数字、日期、时间和文本的显示方式
	可见性	Visible	逻辑值,决定是否显示该控件
	边框样式	BorderStyle	设置控件的显示方式
	左边距	Left	指定控件在窗体或报表中距左边的距离
	字体名称	FontName	指定字体的名称
	字号	FontSize	指定字体的大小
	背景色	BackColor	指定控件显示时的底色
	前景色	ForeColor	指定控件显示内容的颜色
数据属性	控件来源	CotrolSource	指定控件中要显示的数据来源,可为空、1 个字段名称或计算表达式
	输入掩码	InputMask	指定文本或日期型数据的有效输入格式
	默认值	DefaultValue	指定一个计算控件或非结合型控件的初始值
	有效性规则	ValidationRule	指定控件中输入数据的合法性检查表达式
	有效性文本	ValidtionText	指定违背了有效性规则时,将显示的提示信息
	是否锁定	Locked	指定是否可以在窗体视图中编辑数据
	可用	Enabled	指定该控件是否可用
其他属性	名称	Name	用于标识控件名称,控件名称必须唯一
	状态栏文本	StatusBarText	用于设定状态栏上的显示文字
	提示文本	ControlTipText	用于指定用户在将鼠标放在一个对象上后的提示文本
	自动 Tab 键	AutoTab	逻辑值,自动按 Tab 键次序将焦点移到下一个控件上
	Tab 键索引	TabIndex	指定该控件是否自动设定 Tab 键的顺序

例如,将一个标签(Lable1)的 Caption 属性赋值为字符串"学生信息浏览",VBA 代码为:

Lable1.Caption="学生信息浏览"

3. 对象的事件

对于对象而言,事件就是发生在该对象上的事情或消息。VBA 也为每个对象预先定义好了一系列的事件,例如 Click(单击)、DbClick(双击)等。对象的常用事件如表 8.5 所示。

表 8.5　　　　　　　　　　对象的常用事件

事件	名称	属性	发生时间
Click	单击	OnClick	对于控件,单击左键时发生;对于窗体,单击记录选择器、节或控件之外的区域时发生
DbClick	双击	OnDbClick	对控件,双击鼠标左键时发生;对窗体,双击窗体空白区或窗体上的记录选择器时发生

续表

事件	名称	属性	发生时间
MouseUp	鼠标释放	OnMouseUp	当鼠标位于窗体或控件上时，释放一个按下的鼠标键时发生
MouseDown	鼠标按下	OnMouseDown	当鼠标位于窗体或控件上时，单击鼠标键时发生
KeyUp	键释放	OnKeyUp	当控件或窗体有焦点，释放一个按下键时发生
KeyDown	键按下	OnKeyDown	当控件或窗体有焦点，并在键盘上按下任意键时发生
Timer	计时器触发	OnTime	当窗体的 TimerInterval 属性所指定的时间间隔已到时发生
GotFocus	获得焦点	OnGotFocus	当一个控件、一个没有激活的控件或有效控件的窗体接收焦点时发生
LostFocus	失去焦点	OnLoseFocus	当窗体或控件失去焦点时发生
Open	打开	OnOpen	当窗体或报表打开时发生
Cload	加载	OnLoad	打开窗体，并且显示了它的记录时发生。此事件发生在 Open 事件之后
Close	关闭	OnClose	当窗体或报表关闭，从屏幕上消失时发生

当在对象上发生了事件后，应用程序就要处理这个事件，而处理的步骤就是事件过程。事件过程是针对某一对象的过程，并与该对象的一个事件相联系。VBA 的主要工作就是为对象编写事件过程中的程序代码，例如单击 Command1 命令按钮，使 Text 中 Text1 的字体大小改为 14 磅，对应的事件过程为：

Private Sub Command_Click( )

    Text1.FontSize=14

End Sub

当用户对一个对象发出一个动作时，可能同时在该对象上发生多个事件，例如单击鼠标，同时发生了 Click、MouseDown 和 MouseUp 事件。编写程序时，并不要求对这些事件都进行代码的编写，只需对感兴趣的事件过程编写代码即可。没有编码的为空事件过程，系统也就不处理该过程。

4. 对象的方法

对象的方法指明了可以进行的操作。在 VBA 中，方法是一些系统封装起来的通用过程和函数，以方便用户调用。对象方法的调用格式为：

[对象.]方法[参数名表]

窗体、控件用得最多的方法有 SetFocus（获得焦点）、Requery（更新数据）等。

在 VBE 中，单击"视图"菜单，选择"对象浏览器"，可以在"对象浏览器"窗口中查看各个库中类的列表，在列表右侧的窗格中显示了该类中定义的对象属性、方法和事件。对象浏览器窗口如图 8.18 所示。

图 8.18 对象浏览器

其中，以 标志的是属性，以 标志的是方法，以 标志的是事件。对于选中的属性、方法和事件，在窗口的最下方会有简单的说明，详细的说明可以点击 （帮助）按钮。

8.4.3 DoCmd 对象

Access 中除数据库的七个对象外，还提供一个重要的对象：DoCmd 对象。DoCmd 对象的主要功能是通过调用包含在内部的方法来实现 VBA 编程中对 Access 的操作。

1. DoCmd 对象的调用方法

DoCmd 对象的调用方法如下：

    DoCmd.方法名 参数表

需要注意的是：DoCmd 和方法名之间要用圆点连接起来；方法名大多数是宏操作名，有一些宏操作命令 DoCmd 对象不支持；参数表中列出了当前操作的各个参数。

2. DoCmd 对象的常用操作方法

使用 DoCmd 对象的方法可以在 Visual Basic 中运行 Access 操作，这些操作可以完成诸如关闭窗口、打开窗体和设置值等任务。

（1）打开窗体

命令格式：

DoCmd.OpenForm formname[，view][，filtername][，wherecondition][，Datamode]

参数说明：

①Formname：是所要打开的窗体的名称。

②View：打开窗体的视图。使用 acViewDesign、acViewFormDS、acViewNormal 和 acViewPreview 四个值，分别以"设计"、"数据表"、"窗体"或"打印预览"方式打开窗体。默认值为"窗体"（acViewNormal）。

③Filtername：字符串表达式，代表当前数据库中有效的查询名称。

④Wherecondition：字符串表达式，不包含 Where 关键字的有效 SQL Where 子句。

⑤Datamode：打开窗体的模式。可以分别用 acFormAdd、acFormEdit、acFormPropertySettings、acFormReadOnly四个值打开窗体。acFormAdd表示打开窗体用户可以添加新记录，但是不能编辑现有记录；acFormEdit表示对打开的窗体，用户可以编辑现有记录和添加新记录；acFormPropertySettings是使用默认值；acFormReadOnly表示用户只能查看记录。如果将acFormPropertySettings参数留空（将假定为默认常量，即acFormPropertySettings），则 Microsoft Access 将在窗体的 AllowEdits、AllowDeletions、AllowAdditions 和 DataEntry 属性设置的数据模式中打开窗体。

⑥参数省略时取缺省值，若有前置参数省略，则分隔符","不能省略。

例如，打开名称为"学生信息浏览"的窗体，代码如下：

DoCmd.OpenForm "学生信息浏览"

【例 8.22】 在"窗体"视图中打开"学生信息浏览"窗体，并只显示"姓名"字段中"王"姓的记录。可以编辑显示的记录，也可以添加新记录。命令语句如下：

DoCmd.OpenForm "学生信息浏览",,,"姓名 like '王*'"

（2）打开报表

命令格式：

DoCmd.OpenReport reportname[,view][,filtername][,wherecondition]

各参数的含义与 OpenForm 方法中的参数类似。

例如，打开名称为"教师信息"报表的语句如下：

DoCmd.OpenReport "教师信息"

（3）运行宏

命令格式：

DoCmd.RunMacro "宏名"

（4）运行 SQL 查询

命令格式：

DoCmd.RunSQL(SQLStatement[,UseTransaction])

参数说明：

SQLStatement：为有效的 SQL 语句。

UseTransaction：为可选项，使用 True 可以在事务处理中包含该查询，使用 False 则不使用事务处理。

（5）关闭

用于执行关闭操作，其基本使用格式如下：

DoCmd.Close

【例 8.23】 编程实现学生选课表中平时成绩加 5 分的操作。

Dim Addscore as string

Addscore="Update 学生选课 set 平时成绩=平时成绩+5"

DoCmd.RunSQL Addscore

8.5 综合示例

前面几章介绍的查询、窗体等内容都是通过交互的方式来完成对数据库中数据的操作，如果将 VBA 代码结合到窗体或报表的事件过程中，则可以在 VBA 程序的控制下自动实现一些较为复杂的操作。

【例 8.24】 设计一个用户登录窗体，实现用户登录功能。

设计过程如下：

①设计一个数据表 Password 用于存放用户名/口令记录，其中包含如下字段：username（字符型，长度为 10，存放用户名）、userpass（字符型，长度为 10，存放口令）。例如：whu/123。

②设计一个窗体"VBA 窗体 8-24"，其"设计"视图如图 8.19 所示，它的记录源为空。其中有一个用户名组合框，名称为"Combo1"，它的"行来源"属性为"SELECT[Password].[username] FROM [Password]"。另有一个口令文本框 Text1，它的输入掩码属性设为"密码"，这样在输入时用"*"号替代。另有两个命令按钮，名称分别为 Command1（对应"确定"按钮）和 Command2（对应"取消"按钮）。这四个 Tab 控件的次序如图 8.20 所示（选择"视图"→"Tab 键次序"命令出现该对话框）。

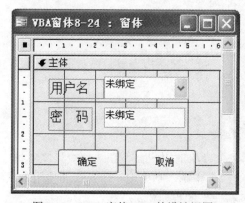

图 8.19 VBA 窗体 8-24 的设计视图

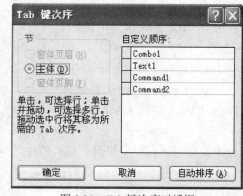

图 8.20 Tab 键次序对话框

③在两个命令按钮上分别设计如下事件过程：

```
Private Sub Command1_Click( )
    Dim Cond As String
    Dim ps As String
    If IsNull(Forms![VBA 窗体 8-24]![Combo1])Or IsNull（Forms![VBA 窗体 8-24]![Text1]）Then
        MsgBox "必须输入用户名/口令", vbOKOnly, "信息提示"
        Exit Sub
    End If
    Cond = "username='" + Forms![VBA 窗体 8-24]![Combo1] + "'"
    ps = DLookup（"userpass", "Password", Cond）
    If （ps <> Forms![VBA 窗体 8-24]![Text1]）Then
        MsgBox "密码错误", vbOKOnly, "信息提示"
```

```
    Else
        MsgBox "欢迎使用本系统", vbOKOnly, "信息提示"
    End If
End Sub
Private Sub Command2_Click( )
   DoCmd.Close
End Sub


Private Sub Form_Load( )
  Forms![VBA 窗体 8-24]![Text1] = ""
End Sub
Private Sub Combo1_AfterUpdate( )
   Forms![VBA 窗体 8-24]![Text1] = ""
End Sub
```
④在窗体上设计如下事件过程：
```
Private Sub Form_Load( )
    Forms![VBA 窗体 8-24]![Combo1] = ""
    Forms![VBA 窗体 8-24]![Text1] = ""
End Sub
```
⑤在 Text1 控件上设计如下事件过程：
```
Private Sub Combo1_AfterUpdate( )
    Forms![VBA 窗体 8-24]![Text1] = ""
End Sub
```
运行本窗体时，在"用户名"组合框中选择一个合法的用户名，在"口令"文本框中输入对应的口令，单击"确定"命令按钮，若输入的口令正确，则出现一个"欢迎使用本系统"的提示框，如图 8.21 所示，否则出现一个"密码错误"的提示框。

图 8.21　VBA 窗体 8-24 的窗体视图

【例 8.25】 在成绩管理数据库中，基于已设计好的"教师信息"报表，设计一个如图

8.22 所示的窗体 fEmp，窗体页眉中放置一个 bTitle 的标签，其标题为"教师信息表输出"，窗体的主体节内放置三个名为 bt1、bt2、bt3 的按钮，其标题分别为"预览"、"打印"和"退出"。按以下要求进行设计：

（1）在窗体"fEmp"的"加载"事件中设置标签"bTitle"以红色文本显示。

（2）单击"预览"按钮（名为"bt1"）或"打印"按钮（名为"bt2"），事件过程传递参数调用同一个用户代码（mdPnt），实现报表预览或打印输出。

（3）单击"退出"按钮（名为"bt3"），关闭窗体 fEmp。

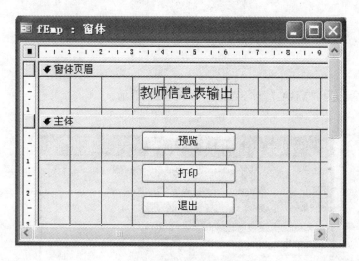

图 8.22　fEmp 窗体

在窗体的设计视图中，添加以下的事件过程即可：

```
Private Sub Form_Load( )
    bTitle.ForeColor = 255          '设置 bTitle 标签为红色文本显示
End Sub
Private Sub bt1_Click( )
    mdPnt acViewPreview             '预览输出
End Sub
Private Sub bt2_Click( )
    mdPnt acViewNormal              '打印输出
End Sub
Private Sub bt3_Click( )
    DoCmd.Close                     '关闭当前窗体
End Sub
'输出过程
Private Sub mdPnt（flag As Integer）
    DoCmd.OpenReport "教师信息", flag '按照参数条件输出
End Sub
```

本 章 小 结

本章较为详细的介绍了 VBA 的编程环境、数据类型、基本语句、函数和过程，还介绍了程序设计中常用的算法，这些知识是程序设计的基础，也是学习程序设计的重点和难点。

VBA 也是一种基于对象的程序设计语言，本章介绍了面向对象的基本概念，列举了窗体、控件等对象的常用属性和事件，介绍了 DoCmd 对象的调用方法，通过较为综合的实例，介绍如何用 VBA 代码对控件对象进行属性设置和编写事件过程。

上机实验

一、实验案例

设计一窗体命名为"VBA 窗体 8-25"，如图 8.23 所示。

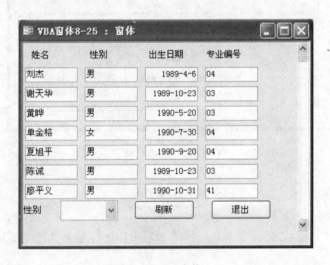

图 8.23　VBA 窗体 8-25

（1）将窗体的默认视图设置为"连续窗体"，窗体记录源设为"学生"表，窗体主体节内设置 4 个文本框，分别绑定"学生"表中的"姓名"、"性别"、"出生日期"和"专业编号"。

（2）窗体中有一个名称为"comb1"的组合框控件，其可选值为"男"和"女"。

（3）将"学生基本信息查询"改为参数查询，参数为"VBA 窗体 8-25"窗体上组合框"comb1"的输入值。

（4）在"VBA 窗体 8-25"上设置两个命令按钮"刷新"和"退出"名称分别为"bt1"和"bt2"。单击"刷新"按钮，将窗体记录源改为查询对象"学生基本信息查询"；单击"退出"按钮，关闭窗体。

二、步骤说明

（1）在窗体的设计视图中，页眉上设置标题为"姓名"、"性别"、"出生日期"和"专业编号"的标签，窗体"属性"窗口的"格式"选项卡中，将默认视图设置为"连续窗体"，在"数据"选项卡的记录源中,选择"学生"表。将窗体主体节内设置4个文本框,分别绑定"学生"表中的"姓名"、"性别"、"出生日期"和"专业编号",如图8.24所示。

图 8.24　VBA 窗体 8-19 的设计视图

(2) 在窗体上右击组合框"comb1",在弹出的快捷菜单中选择"属性",将"数据"选项卡下的"行来源类型"属性设置为"值列表","行来源"为"男";"女"。如图 8.25 所示。

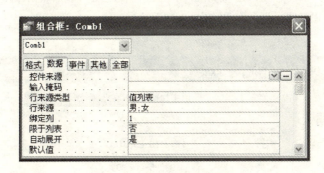

图 8.25　组合框 comb1 的设置

(3) 在设计视图中,打开"学生基本信息查询"查询,在性别字段的条件行中输入参数设置为"VBA 窗体 8-25"窗体上组合框"comb1"的输入值,如图 8.26 所示。

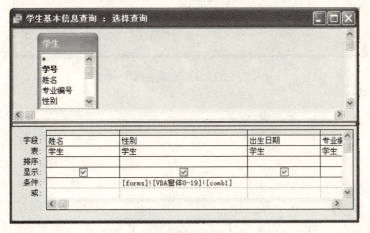

图 8.26　设置参数查询

（4）窗体记录源的动态修改，"刷新"和"退出"按钮的单击事件代码如下：
设置刷新按钮的事件代码：
Private Sub bt1_Click( )
  Me.RecordSource = "学生基本信息查询" '动态设置窗体记录源属性
  Me.Requery '刷新窗体
End Sub
设置"退出"按钮的事件代码：
Private Sub bt2_Click( )
  DoCmd.Close '关闭窗口
End Sub
运行结果：

①在如图 8.23 所示的窗体视图中，将组合框中的性别值选为"男"，运行"学生基本信息查询"，得到参数查询结果，为男同学的相关信息。

②单击窗体中的"刷新"按钮，相应的事件代码被运行，窗体记录源改为"学生基本信息查询"，并刷新当前窗体，运行结果如图 8.27 所示。

图 8.27 刷新后的窗体

③单击"退出"按钮，关闭窗体。

三、实验题目

在 d:\ exercise\Chap08\test 文件夹中，有一个"friends.mdb"数据库，里面已经设计好表对象 tAddr 和 tUser，表 tUser 中有"用户 ID"、"用户名"、"口令"和"备注"字段；同时还设计了窗体对象 fEdit 和 fEuser，窗体 fEdit 的记录源为 tUser，如图 8.28 所示。

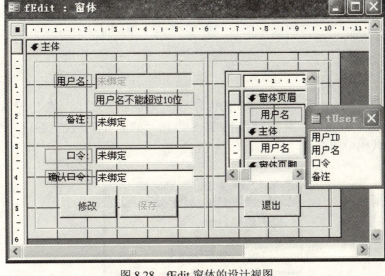

图 8.28　fEdit 窗体的设计视图

请在此基础上,按以下要求补充窗体 fEdit 的设计:

(1)窗体加载时,将 tUser 表中的"用户名"、"口令"和"备注"字段的值赋予窗体中的"用户名_1"、"口令_1"和"备注_1"三个未绑定的文本框控件。补充完成下面的 VBA 代码:

Private Sub Form_Load( )
　　Me!用户名_1 =
　　Me!口令_1 =
　　Me!备注_1 =
End Sub

(2)在窗体中有"修改"和"保存"两个命令按钮,名称分别为"CmdEdit"和"CmdSave",其中,"保存"命令按钮在初始状态为不可用,文本框"用户名_1"在初始状态下为不可用。当单击"修改"按钮后,文本框"用户名_1"和"保存"按钮变为可用。将下面的 VBA 代码补充完整(只允许在******Add*****与******Add*****之间补充一条语句):

Private Sub CmdEdit_Click( )
　　'使用户名_1 文本框可用
　　'*************************Add**************************'

　　'*************************Add**************************'
　　Me!Lremark.Visible = True
　　Me!口令_1.Visible = True
　　Me!备注_1.Visible = True
　　Me!tEnter.Visible = True
　　'使用保存按钮可用
　　'*************************Add**************************'

'**************************Add****************************'

　　Me!口令_1 = " "
　　Me!备注_1 = " "
End Sub

（3）如果在"口令"文本框中输入的内容与在"确认口令"文本框中输入的内容不相符，当单击"保存"按钮后，屏幕上弹出如图 8.29 所示的提示框。现已编写了部分 VBA 代码，请按 VBA 代码中的指示，将下列代码补充完整：

图 8.29　提示框

Private Sub CmdSave_Click( )
　　If Me!口令_1 = Me!tEnter Then
　　　DoCmd.RunSQL ("update tUser " & "set 用户名='" & Me!用户名_1 & "'" & "where 用户名='" & Me!用户名_1 & "'")
　　　DoCmd.RunSQL ("update tUser " & "set 口令='" & Me!口令_1 & "'" & "where 用户名='" & Me!用户名_1 & "'")
　　　DoCmd.RunSQL ("update tUser " & "set 备注='" & Me!备注_1 & "'" & "where 用户名='" & Me!用户名_1 & "'")
　　　Forms!fEdit.Refresh
　　　DoCmd.GoToControl "cmdedit"
　　　CmdSave.Enabled = False
　　　Me!用户名_1 = Me!用户名
　　　Me!口令_1 = Me!口令
　　　Me!备注_1 = Me!备注
　　　Me!tEnter = " "
　　　Me!用户名_1.Enabled = False
　　　Me!口令_1.Visible = False
　　　Me!备注_1.Visible = False
　　　Me!tEnter.Visible = False
　　　Me!Lremark.Visible = False
　　Else
'**************************Add************************'

'**************************Add************************'

        End If
    End Sub

（4）退出命令按钮的名称为"cmdquit"，当单击"退出"命令按钮时，关闭当前窗体。补充完成下面的 VBA 代码：

    Private Sub cmdquit_Click( )
    '************************Add************************'

    '************************Add************************'
    End Sub

<h1>习　　题</h1>

一、单项选择题

1. 下面选项中，不属于 Access 数据类型的是_____。
   A. 数字　　　　　　　　　　B. 文本
   C. 报表　　　　　　　　　　D. 时间/日期

2. VBA 中定义符号常量可以用关键字_____。
   A. Const　　　　　　　　　B. Dim
   C. Public　　　　　　　　　D. Private

3. 以下不为系统定义常量的是_____。
   A. False　　　　　　　　　B. True
   C. Yes　　　　　　　　　　D. Null

4. 使用_____语句，可以定义变量。
   A. Dim　　　　　　　　　　B. iif
   C. For-Next　　　　　　　　D. DataBase

5. VBA 中的类型说明符号%表示的是_____。
   A. Integer　　　　　　　　　B. Long
   C. Single　　　　　　　　　D. Double

6. 下列数组声明语句中，正确的是_____。
   A. Dim a[3，4] as integer　　B. Dim a(3，4) as integer
   C. Dim a[3；4] as integer　　D. Dim a(3；4} as integer

7. VBA 中的类型说明符号#表示是_____。
   A. Integer　　　　　　　　　B. Long
   C. Single　　　　　　　　　D. Double

8. 声明一个有 10 个整型元素、下标下界为 1 的数组 Array，以下正确的是_____。
   A. Dim Array(10)　　　　　　　　B. Dim Array(1 to 10)
   C. Dim Array(1 to 10)As Integer　　D. Dim Array(10)As Integer

9. 声明了二维数组 Array(20 to 5,5)，则该数组的元素个数为_____。
   A. 25　　　　　　　　　　　B. 36
   C. 20　　　　　　　　　　　D. 24

10. 用 Static 声明的变量是_____。
    A. 静态变量　　　　　　　　　　B. 本地变量
    C. 私有变量　　　　　　　　　　D. 公共变量
11. 与 c=iif(a>b,a,b)语句等价的是_____。
    A. If a>b Then Debug.Print a Else Debug.Print b
    B. If a>b Then c=a Else c=b
    C. If a>b Then Debug.Print a Else Debug.Print b End If
    D. If a>b Then c=a Else c=b End If
12. 以下正确的 if 语句是_____。
    A. If x>0 Then y=1 Else　　　　B. If x>0 Then y=1 Else y=-1 End If
    　　　y=-1
    C. If x>0 Then　　　　　　　　D. If x>0 Then
    　　　y=1　　　　　　　　　　　　　y=1
    　　Else　　　　　　　　　　　　　Else
    　　　y=-1　　　　　　　　　　　　y=-1
    　　End If
13. 以下正确的 Select Case 语句是_____。
    A. Select Case n　　　　　　　B. Select Case n
    　　Case Is 1，2　　　　　　　　　Case 1，2
    　　　a=1　　　　　　　　　　　　　a=1
    　　Case Else　　　　　　　　　　Else
    　　　a=2　　　　　　　　　　　　　a=2
    　　End Select　　　　　　　　　End Selec
    C. Select Case n　　　　　　　D. Select Case n
    　　Case 1，2　　　　　　　　　　Case 2 To 1
    　　　a=1　　　　　　　　　　　　　a=1
    　　Case Else　　　　　　　　　　Case Else
    　　　a=2　　　　　　　　　　　　　a=2
    　　End Select　　　　　　　　　End Select
14. 以下四种形式的循环设计中，循环次数最少的是_____。
    A. A=5:B=8　　　　　　　　　B. A=5:B=8
    　　Do　　　　　　　　　　　　　Do
    　　　A=a+1　　　　　　　　　　　a=a+1
    　　Loop While a<b　　　　　　Loop until a<b
    C. A=5:B=8　　　　　　　　　D. A=5:B=8
    　　Do Until a<b　　　　　　　　Do until a>b
    　　　B=b+1　　　　　　　　　　　a=a+1
    　　Loop　　　　　　　　　　　　Loop
15. 以下求 s=1+3+5+…+99 的程序中不正确的是_____。
    A. s = 0　　　　　　　　　　　B. s = 0

```
        i=1                          i=1
        While i <= 99                Do While i <= 99
            s=s+i                        s=s+i
            i=i+2                        i=i+2
        Wend                         Loop
        Debug.Print s                Debug.Print s
    C. s = 0                     D. s = 0
        i=1                          For i = 1 To 100 Step 2
        Do Until i <= 99                 s=s+i
            s=s+i                    Next
            i=i+2                    Debug.Print s
        Loop
        Debug.Print s
```

16. 在 VBA 代码调试过程中，能够显示出所有在当前过程中变量声明及变量值信息的是_____。

    A. 本地窗口　　　　　　　　　B. 立即窗口

    C. 监视窗口　　　　　　　　　D. 代码窗口

17. VBA 中用实际参数 a 调用有参过程 Proc（x）的正确形式是_____。

    A. Proc a　　　　　　　　　　B. Proc m

    C. Call Proc（a）　　　　　　　D. Call Proc a

18. 在窗体中有一个命令按钮 run35，对应的事件代码如下：

```
Private Sub run35_Enter( )
    Dim num as integer
    Dim a as integer
    Dim b as integer
    Dim i as integer
    For i=1 to 10
        Num=inputbox（"请输入数据"，"输入"，1）
        If int（num/2）=num/2 then
            A=a+1
        Else
            B=b+1
        End if
    Next i
    Msgbox（"运行结构：a=" & str（a）& "，b=" & str（b））
End Sub
```

运行以上事件所完成的功能是_____。

　　A. 对输入的 10 个数据求累加和

　　B. 对输入的 10 个数据求各自的余数，然后进行累加

　　C. 对输入的 10 个数据分别统计有几个是整数，有几个是非整数

D. 对输入的 10 个数据分别统计有几个是奇数，有几个是偶数

19. 阅读下面的程序段：
    K=0
    for I=1 to 3
        for J=1 to I
            K=K+J
        Next J
    Next I
    执行上面的语句后，K 的值为_____。
    A. 8   B. 10   C. 14   D. 21

20. 运行下面程序代码后，变量 J 的值为_____。
    Private Sub Fun( )
        Dim J as Integer
        J=10
        Do
            J=J+3
        Loop While J<19
    End Sub
    A. 10   B. 13
    C. 19   D. 21

二、填空题

1. 三维数组 Array（3，3，3）的元素个数为【1】。

2. 在 VBA 中，实现窗体打开操作的命令是【2】。

3. 在 Access 中，如果变量定义在模块的过程内部，当过程代码执行时才可见，则这种变量的作用域为【3】范围。

4. 在 VBA 中求字符串长度可以使用函数【4】。

5. 要将正实数 x 保留两位小数，若采用 Int 函数完成，则表达式为【5】。

6. 在窗体中有两个文本框分别为 Text1 和 Text2，一个命令按钮 Command1，编写如下两个事件过程：
    Private Sub command1_click( )
        A=Text1.value+Text2.value
        Magbox a
    End Sub
    Private Sub Form_Load( )
        Text1.Value=" "
        Text2.Value=" "
    End Sub
程序运行时，在文本框 Text1 中输入 78，在文本框 Text2 中输入 87，单击命令按钮，消息框中输出的结果为【6】。

7. 已知数列的递推公式如下：

f(n)=1　　　　　　　当 n=0，1 时
f(n)=f(n−1)+f(n−2)　　当 n>1 时

则按递推公式可以得到数列 1，1，2，3，5，8，13，21，34，55，…。现要求从键盘输入 n 值，输出对应项的值。例如，当输入 n 为 8 时，应该输出 34。程序如下，请补充完整。

```
Private Sub run11_click( )
    f0=1
    f1=1
    num=val（inputbox（"请输入一个大于 2 的整数："））
    For n=2 to 【7】
        f2= 【8】
        f0=f1
        f1=f2
    Next n
    Msgbox f2
End Sub
```

三、简答题

1. 如何使用类型说明符对变量进行声明？
2. 什么是变量作用域？
3. 什么是变量的生命周期？

第 9 章　VBA 数据库编程

前面已经介绍了使用各种类型的 Access 数据库对象来处理数据的方法。实际上，要想快速、有效地管理好数据，开发出更具实用价值的 Access 数据库应用程序，还应当了解和掌握 VBA 的数据库编程方法。

Access 支持广泛的数据访问技术，即数据访问对象 DAO 和 Active 数据对象 ADO 的编程接口。DAO 提供一个访问数据库的对象模型，利用其中定义的一系列数据访问对象，实现对数据库的各种操作；ADO 是基于组件的数据库编程接口，是一个和编程语言无关的 COM 组件系统，使用它可以方便地连接任何符合 ODBC 标准的数据库。

9.1　数据访问对象 DAO

数据访问对象（Data Access Objects，DAO）是 VBA 提供的一种数据访问接口，包括数据库创建、表和查询的定义等工具，借助 VBA 代码可以灵活地控制数据访问的各种操作。

数据访问对象完全在代码中运行，使用代码操纵 Jet 引擎访问数据库数据能够开发出更强大更高效的数据库应用程序。使用数据访问对象开发应用程序，使数据访问更有效，同时对数据的控制更加灵活而全面，给程序员提供了广阔的发挥空间。

DAO 模型为进行数据库编程提供了需要的属性和方法。利用 DAO 可以完成对数据库的创建，如创建表、字段和索引，完成对记录的定位和查询以及对数据库的修改和删除等。

DAO 模型的分层结构如图 9.1 所示，它包含了一个复杂的可编程数据关联对象的层次，其中 DBEngine 对象处于最顶层，它是模型中唯一不被其他对象所包含的数据库引擎本身。层次低一些的对象，如 Workspace（s）、Database（s）、RecordSet（s）和 Field（s）是 DBEngine 下的对象层，其下的各种对象分别对应被访问的数据库的不同部分。在程序中设置对象变量，并通过对象变量来调用访问对象方法、设置访问对象属性，这样就实现了对数据库的各项访问操作。

在 DAO 模型层次图中，DBEngine 对象表示 Microsoft Jet 数据库引擎，它是 DAO 模型的最上层对象，而且包含并控制 DAO 模型中的其余全部对象；Workspace 对象表示工作区；Database 对象表示操作的数据库对象；RecordSet 对象表示数据操作返回的记录集；Field 对象表示记录集中的字段数据信息；Querydef 对象表示数据库查询信息；Error 对象表示数据提供程序出错时的扩展信息。

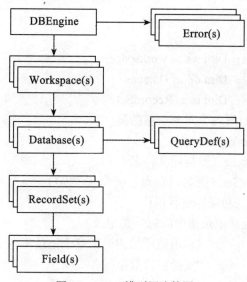

图 9.1　DAO 模型层次简图

9.1.1　DAO 访问数据库的过程

1. 设置 DAO 库的引用

在 Access 模块设计时要想使用 DAO 的各种访问对象，首先应该增加一个对 DAO 库的引用。Access 2003 的 DAO 引用库为 DAO3.6，其引用设置方式为：先进入 VBA 编程环境即 VBE 中，打开"工具"菜单并单击"引用"菜单项，系统弹出如图 9.2 所示的对话框，从"可使用的引用"列表框选项中选中"Microsoft DAO 3.6 Object Library"（有前置的"√"符号）并点击"确定"。

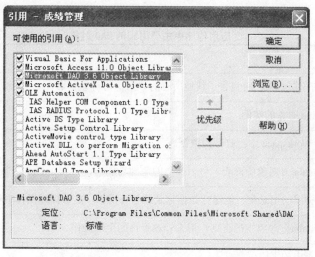

图 9.2　DAO 和 ADO 对象库引用对话框

2. 利用 DAO 访问数据库

通过 DAO 编程实现数据库访问时，首先要创建对象变量，然后通过对象方法和属性来进行操作。

（1）声明对象变量

定义工作区对象变量：Dim ws as workspace

定义数据库对象变量：Dim db as Database

定义记录集对象变量：Dim rs as RecordSet

（2）通过 Set 语句设置各个对象变量的值

Set ws=DBEngine.Workspace（0）

Set db=ws.OpenDatabase（数据库文件名）

Set rs=db.OpenRecordSet（表名、查询名或 SQL 语句）

（3）通过对象的方法和属性进行操作

通常使用循环结构处理记录集中的每一条记录。

Do While Not rs.eof　　　　　'利用循环结构遍历整个记录集直至末尾

　　……　　　　　　　　　　'安排字段数据的各类操作

　　Rs.MoveNext　　　　　　'记录指针移至下一条记录

Loop

（4）操作后的收尾工作

Rs.close　　　　　　　　　　'关闭记录集

Db.close　　　　　　　　　　'关闭数据库

Set rs=Nothing　　　　　　　'释放记录集对象变量占有的内存

Set db=Nothing　　　　　　　'释放数据库对象变量占有的内存

9.1.2　DAO 对象

使用 DAO 对象可以实现对数据库的各项访问操作，表 9.1 列出了在应用程序中主要用到的 DAO 对象。

表 9.1　　　　　　　　　　应用程序中主要用到的 DAO 对象

对　象	说　明
DBEngine	DAO 的顶层对象，它包含了其他所有的数据访问对象和集合
Workspace	DBEngine 对象的实例
Database	表示在 Workspace 中已打开的数据库
TableDef	表示 Database 对象中的表，可以操作的全部功能
Recordset	打开数据库的记录集，能进行数据记录的各种操作，是数据库操作中使用最多的对象
QueryDef	表示 Database 对象中的查询，用来管理查询的全部操作
Field	当前记录中的字段信息

1. DBEngine 对象

DBEngine 对象是 DAO 的顶层对象，它包含了其他所有的数据访问对象和集合，是唯一不被其他对象所包含的数据库访问对象,实际上,DBEngine 对象就是 Jet 数据库引擎本身。DBEngine 对象的常用属性如下:

(1) Version 属性

用于返回当前所用的 Jet 引擎的版本。

(2) DefaultUser 属性

用于指定默认的 Workspace 初始化时使用的用户名。

(3) DefaultPassword 属性

用于指定默认的 Workspace 初始化时使用的密码。

DBEngine 对象的常用方法如下:

DBEngine 对象包含一个 Workspace 对象集合,该集合由一个或多个 Workspace 对象组成。如果要建立一个新的 Workspace 对象,则应当使用 CreateWorkspace 方法,该方法的使用语法如下:

Set myWs＝DBEngine.CreateWorkspaces(name,user,password,type)

其中,myWs 是一个 Workspace 对象,name 指定工作区的名称,user 设置该工作区的用户名,password 是使用者的密码,type 是用于确定即将创建的 Workspace 对象的类型的可选参数。使用 DAO 可以创建两种类型的 Workspace 对象,即 Jet 型和 ODBC 型,对应这两种类型的常量分别是:dbUseJet 和 dbUseODBC。

例如,创建一个名称为 ws1 的工作区的语句如下:

Dim ws1 As Workspace

Set ws1 = DBEngine.CreateWorkspaces("ws1", "lichun", " ")

2. Workspace 对象

Workspace 对象为用户定义了一个有名称的工作区在一个工作区中可以打开多个数据库或连接。使用 Workspace 对象可以管理当前的工作区,也可以打开一个新的工作区。

Workspace 对象常用的属性和方法见表 9.2。

表 9.2　　　　　　　　　　Workspace 对象常用的属性和方法

	名　称	说　明
属性	Name	Workspace 对象的名称
	UserName	该属性是一个只读属性,标识了使用者的名称
方法	CreateDatabase	用来创建数据库文件
	OpenDatabase	用来打开一个已有的数据库,返回一个数据库对象,并自动将该数据库对象加入到 Workspace 的数据库对象集中
	Close	用于关闭一个 Workspace 对象

在 Workspaces 集合中引用对象,既可以通过在集合中的索引来引用,也可以通过对象的名称属性来引用。

引用 Workspace 对象的通常方法是使用 Workspaces 集合,对象在集合中的索引从 0 开始。当用户初次使用 Workspace 属性时,将使用 DBEngine 对象的 DefaultType、DefaultUser 和 DefaultPassword 属性的值自动创建一个默认的工作区对象,并将其自动添加到工作区集中,引用该工作区对象可以使用 Workspaces(0)命令。

操作当前数据库时,系统提供了一种数据库打开的快捷方式,即

Set dbName=application.CurrentDB( ),

用以绕过模型层次开头的两层集合并打开当前数据库。

3. Database 对象

Database 对象是数据库最直接的管理者,大多数的管理工作都由它来完成,例如,建表、建立查询、执行查询、修改表中的数据等。一个 Database 对象对应于一个数据库。

Database 对象常用的属性和方法见表 9.3。

表 9.3 　　　　　　　　　　Database 对象常用的属性和方法

	名　　称	说　　明
属性	Name	数据库名称,对于 Access 数据库来说即文件名
	Updatable	指明该数据库对象是否可以被更新或更改
方法	CreateQueryDef	创建一个查询对象
	CreateTableDef	创建一个新的表对象
	Execute	执行一个动作查询或一个有效的 SQL 语句
	OpenRecordset	创建一个新记录集,并将记录加入到 Recordset 集合中
	Close	关闭数据库

方法说明:

(1) CreateQueryDef 方法

该方法可创建一个新的查询对象。其使用语法如下:

Set querydef=database.CreateQueryDef(name,SQLtext)

如果 name 参数不为空,表明建立一个永久的查询对象;若 name 参数为空,则会创建一个临时的查询对象。SQLtext 参数是一个 SQL 查询命令。

(2) CreateTableDef 方法

该方法用于创建一个 TableDef 对象。其语法格式如下:

Set table = database.CreateTableDef(name,attribute,source,connect)

其中,table 是之前已经定义的表类型的变量;database 是数据库类型的变量,它将包含新建的表;name 是设定新建表的名称;attribute 用来指定新创建表的特征;source 用来指定外部数据库表的名称;connect 字符串变量包含一些数据库源信息。最后 3 个参数在访问部分数据库表时才会用到,这几项一般可以使用默认设置。

(3) Execute 方法

该方法执行一个动作查询。

(4) OpenRecordset 方法

该方法创建一个新的 Recordset 对象，并自动将该对象添加到 Database 对象的 Recordset 记录集合中去，使用语法如下：

Set recordset=database.OpenRecordset（source，type，options，lockedits）

其中，source 是记录集的数据源，可以是该数据库对象对应数据库的表名，也可以是 SQL 查询语句。如果 SQL 查询返回若干个记录集，使用 Recordset 对象的 NextRecordset 方法来访问各个返回的记录集。type 指定新建的 Recordset 对象的类型，一般如果 source 是本地表，则 type 的默认值为表类型；options 指定新建的 Recordset 对象的一些特性，如只读特性等。

（5）Close 方法

该方法将数据库对象从数据库集合中移去。如果在数据库对象中有打开的记录集对象，使用该方法会自动关闭记录集对象。

关闭数据库对象，也可以使用以下代码：

Set database=Nothing

【例 9.1】 在当前打开的"成绩管理"数据库中，由"学生"表产生一个"男学生 a"的查询。打开成绩管理数据库，在模块中，输入如下的程序：

```
Sub newquery( )
    Dim ws As Workspace
    Dim db As Database
    Dim qu As QueryDef
    Set ws = DBEngine.Workspaces(0)        '打开默认的工作区
    Set db = ws.Databases(0)               '引用当前打开的数据库
    Set qu = db.CreateQueryDef("男学生 a","SELECT * FROM 学生 WHERE 性别='男'")
End Sub
```

该程序运行后，在当前数据库中创建了一个"男学生 a"的查询。

关闭成绩管理数据库，新建一个 accesstest 的数据库，在其模块中输入如下的程序：

```
Sub newquery( )
    Dim db As Database
Dim qu As QueryDef
Set db = DBEngine.Workspaces（0）.OpenDatabase ("f:\access\第 9 章\成绩管理.mdb")
    Set qu = db.CreateQueryDef("男学生 b","SELECT * FROM 学生 WHERE 性别='男'")
    Db.close
End Sub
```

该程序在默认的工作区内打开成绩管理数据库，并在成绩管理数据库中新建一个"男学生 b"的查询。

4. TableDef 对象

在创建数据库的时候，对要生成的表必须创建一个 TableDef 对象来完成对表的字段的创建，TableDef 对象的常用属性和方法如表 9.4 所示。

表 9.4　　　　　　　　　　　　TableDef 对象的常用属性和方法

	名　　称	说　　明
属性	SourceTableName	指出链接表或基本表的名称
	Updatable	指明该表对象是否可以被更新或更改
	Recordcount	指出表中所有记录的个数
	ValidationRule	指出表的有效性规则
	ValidationText	指出表内容不符合有效性规则时显示的警告信息
方法	CreateField	创建字段对象
	CreateIndex	创建表的索引
	OpenRecordset	建立新的记录集

方法说明：

（1）CreateField 方法

该方法用于创建字段对象。其语法格式如下：

Set field = table.CreateField （name，type，size）

其中，field 是之前新定义的 Field 对象变量；table 为表类型变量，它将包含新建的 Field 字段；name 为新定义的字段名称；type 为定义新字段的类型；size 指定字段的最大长度。

（2）CreateIndex 方法

该方法用于创建表的索引。其语法格式如下：

Set index = table.CreateIndex （"name"）

其中，index 是之前新定义的 Index 对象变量；table 为表类型变量，它将包含新建的 Index 索引；name 为新建的索引名称。

仅创建索引还不够，还要为新索引指定索引字段，这样 Index 就可以按照这个字段对记录进行索引了。

（3）OpenRecordset 方法

在 Database 对象中 OpenRecordset 方法用来建立新的记录集，TableDef 对象也有这样的一个方法。所不同的是，Database 对象中的 OpenRecordset 方法允许指定数据源，数据源可以是数据库中的表名，也可以是 SQL 查询语句；但在 TableDef 对象中的 OpenRecordset 方法，其数据源只能是该对象所对应的表。该方法的语法格式如下：

Set recordset = tabledef.OpenRecordset（type，options，lockedits）

其中，recordset 是之前定义的 Recordset 对象变量；type 指定新建的 Recordset 对象的类型，共有五种类型（参见 Database 对象的 OpenRecordset 方法）；source 指定 Recordset 对应记录的来源，只能是一个表的名称；options 指定新建的 Recordset 对象的一些特性。

5. Recordset 对象

Recordset 对象是记录集对象，它可以表示表中的记录，或表示一组查询的结果，要对表中的记录进行添加、删除等操作，都要通过对 Recordset 对象进行操作来实现。RecordSet 对象的常用属性和方法如表 9.5 所示。

第9章 VBA 数据库编程

表 9.5　　　　　　　　　RecordSet 对象的常用属性和方法

	名 称	说 明
属性	BOF	当前记录指针是否已经到记录集的顶部
	EOF	当前记录指针是否已经到记录集的底部
	RecordCount	用于返回 Recordset 对象中的记录个数
	AbsolutePosition	将记录指针移动到某一条记录处
方法	AddNew	增加一条新记录
	Update	将记录集数据修改结果保存到数据库文件中
	Edit	对已有的记录进行修改或编辑
	Delete	删除当前记录
	Move	指针移动和定位。Move 方法还包括 MoveFirst、MoveLast、MovePrevious 和 MoveNext 四种方法
	Find	指针定位到符合条件的记录
	Seek	将指针指向第一条符合条件的记录
	Close	关闭打开的表

方法说明：

（1）AddNew 方法

增加记录首先要打开一个数据库和一个表，然后用 AddNew 方法创建一条新记录。AddNew 语法格式如下：

recordset.AddNew

其中，recordset 是一个表类型或动态集类型的 recordset 对象，表示一个已经打开的表。

（2）Update 方法

该方法用于记录更新。在给记录赋值后，需要使用 Update 方法将新记录加入数据库，也就是刷新表，这样，新的记录才真正加入了数据库。Update 方法的语法格式如下：

recordset.Update

其中，recordset 是一个表类型或动态集类型的 recordset 对象，表示一个已经打开的表。

（3）Edit 方法

该方法是对已有的记录进行修改或编辑。Edit 方法的语法格式如下：

recordset.Edit

其中，recordset 是一个表类型或动态集类型的 recordset 对象，表示一个已经打开的表。

（4）Delete 方法

该方法用于删除一条记录。其语法格式如下：

recordset.Delete

其中，recordset 是一个表类型或动态集类型的 recordset 对象，表示一个已经打开的表。

（5）Move 及其系列方法

当 Recordset 对象建立后，系统就会自动生成一个指示器，指向表中的第一条记录，称为记录指针。当要对表中的某一条记录进行修改或删除时，必须先将记录指针指向该记录，告诉系统将对哪条记录进行操作，然后才能修改或删除。所以记录指针在数据库中是非常重要的，下面先介绍几种指针移动和定位的方法。

在 VB 中使用 Move 及其系列方法可以使指针相对于某一条记录移动，也就是做相对移动，这些方法非常直观，容易控制，是很常用的方法。Move 方法的语法格式如下：

recordset.Move rows，start

其中，recordset 是 Recordset 对象变量，表示一个已打开的表；rows 表示要相对移动的行数，如果为正值，表示向后移动，如果为负值，表示向前移动；start 是一条记录的 Bookmark 值，指示从哪条记录开始相对移动，如果这项不给出，则从当前记录开始移动指针，一般情况下这项可以省略。

除了直接使用 Move 方法，还有一些 Move 系列方法，可以很方便地控制指针的移动，它们的语法格式如下：

recordset.MoveFirst

recordset.MoveLast

recordset.MoveNext

recordset.MovePrevious

其中，recordset 为 Recordset 对象的变量，表示一个已打开的表；MoveFirst 为移动指针到表中第一条记录；MoveLast 为移动指针到表中最后一条记录；MoveNext 将指针移动到当前记录的下一条记录上，等价于 recordset.Move 1；MovePrevious 将指针移动到当前记录的上一条记录上，等于 recordset.Move-1。

（6）Find 方法

Seek 方法可以定位符合条件的第一条记录，当需要用特殊方法定位记录时，如定位符合条件的下一条记录、上一条记录等，可以使用 Find 方法，其语法格式如下：

Recordset.FindFirst 条件表达式

Recordset.FindLast 条件表达式

Recordset.FindNext 条件表达式

Recordset.FindPrevious 条件表达式

其中，Recordset 为 Recordset 对象的变量，表示一个已打开的表；FindFirst 为查找满足条件的第一条记录，与 Seek 类似；FindLast 为查找表中满足条件的最后一条记录；FindNext 为从当前记录开始查找表中满足条件的下一条记录；FindPrevious 为从当前记录开始查找表中满足条件的前一条记录。

（7）Seek 方法

在使用 Seek 方法之前需要先建立索引，并且要确定索引字段，然后通过与 Seek 方法给出的关键字比较，将指针指向第一条符合条件的记录，其语法格式如下：

recordset.Seek = 比较运算符，关键字 1，关键字 2，…

其中，recordset 为 Recordset 对象变量，表示一个已打开的表；比较运算符用于比较运算符，如 ">"、"<"、"=" 等；关键字为当前主索引的关键字段，如果有多个索引，则关键字段可以给出多个。

（8）Close 方法

当 Recordset 对象使用完毕后就应该将它删除，也就是关闭已经打开的表，删除 Recordset 对象也是用 Close 方法，语法格式如下：

recordset.Close

其中，recordset 为已经创建的 Recordset 对象的名称。

6. QueryDef 对象

QueryDef 对象表示一个查询，通常查询结果总是返回一个表，所以可以把 QueryDef 对象当作一个表来使用。使用 SQL 查询可以提高访问和操作数据库的效率，而 QueryDef 对象是在 DAO 中使用 SQL 查询的最好的选择。QueryDef 对象的常用属性和方法如表 9.6 所示。

表 9.6　QueryDef 对象的常用属性和方法

	名　称	说　明
属性	SQL	定义一个包含 SQL 语句的查询内容 语法：querydef.SQL=SQL 语句
方法	Execute	对数据库执行一个操作查询
	OpenRecordset	返回一个记录集，该记录集中的记录是由查询对象的内容决定的

7. Field 对象

数据库包含的每个表都有多个字段，每个字段是一个 Field 对象。因此，在 TableDef 对象中有一个 Field 对象集合，即 Fields 时，可以使用 Field 对象对当前记录的某一字段进行读取和修改。

Field 对象的常用属性如下：

（1）Size

该属性指定字段的最大字节数，一个字段的 Size 属性是由它的 Type 属性决定的。

（2）Value

该属性是 Field 对象的默认属性，用以返回或设置字段的值。由于该属性是 Field 对象的默认属性，因此在使用该属性时可以不必显式地表示。例如以下两行代码的作用是相同的：

rst.Fields（"学号"）="102"

rst.Fields.Value（"学号"）= "102"

8. Index 对象

可以为新的数据库创建索引，所谓索引就是指定数据库的记录按照一定的顺序排序，这样可以提高访问和存储效率，当然，索引不是必须创建的。

创建的每一个索引都是一个 Index 对象，每个 Index 对象中包含若干个 Field 对象，这些 Field 对象用来指定数据库将按照哪个字段进行索引。Index 对象的常用属性和方法如表 9.7 所示。

表 9.7　Index 对象的常用属性和方法

	名　称	说　明
属性	Primary	确定一个索引是不是唯一的，即是不是主索引
	Unique	决定一个索引是否允许有相同的关键字段值的记录存在，True 表示没有两个记录的关键字段的数据值是相同的
方法	CreateField	创建为了说明索引的字段。语法：Set field = index.CreateField（"name"）
	Append	向一个表的 Index 集合（Indexes）中添加一个新的索引
	Delete	从 Index 集合（Indexes）中删除一个表中的索引

【例9.2】设计一个窗体,向成绩管理数据库的学生表中添加一个记录。设计过程如下:

①设计一个名称为"VBA 窗体 9-2"的窗体,其"设计"视图如图 9.3 所示,其中只有一个命令按钮 Command1。

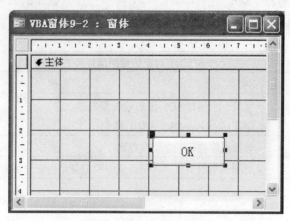

图 9.3　窗体的设计视图

②在该命令按钮上设计如下事件过程:

Private Sub Command1_Click( )

　　'定义 Recordset 对象变量

　　Dim ws As Workspace

　　Dim rst As DAO.Recordset

　　Dim db As Database

　　'打开一个工作区

　　Set ws = DBEngine.Workspaces(0)

　　'打开一个数据库

　　Set db = ws.OpenDatabase（"F:\access\第 9 章\成绩管理.mdb"）

　　'创建一个表类型的 Recordset 对象

　　Set rst = db.OpenRecordset（"学生"）

　　'创建一条空的记录

　　rst.AddNew

　　'为新的记录赋值

　　rst.Fields（"学号"）= "200932180001"

　　rst.Fields（"姓名"）= "李萍"

　　rst.Fields（"专业编号"）= "04"

　　rst.Fields（"性别"）= "女"

　　rst.Fields（"出生日期"）= #10/1/1991#

　　rst.Fields（"入学时间"）= #9/1/2009#

　　rst.Fields（"团员否"）= True

　　rst.Fields（"入学成绩"）= 616

　　'刷新表,将记录加入表中

```
    rst.Update
    rst.Close
    db.Close
End Sub
```

运行本窗体，单击窗体中的 OK 命令按钮，即向 student 表中添加一条记录，此时 student 表如图 9.4 所示。

学生 : 表

	学号	姓名	专业编号	性别	出生日期	入学时间	入学成绩	团员否
+	200820403128	刘杰	04	男	1989-4-6	2008-9-1	521	☐
+	200910301001	谢天华	03	男	1989-10-23	2009-9-1	589	☑
+	200910301020	黄晔	03	男	1990-5-20	2009-9-1	608	☑
+	200910401032	单金格	04	女	1990-7-30	2009-9-1	599	☑
+	200910401081	夏旭平	04	男	1990-9-20	2009-9-1	638	☑
+	200920302045	陈诚	03	男	1989-8-8	2009-9-1	598	☑
+	200924104112	廖平义	41	男	1990-10-31	2009-9-1	534	☐
▶ +	200932180001	李萍	04	女	1991-10-1	2009-9-1	616	☑
+	200934101067	沈腾飞	41	男	1991-10-3	2009-9-1	543	☐
+	200934201002	刘月	42	女	1991-8-8	2009-9-1	567	☐
+	200934202123	李璐	42	女	1990-3-5	2009-9-1	601	☑
+	200934202152	王涛	42	男	1990-1-2	2009-9-1	576	☑
+	200934205255	赵小娟	42	女	1990-7-8	2009-9-1	546	☑

记录: 8 共有记录数: 13

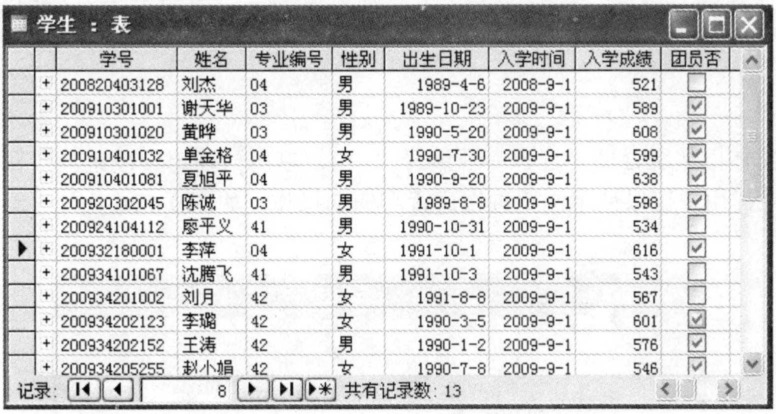

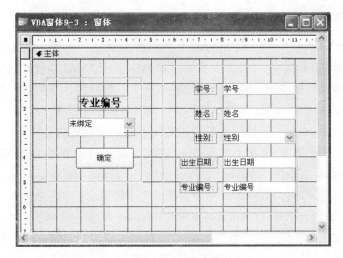

图 9.4 “学生”表记录

【例 9. 3】 设计一个窗体，根据用户选择的班号显示该班的学生记录。设计过程如下：

①设计一个名称为“VBA 窗体 9-2”的窗体，其“设计”视图如图 9.5 所示，它的记录源为学生表。其中左边部分主要包含一个组合框 Combo1 和一个命令按钮 Command1，其中组合框 Combo1 的“行来源类型”属性为“表/查询”，“行来源”属性为“SELECTDISTINCT [专业编号] FROM 学生”；右边部分主要由四个文本框和一个组合框构成，自上而下的“控件来源”属性分别为“学生.学号”、“学生.姓名”、“学生.性别”、“学生.出生日期”和“学生.专业编号”。

图 9.5 VBA 窗体 9-2 的设计视图

②在命令按钮 Command1 上设计如下事件过程：
Private Sub Command1_Click( )
Dim sql As String
If IsNull(Forms![VBA 窗体 9-3]![Combo1]) Then
　MsgBox "必须选择一个专业编号", vbOKOnly, "信息提示"
Else
sql = "SELECT * From 学生 Where 专业编号='" + Forms![VBA 窗体 9-3]![Combo1] + "'"
Me.RecordSource = sql
End If
End Sub

运行本窗体，从组合框中选择专业编号"41"，单击"确定"按钮，即显示该专业的第一个学生记录，用户可以使用浏览按钮进行相应的操作，如图 9.6 所示。

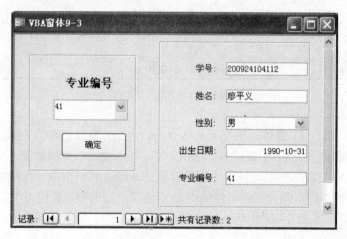

图 9.6　VBA 窗体 9-3 的窗体视图

9.2　ADO 数据对象

ADO（ActiveX Data Object）是 Microsoft 数据库应用程序开发的新接口，是建立在 OLE DB 上的高层数据库访问技术。ADO 技术基于 COM，具有 COM 组件的诸多优点，可以用来构造可复用应用框架，被多种语言支持，能够访问关系数据库、非关系数据库及所有的文件系统。另外，ADO 还支持各种"客户/服务器"模块与基于 Web 的应用程序，具有远程数据服务（Remote Data Service）的特性，是远程数据存取的发展方向。

ADO 组件由七个对象和四个数据集合组成。其中，七个对象分别是 Connection、RecordSet、Command、Field、Property、Parameter 和 Error，每个 Connection、RecordSet、Command 和 Field 对象都有 Properties 集合。图 9.7 描述了它们的层次模型。

ADO 的核心是 Connection、Recordset 和 Command 对象。

Connection 对象：Connection 代表打开与数据源的连接，它包含关于目标数据库数据的提供者的相关信息，利用 Connection 对象可以打开连接、关闭连接及运行 SQL 命令。

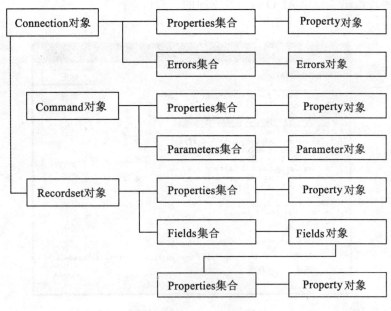

图 9.7 ADO 层次结构

Recordset 对象：RecordSet 对象表示的是来自数据表或命令执行结果的记录的集合，由一系列字段组成。RecordSet 对象的记录为集合内的单个记录。Recordset 对象不仅包含某个查询返回的记录集，还包含记录中的游标（Cursor）。

Command 对象：Command 对象定义了将对数据源执行的指定命令，通过已建立的连接发出的指令可以以命令形式来操作数据源数据。一般情况下，命令可以在数据源中添加、删除或更新数据，以及在数据表中检索数据。

9.2.1 ADO 访问数据库的过程

1. 设置 ADO 库的引用

在 Access 模块设计时要想使用 ADO 的各个访问对象，首先应该增加一个对 ADO 库的引用。Access 2003 的 ADO 引用库为 ADO 2.1，其引用设置方式为：先进入 VBA 编程环境，选择菜单的"工具"下的"引用"命令，弹出"引用"对话框，如图 9.8 所示。

从"可使用的引用"列表框中选中"Microsoft ActiveX Data Objects Recordset 2.1 Library"选项，并单击"确定"按钮即可。

2. 利用 ADO 访问数据库

ADO 的对象模型简化了对象的操作，因为它并不依赖于对象之间的相互层次作用。大多数情况下，可以只了解所要创建和使用的对象，而无需了解其父对象。

在 VBA 代码中，用户一般的应用分为以下几个步骤：
①创建数据源名（Data Source Name）；
②创建数据连接（Data Connection）；
③创建记录对象（Recordset Object）；
④操作数据库；
⑤关闭数据对象和连接。

以下程序段给出了使用 ADO 访问数据库的一般过程：

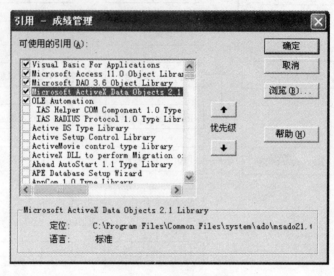

图 9.8　ADO 引用对话框

程序段 1：在 Connection 对象上打开 Recordset
……
'创建对象引用
Dim cn as new ADODB.Connection　　　　'创建一个连接对象
Dim rs as new ADODB.Recordset　　　　　'创建一个记录集对象

Cn.Open <连接串等参数>　　　　　　　　'打开一个连接
Rs.Open <查询串等参数>　　　　　　　　'打开一个记录集

Do While Not rs.EOF　　　　　　　　　　'利用循环结构遍历整个记录集
　……　　　　　　　　　　　　　　　　'安排字段数据的各类操作
　Rs.Move　　　　　　　　　　　　　　'记录指针移至下一条
Loop
Rs.close　　　　　　　　　　　　　　　'关闭记录集
Cn.close　　　　　　　　　　　　　　　'关闭连接
Set rs=Nothing　　　　　　　　　　　　'回收记录集对象变量的内存占有
Set cn=Nothing　　　　　　　　　　　　'回收连接对象变量的内存占有
……
程序段 2：在 Connection 对象上打开 Recordset
……
'创建对象引用
Dim cm as new ADODB.Connection　　　　'创建一个连接对象
Dim rs as new ADODB.Recordset　　　　　'创建一个记录集对象

'设置命令对象的活动连接、类型及查询等属性
With cm
　　.ActiveConnection=<连接串>
　　.CommandType=<命令类型参数>
　　.CommandText=<查询命令串>
End With
Rs.Open cm，<其他参数>　　　　　　'设定 rs 的 ActiveConnection 属性
Do While Not rs.EOF　　　　　　　　'利用循环结构遍历整个记录集
　　……　　　　　　　　　　　　　'安排字段数据的各类操作
　　Rs.Move　　　　　　　　　　　'记录指针移至下一条
Loop
Rs.close　　　　　　　　　　　　　'关闭记录集
Set rs=Nothing　　　　　　　　　　'回收记录集对象变量的内存占有
……

9.2.2　ADO 对象

ADO 在应用过程中主要用到 Connection 对象、Command 对象和 Recordset 对象。

1. Connection 对象

Connection 对象可实现到数据库的连接，它管理应用程序和数据库之间的通信，可以用这个对象的 Open 和 Close 方法打开和关闭数据库连接。使用 ADO 首先要用 Connection 对象创建与所要访问的数据库的连接。Connection 对象的主要属性和方法如表 9.8 所示。

表 9.8　　　　　　　　　　　Connection 对象的常用属性和方法

	名　称	说　　明
属性	ConnectionString	该属性为连接字符串，用于建立和数据库的连接
	DefaultDatabase	为 Connection 对象指明一个默认的数据库
方法	Open	建立同数据源的物理连接
	Close	用于关闭一个数据库连接
	Execute	用于执行一个 SQL 查询等。该方法既可以执行操作查询，也可以执行选择查询

方法说明：

（1）Open 方法

语法如下：

Connection.Open ConnectionString，UserID，Password，Options

其中，ConnectionString 是为连接字符串，用于建立和数据库的连接；UserID 是建立连接的用户代号；Password 是建立连接的用户的口令；Options 参数提供了连接选择，是一个 ConnectionOptionEnum 值，可以在对象浏览器中查看各个枚举值的含义。

如果操作的是当前数据库，系统提供了一种快捷方式，即 Set cnn=Application.CurrentProject.Connection，它指向一个默认的 ADOB.Connection 对象，该对象与当前 Access

数据库的 Jet OLEDB 服务提供者一起工作。

（2）Close 方法

关闭一个数据连接对象，并不是说将其从内存中移去了，该连接对象仍然驻留在内存中，可以对其属性进行更改后重新建立连接。如果要将该对象从内存中移去，可使用以下代码：

Set Connection=Nothing

2. RecordSet 对象

RecordSet 对象表示来自基本表或 SQL 命令查询结果的记录全集，所有的 RecordSet 对象均使用记录和字段进行构造。

在任何时候，RecordSet 对象所指的当前记录均为集合内的单个记录。可以使用 RecordSet 对象进行数据操作，如添加记录、删除记录、查询记录等。RecordSet 对象的常用属性和方法如表 9.9 所示。

表 9.9　　　　　　　　　　　Recordset 对象的常用属性和方法

	名　称	说　明
属性	AbsolutePage	用来设置或返回当前记录所在的页
	PageCount	用于返回 RecordSet 对象包含的数据页数
	PageSize	用于设置或返回一页中的记录数
	RecordCount	用来返回 RecordSet 对象中的记录数
	AbsolutePosition	返回指定 RecordSet 对象当前记录的序号位置
	BOF	指示当前记录位置位于 RecordSet 对象的最后一个记录之前
	EOF	指示当前记录位置位于 RecordSet 对象的最后一个记录之后
	ActiveConnection	指示指定的 Command 或 RecordSet 对象当前所属的 Connection 对象
	MaxRecords	用来指示通过查询返回 RecordSet 对象的记录的最大数目
	Sort	指定一个或多个 RecordSet 对象以之排序的字段名
	Source	指定该对象中数据的来源（Command 对象、SQL 语句、表的名称或存储过程）
方法	AddNew	用来在 RecordSet 中插入新记录
	Delete	用于删除 RecordSet 中的记录
	Move	移动当前记录指针
	Update	保存对 RecordSet 对象的当前记录所做的所有更改
	Open	除了可以使用 Connection 对象执行 SQL 查询语句外，还可以利用 RecordSet 对象的 Open 方法执行一条 SQL 语句查询或者调用数据库的存储过程而返回一个记录集
	Save	该方法用于把记录集永久地保存到文件中去

Open 方法说明：

打开游标，使用语法如下：

recordset.Open source，activeconnection，cursortype，locktype，options

其中，source 参数可以是一个有效的 Command 对象的变量名，或是一个查询、存储过程或表名等；activeconnection 参数指明该记录集是基于哪个 Connection 对象连接的，必须注意这个对象应是已建立的连接；cursortype 指明使用的游标类型；locktype 指明记录锁定方式；options 是指 source 参数中内容的类型，如表、存储过程等。

【例 9.4】 使用 ADO 实现例 9.2 的功能。

将例 9.2 的窗体"VBA 窗体 9-2"复制到"VBA 窗体 9-4"，将其中的 OK 命令按钮（名称为 Command1）对应的事件过程修改如下：

```
Private Sub Command1_Click( )
    Dim sql As String
    Dim connstr As String
    Dim conn As ADODB.Connection
    Dim rst As ADODB.Recordset
    '打开连接
    connstr = "Provider=Microsoft.Jet.OLEDB.4.0;Persist Security Info=False; Data Source= 'F:\access\第 9 章\成绩管理.mdb' "
    Set conn = New ADODB.Connection
    conn.Open connstr
    Set rst = New ADODB.Recordset
    sql = "SELECT * FROM 学生"
    '打开一个记录集
    rst.Open sql，conn，adOpenDynamic，adLockOptimistic
    '创建一条空的记录
    rst.AddNew
    '为新的记录赋值
    rst.Fields（"学号"）= "200934101068"
    rst.Fields（"姓名"）= "王宝强"
    rst.Fields（"专业编号"）= "41"
    rst.Fields（"性别"）= "男"
    rst.Fields（"出生日期"）= #12/24/1991#
    rst.Fields（"入学时间"）= #9/1/2009#
    rst.Fields（"团员否"）= True
    rst.Fields（"入学成绩"）= 618
    '刷新表，将记录加入表中
    rst.Update
    rst.Close
    conn.Close
    Set rst = Nothing
    Set conn = Nothing
End Sub
```

其他部分不作改变，其功能与例 9.2 的功能相同，运行本窗体后，在学生表中添加一条新的记录，如图 9.9 所示。

图 9.9 学生表记录

3. Command 对象

Command 对象定义了将对数据源执行的指定命令，通过 Command 对象可以执行 SQL 语句、数据库中的存储过程等，虽然 Connection 对象也能够执行 SQL 语句，但 Command 对象还提供了相应的参数等专门的运行方式。

利用 Command 对象可以查询数据库中的记录以形成记录集，还可以更改数据表的结构。一般来说，可以使用 Command 对象进行下列操作：

①使用 CommandText 属性定义命令的可执行文本，如 SQL 语句。
②通过 Parameter 对象和 Parameters 集合定义参数化查询或存储过程参数。
③可使用 Execute 方法执行命令，并在适当的时候返回 RecordSet 对象。

Command 对象的主要属性和方法如表 9.10 所示。

表 9.10　　　　　　　　　　Command 对象的常用属性和方法

	名　称	说　明
属性	ActiveConnection	用来为 Command 对象设置或返回 Connection 对象或连接字符串
	CommandText	用来设置或返回命令（如 SOL 语句、表名称或存储过程）字符串值
	CommandTimeout	用来设置指示等待命令执行的时间
	CommandType	用来指定 Command 对象执行命令的类型
方法	Execute	用来执行在对象的 CommandText 属性中指定的查询
	CreateParameter	返回一个 Parameter 对象

本 章 小 结

Access 支持广泛的数据访问技术，即数据访问对象 DAO 和 Active 数据对象 ADO 的编程接口。DAO 模型为进行数据库编程提供了需要的属性和方法，利用 DAO 可以完成对数据库的创建，如创建表、字段和索引，完成对记录的定位和查询以及对数据库的修改和删除等操作。

本章介绍了在应用程序中主要用到的 DAO 及 ADO 对象，通过具体的实例，介绍了利用 DAO 或 ADO 访问数据库的过程。

上机实验

一、实验案例

（1）创建一个信息追加窗体，如图 9.10 所示，该窗体中有五个名称分别为 cNo、cName、cHour、cCredit 和 cModel 的文本框，分别与五个标签"课程编号"、"课程名称"、"学时"、"学分"和"课程性质"相对应。窗体页眉处有一个标题为"课程信息追加"的标签，窗体页脚处有"追加"和"退出"两个命令按钮，名称分别为"bt1"和"bt2"。

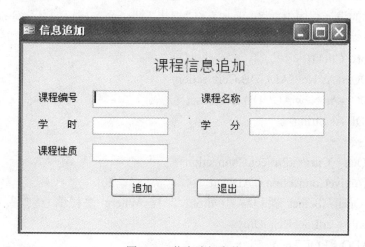

图 9.10 信息追加窗体

（2）在窗体的五个文本框内输入合法的课程信息后，单击"追加"按钮，首先判断课程编号是否重复，如果不重复则向"课程"表对象中添加新课程记录，否则出现"该课程编号已存在，不能追加！"的提示。

（3）当单击窗体上的"退出"按钮，关闭当前窗体。

二、步骤说明

（1）打开成绩管理数据库，新建一个窗体，在设计视图中分别添加标题为"课程编号"、"课程名称"、"学时"、"学分"和"课程性质"的标签，同样添加五个名称分别为 cNo、cName、cHour、cCredit 和 cModel 的文本框，单击"视图"菜单，选择"页眉/页脚"命令，在窗体页眉中添加"课程信息追加"的标签，在窗体页脚中添加"追加"和"退出"两个命令按钮，如图 9.11 所示。

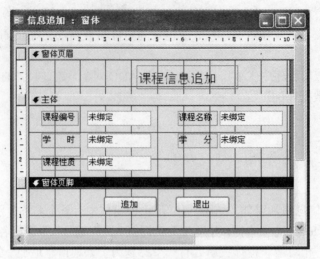

图 9.11 信息追加窗体的设计视图

（2）在窗体的设计视图中，将"追加"和"退出"两个命令按钮的名称分别命名为"bt1"和"bt2"。按钮"bt1"的事件代码如下：

```
Private Sub bt1_Click( )
    Dim ADOcn As New ADODB.Connection
    Dim ADOrs As New ADODB.Recordset
    Dim strDB As String
    '建立连接
    Set ADOcn = CurrentProject.Connection
    ADOrs.ActiveConnection = ADOcn
    ADOrs.Open "Select 课程编号 From 课程 Where 课程编号='" + cNo + "'", , adOpenForwardOnly，adLockReadOnly
    If Not ADOrs.EOF Then
        MsgBox "该课程编号已存在，不能追加!"
    Else
        strSQL = "Insert Into 课程（课程编号，课程名称，学时，学分，课程性质）"
        strSQL = strSQL + "Values('" + cNo + "','" + cName + "'," + cHour + "," + ccredit + ",'" + cModel + "')"
        ADOcn.Execute strSQL
        MsgBox "添加成功，请继续!"
    End If
    ADOrs.Close
    ADOcn.Close
    Set ADOrs = Nothing
    Set ADOcn = Nothing
End Sub
```

（3）"退出"命令按钮的事件代码如下：

```
Private Sub bt2_Click( )
    DoCmd.Close
End Sub
```

三、实验题目

在 d:\ exercise\Chap09\test 文件夹中，有一个"职工信息.mdb"数据库，里面已经设计了表对象"tEmp"和窗体对象"fEmp"，同时给出窗体对象"fEmp"上"计算"按钮（名为 bt）的单击事件代码，试按以下要求完成设计。

（1）设置窗体对象"fEmp"的标题为"信息输出"。
（2）将窗体对象"fEmp"上名为"bTitle"的标签以红色显示其标题。
（3）删除表对象"tEmp"中的照片字段。
（4）按照以下窗体功能，补充事件代码设计。

窗体功能：打开窗体、单击"计算"按钮（名为 bt），事件过程使用 ADO 数据库技术计算出表对象"tEmp"中党员职工的平均年龄，然后将结果显示在窗体的文本框"tAge"内并写入外部文件中。

注意：不允许修改数据库中表对象"tEmp"未涉及的字段和数据；不允许修改窗体对象"fEmp"中未涉及的控件和属性。

程序代码仅允许在"******Add******"与"******Add******"之间的空行内补充一行语句，不允许增删和修改其他位置已存在的语句。

习　题

一、单项选择题

1. ADO 对象模型主要有 Connection、Command、_____、Filed 和 Error 五个对象。
   A. Database   B. Workspace
   C. RecordSet   D. DBEngine
2. ADO 对象模型层次中可以打开 RecordSet 对象的是_____。
   A. 只能是 Connection 对象
   B. 只能是 Command 对象
   C. 可以是 Connection 对象和 Command 对象
   D. 不存在
3. ADO 的含义是_____。
   A. 开放数据库互连应用编程接口   B. 数据库访问对象
   C. 动态链接库   D. Active 数据对象
4. DAO 的含义是_____。
   A. 开放数据库互连应用编程接口   B. 数据库访问对象
   C. 动态链接库   D. Active 数据对象
5. DAO 的 Workspace 对象表示_____。
   A. 工作区   B. 数据操作返回的记录集
   C. 记录集中的字段数据信息   D. 数据库查询信息

6. DAO 的 Querydef 对象表示_____。
   A. 工作区 B. 数据操作返回的记录集
   C. 记录集中的字段数据信息 D. 数据库查询信息
7. 以下说法错误的是_____。
   A. 利用 Connection 对象可以打开连接
   B. 利用 Connection 对象可以关闭连接
   C. 利用 Connection 对象可以运行 SQL 命令
   D. 利用 Connection 对象可以更新数据
8. RecordSet 对象的_____方法是增加一条新记录。
   A. Edit B. AddNew
   C. Update D. AddRecord
9. Access 的 VBA 编程操作当前数据库时，提供一种 DAO 数据库打开的快捷方式是_____。
   A. CurrentDB( ) B. CurrentProject.Connection
   C. DBEngine D. Workspace
10. Access 的 VBA 编程操作当前数据库时，提供一种 ADO 数据库打开的快捷方式是_____。
    A. CurrentDB( ) B. CurrentProject.Connection
    C. DBEngine D. Workspace

二、填空题

1. 在 DAO 模型层次图中，【1】对象表示 Microsoft Jet 数据库引擎。
2. 创建一个名称为【2】的工作区的语句如下：

Dim ws As Workspace

Set ws = DBEngine.CreateWorkspaces（"ws"，"lichun"，" "）

3. Access 的 VBA 中，可以使用【3】对象对当前记录的某一字段进行读取和修改。
4. 使用 ADO 首先要用【4】对象创建与所要访问的数据库的连接。
5. 【5】方法用来关闭一个数据连接对象。
6. 下列子过程的功能是：当前数据库文件中"学生表"的学生"年龄"都加 1。请在程序空白的地方填写适当的语句，使程序实现所需的功能。

Private Sub Setangplus1_click( )
　　Dim db as DAO.Database
　　Dim rs as DAO.Recordset
　　Dim fd as DAO.field
　　Set db=CurrentDb( )
　　Set rs=Db.OpenRecordset("学生表")
　　Set fd=rs.fields（"年龄"）
　　Do While Not rs.EOF
　　　Rs.Edit
　　　Fd=【6】
　　　Rs.Update
　　　【7】

         Loop
      Rs.Close
         Db.Close
         Set rs=Nothing
         Set db=Nothing
      End Sub

7. 实现数据库操作的 DAO 技术，其模型采用的是层次结构，其中处于最顶层的对象是【8】。

8. "学生成绩"表含有的字段为：学号，姓名，数学，外语，专业，总分。下列程序的功能是计算每名学生的总分（总分=数学+外语+专业）。请在程序空白处填入适当语句，使程序实现所需要的功能。

   Private Sub Command1_click( )
   Dim cn as New ADODB.Connection
   Dim rs as New ADODB.Recordset
   Dim zongfen as ADODB.Field
   Dim shuxue as ADODB.Field
   Dim waiyu as ADODB.Field
   Dim zhuanye as ADODB.field
   Dim strSQL as string
   Set cn=CurrentProject.Connection
   STRsql="Select * from 学生成绩"
   Rs.OpenstrSQL，cn，adOpenDynamic，adLockOptimistic，adCmdText
   Set zongfen=rs.fields（"总分"）
   Set shuxue=rs.fields（"数学"）
   Set waiyu=rs.fields（"外语"）
   Set zhuanye=rs.fields（"专业"）
   Do While 【9】
      Zongfen=shuxue+waiyu+zhuanye
      【10】
      Rs.movenext
   Loop
   Rs.close
   Cn.close
   Set rs=Nothing
   Set cn=Nothing
   End Sub

三、简答题

1. 简述 DAO 对象的属性和方法。
2. Connection 对象的常用方法有哪些？
3. 简述 ADO 访问数据库的过程。

习题参考答案

第1章

一、单项选择题

| 1. B | 2. C | 3. D | 4. A | 5. B | 6. B | 7. C | 8. A | 9. C | 10. B |
| 11. C | 12. A | 13. B | 14. A | 15. B | 16. C | 17. B | 18. D | 19. B | 20. B |

二、填空题

1. 模式 2. 数据独立性 3. 概念 4. 记录及其联系 5. 完整性约束
6. 一张二维表 7. 概念设计 8. 属性的取值范围 9. 逻辑设计 10. 数据库管理

第2章

一、单项选择题

1. D	2. B	3. C	4. A	5. D	6. C	7. A	8. B	9. B	10. A
11. D	12. B	13. C	14. B	15. D	16. D	17. B	18. B	19. B	20. A
21. B	22. D	23. A	24. D	25. D	26. C	27. D	28. D	29. D	30. B
31. A	32. D	33. C	34. A	35. C	36. D	37. D	38. B	39. D	40. B

二、填空题

1. 表 2. 查询 3. 空值 4. 对磁盘空间 5. 字段名称
6. 数据类型 7. 备注型 8. 千位分割符 9. 有效性规则 10. 输入格式
11. "嵌入" 12. "删除行" 13. 数据查找 14. 内容排除筛选 15. 字段
16. 存取顺序 17. 主键或索引 18. 主键 19. 一 20. 多

第3章

一、单项选择题

1. C	2. D	3. A	4. B	5. D	6. B	7. D	8. D	9. D	10. C
11. A	12. A	13. C	14. B	15. C	16. A	17. A	18. D	19. B	20. A
21. A	22. B	23. B	24. D	25. A	26. D	27. B	28. C	29. B	30. B
31. A	32. D	33. D	34. C	35. D	36. C	37. B	38. B	39. D	40. D

二、填空题

1. Group By 2. 参数查询 3. 字段列表 4. # 5. 数据定义查询
6. 表或查询 7. 更新查询 8. 生成表查询 9. 使用查询向导 10. 使用设计视图

11. 设计视图　　　12. 数据表视图　　13. SQL 视图　　14. 子查询　　　15. 交叉表
16. Abs　　　　　17. 保持同步　　　18. 物理更新　　19. 行和列　　　20. 对话框
21. 假　　　　　　22. 计算

第 4 章

一、单项选择题
1. D　　2. A　　3. A　　4. D　　5. C　　6. C　　7. C　　8. B　　9. A　　10. C
11. B　　12. A　　13. D　　14. D　　15. D　　16. A　　17. D　　18. A　　19. D　　20. C
21. C　　22. D　　23. A　　24. D　　25. A　　26. B　　27. A　　28. B　　29. B　　30. A
31. B　　32. D　　33. C　　34. B　　35. D　　36. A　　37. B　　38. C　　39. B　　40. A

二、填空题
1. 显示和编辑数据　　2. 数据表窗体　　3. 字段内容　　4. 标题　　　　5. 节
6. 窗体页眉　　　　　7. 否　　　　　　8. 所有控件　　9. 0　　　　　10. 查询
11. 多个表　　　　　 12. 修改窗体　　 13. 滚动条　　 14. 数据　　　 15. 格式
16. 记录源　　　　　 17. 属性　　　　 18. 属性　　　 19. 鼠标　　　 20. 文本框
21. 控件　　　　　　 22. 数据表　　　 23. 输入数据值　24. 执行操作　 25. 列表框
26. 列表框或组合框　 27. 复选框　　　 28. 导航按钮　　29. 按选定内容进行筛选
30. 主窗体

第 5 章

一、单项选择题
1. B　　2. B　　3. C　　4. B　　5. D　　6. C　　7. B　　8. B　　9. A　　10. D

二、填空题
1. 自动　　　　　　2. ="第"&[Page]& "页，共"&[Page]& "页"　　　　3. 分页符
4. 编辑修改　　　　5. 直线或矩形　　　6. 最后一页的页面页脚之前　　7. 分组
8. 页码　　　　　　9. 单独设置使用　　10. 窗体

第 6 章

一、单项选择题
1. D　　2. A　　3. C　　4. D　　5. C　　6. A　　7. A　　8. B　　9. D　　10. B

二、填空题
1. 自动　　　　　　　　　　　　　　　2. 一个指向数据访问页文件的快捷方式
3. 直接输入系统认可的英文颜色名称　　4. 页标题　　　　　　　　5. 页视图

第 7 章

一、单项选择题
1. B　　2. B　　3. C　　4. B　　5. C　　6. D　　7. C　　8. B　　9. C　　10. A

11. B 12. D 13. D 14. B 15. B 16. B 17. C 18. D 19. A 20. B
21. A 22. C 23. A 24. A 25. D 26. A 27. B 28. D 29. A 30. A
31. C 32. D 33. D 34. A 35. C

二、填空题

1. 多个　　　　2. 宏组名.宏名　　　3. OpenForm　　　　4. 另存为模块的方式
5. 排列次序　　6. Autoexec　　　　7. 命令按钮控件　　8. 宏组
9. 宏或宏组　　10. 不同宏名　　　 11. 动作名和操作参数　12. …
13. 第一个　　 14. MsgBox　　　　15. 最小化激活窗口　　16. 事件属性值
17. 选择宏　　 18. 单步执行宏操作　19. Sub　　　　　　　20. 类模块

第8章

一、单项选择题
1. C 2. A 3. C 4. A 5. A 6. B 7. D 8. C 9. D 10. A
11. B 12. C 13. C 14. C 15. C 16. A 17. C 18. D 19. B 20. C

二、填空题
1. 64　　　　2. DoCmd.OpenForm　　3. 局部　　4. Len　　5. Int（x*100）/100
6. 7887　　　7. num　　　　　　　　8. f0+f1

第9章

一、单项选择题
1. C 2. C 3. D 4. B 5. A 6. D 7. D 8. B 9. A 10. B

二、填空题
1. DBEngine　　2. WS　　　　　　3. Field　　　　4. Connection　　5. Close
6. fd+1　　　　7. Rs.MoveNext　 8. DBEngine　　 9. Not rs.EOF　　10. Rs.Update

[1] 何宁，黄文斌，熊建强. 数据库技术应用教程. 北京：机械工业出版社，2008年1月.

[2] 教育部考试中心. 全国计算机等级考试二级教程——Access 数据库程序设计. 北京：高等教育出版社，2008年10月.

[3] 李春葆，曾平. 数据库原理与应用——基于 Access2003. 北京：清华大学出版社，2008年4月.

[4] 王俊伟，孙鹰，郭磊，等. Access 数据库系统应用与开发标准教程. 北京：清华大学出版社，2009年1月.